2012—2013

机械工程

学科发展报告

（特种加工与微纳制造）

REPORT ON ADVANCES IN
MECHANICAL ENGINEERING

中国科学技术协会　主编
中国机械工程学会　编著

中国科学技术出版社
·北　京·

图书在版编目（CIP）数据

2012—2013 机械工程学科发展报告（特种加工与微纳制造）/ 中国科学技术协会主编；中国机械工程学会编著．—北京：中国科学技术出版社，2014.3

（中国科协学科发展研究系列报告）

ISBN 978-7-5046-6556-0

Ⅰ．①2… Ⅱ．①中… ②中… Ⅲ．①机械工程-研究报告-中国-2012—2013 Ⅳ．①TH

中国版本图书馆 CIP 数据核字（2014）第 032442 号

策划编辑　吕建华　赵　晖
责任编辑　赵　晖　左常辰
责任校对　何士如
责任印制　王　沛
装帧设计　中文天地

出　　版　中国科学技术出版社
发　　行　科学普及出版社发行部
地　　址　北京市海淀区中关村南大街 16 号
邮　　编　100081
发行电话　010-62103354
传　　真　010-62179148
网　　址　http://www.cspbooks.com.cn

开　　本　787mm × 1092mm　1/16
字　　数　380 千字
印　　张　16.75
版　　次　2014 年 4 月第 1 版
印　　次　2014 年 4 月第 1 次印刷
印　　刷　北京市凯鑫彩色印刷有限公司
书　　号　ISBN 978-7-5046-6556-0/TH · 61
定　　价　58.00 元

2012—2013

机械工程学科发展报告

（特种加工与微纳制造）

REPORT ON ADVANCES IN MECHANICAL ENGINEERING

首席科学家 朱 荻

专 家 组

组 长 苑伟政 赵万生

成 员 （按姓氏笔画排序）

马炳和 王华明 王国彪 王晓浩 尤 政
叶 军 田小永 史玉升 白基成 冯 涛
巩水利 曲宁松 刘 冲 刘军山 刘志东
孙立宁 李 勇 李涤尘 杨永强 杨晓东
肖荣诗 陈 涛 陈立国 林 峰 季凌飞
荣伟彬 姚建华 徐 征 徐均良 黄卫东
常洪龙

学术秘书 左晓卫 于宏丽

序

科技自主创新不仅是我国经济社会发展的核心支撑，也是实现中国梦的动力源泉。要在科技自主创新中赢得先机，科学选择科技发展的重点领域和方向、夯实科学发展的学科基础至关重要。

中国科协立足科学共同体自身优势，动员组织所属全国学会持续开展学科发展研究，自2006年至2012年，共有104个全国学会开展了188次学科发展研究，编辑出版系列学科发展报告155卷，力图集成全国科技界的智慧，通过把握我国相关学科在研究规模、发展态势、学术影响、代表性成果、国际合作等方面的最新进展和发展趋势，为有关决策部门正确安排科技创新战略布局、制定科技创新路线图提供参考。同时因涉及学科众多、内容丰富、信息权威，系列学科发展报告不仅得到我国科技界的关注，得到有关政府部门的重视，也逐步被世界科学界和主要研究机构所关注，显现出持久的学术影响力。

2012年，中国科协组织30个全国学会，分别就本学科或研究领域的发展状况进行系统研究，编写了30卷系列学科发展报告（2012—2013）以及1卷学科发展报告综合卷。从本次出版的学科发展报告可以看出，当前的学科发展更加重视基础理论研究进展和高新技术、创新技术在产业中的应用，更加关注科研体制创新、管理方式创新以及学科人才队伍建设、基础条件建设。学科发展对于提升自主创新能力、营造科技创新环境、激发科技创新活力正在发挥出越来越重要的作用。

此次学科发展研究顺利完成，得益于有关全国学会的高度重视和精心组织，得益于首席科学家的潜心谋划、亲力亲为，得益于各学科研究团队的认真研究、群策群力。在此次学科发展报告付梓之际，我谨向所有参与工作的专家学者表示衷心感谢，对他们严谨的科学态度和甘于奉献的敬业精神致以崇高的敬意！

是为序。

2014 年 2 月 5 日

前　言

《2012—2013机械工程学科发展报告（特种加工与微纳制造）》（以下简称《报告》）根据《中国科协学科发展研究项目管理实施办法（2012年修订）》的精神和要求，组织机械工程学科的专家学者对特种加工与微纳制造领域开展调研，对其科技发展情况进行研究总结后编写而成。

机械工程涵盖众多领域，学科内容极为丰富，而近年来我国经济的快速发展也极大地促进了各种新兴制造技术的研究和创新，如微纳制造和特种加工领域。为此，中国机械工程学会组织成立了以中国科学院院士、本会理事朱荻院士为首席科学家的专家撰写组，下设9个专题小组，在充分收集资料、深入调查研究和严谨数据分析的基础上，通过多次研讨会讨论和广泛征求本领域内专家学者的意见，经反复修改，形成了《报告》。

《报告》共设综合报告及电火花成形加工、电火花线切割加工、电化学加工、激光加工、增材制造、微纳设计、微纳加工、微纳封装、微纳米测量与测试9个专题，涵盖了特种加工与微纳制造的主要领域。共有50多位专家学者参与了《报告》的专题研究及撰写工作，撰稿者都是工作在我国特种加工与微纳制造领域研究第一线的知名中青年学者及专家。中国科学院院士朱荻与西北工业大学的苑伟政教授、上海交通大学的赵万生教授一起负责组织并撰写了《报告》的综合报告。

通过研究、分析、总结，《报告》力求客观、科学地评价近年来机械工程学科中微纳制造和特种加工领域中的新进展、新成果、新见解、新观点、新方法和新技术；并结合国际上的发展动向和国内重大研究计划和课题，分析比较国内外发展现状，提出研究方向；从而，对未来5年的发展趋势做出预测。努力为从事本领域教学、科研、生产的科技人员，以及国家相关的科研管理与决策部门提供有益的启迪。

由于时间、信息、研究和撰写水平的局限，《报告》中难免存在疏漏之处，欢迎读者指正。

中国机械工程学会

2013年11月

前言

目　录

综合报告

专题报告

特种加工专题报告

微纳制造专题报告

ABSTRACTS IN ENGLISH

Comprehensive Report

Reports on Special Topics

综合报告

机械工程学科发展研究

（特种加工与微纳制造）

一、引言

特种加工技术国外也称为“非传统加工技术”，是指除常规切削加工而外的，基于物理或化学能量场对材料进行去除或添加，以及改变材料性能，从而达到加工目的的一系列工艺方法的统称。最常用的特种加工方法包括：电火花成形加工、电火花线切割加工、电化学加工、增材制造、激光加工、离子束加工、电子束加工、水射流加工、超声加工等。特种加工技术是现代制造体系中不可或缺的组成部分。与传统的切削加工相比，特种加工具有一些突出的优点：①以柔克刚：由于利用了物理或化学效应来去除或添加材料，可以采用比被加工零件软得多的工具，或者不用特殊的工具而加工任意硬度、强度、韧性的材料；②隔空打物：特种加工方法多为非接触式加工，加工过程中工具与工件材料之间不产生宏观的作用力，因此对加工装备承载能力的要求大为降低；③化繁为简：特种加工方法通常采用简单形状的工具（甚至不需要特殊的工具）、简单的运动、简便的控制就能完成较为复杂的形状和高精度的加工要求；④无微不至：材料的最小去除单位可以通过控制加工能量的大小以及能量的作用区域来调控，因此较容易实现微米甚至纳米量级的材料去除、添加及改性。

微纳制造技术是指特征尺寸在微米、纳米尺度的MEMS/NEMS器件或系统的设计、加工、封装、测试等技术。微纳设计研究如何设计微纳机电系统，它涵盖了众多学科领域，如机械、微电子、流体、光学、生物、化学等，并涉及系统行为仿真、物理模拟、工艺过程模拟等关键技术；微纳加工是指微纳器件的实现过程，主要包含了由微电子技术发展而来的批量微加工技术、微机械加工技术、纳米加工技术等；微纳系统的封装就是将微型器件或系统放入并固定在壳体或盒体内，并与壳体或盒体进行引线连接，壳体或盒体对微纳系统起到保护作用，形成与外部具有输入/输出接口的功能单元或模块；微纳测量与测试技术是微纳制造技术的基础与前提，它是在微纳器件的设计、加工和系统集成过程中，对各种参量进行微米纳米级检测的技术。微纳制造技术中，首先产生的是微机电系统（micro-electro-mechanical systems，MEMS）技术，微机电系统是指采用微细加工技术批量制作的，集微传感器、执行器、信号处理电路、电源于一体的微型系统。MEMS技术源于微电子技术并采用了改进的微电子工艺以及其他特殊的加工制造手段，其发展的原动力则是传统宏观系统批量化、低功耗、微型化的需求。当微机电系统特征尺寸缩小到纳米量级时则被称为纳机电系统（nano-electro-mechanical systems，NEMS）。纳机电系统是微机电系统的发展与延伸，其器件结构至少某一维的尺度为纳米量级，即特征尺寸介于1～100nm。由于尺寸更小及纳米结构所导致的新效应，NEMS器件可以提供很多MEMS器件所不能提供的特性和功能，例如超高频率、低能耗、高灵敏度、对表面质量和吸附性前所未有的控制能力等。经过几十年的发展，基于MEMS技术的新型传感器以其微型化、低能耗等优势逐渐取代传统传感器。NEMS概念产生于20世纪90年代末期，得益于其极高的特征频率、良好的机械特性等优点，发展异常迅速。

特种加工与微纳制造技术已被广泛应用于各制造领域，特别是航空航天、能源动力装备、汽车、微电子、生物医疗等高端制造领域。随着我国中长期发展战略的展开，特种加工与微纳制造技术面临着前所未有的发展机遇。新一代航空航天产品将采用大量高性能新材料，这些材料往往都很难用常规方法加工；航空发动机、燃气轮机等的零部件结构越来越复杂，加工精度也越来越高；国防军事、工业控制需要高精度微型传感器及微机电系统；产业升级需要高精度、高效率、低成本及微纳化的制造技术以提高产品的竞争力；可持续发展需要淘汰大量高能耗、高污染的制造技术，急需高能效比、环境友好的制造技术加以替代；产品的快速研发需要增材制造等快速响应、短流程的制造技术。

特种加工与微纳制造技术未来的发展动力将很大程度上来源于上述经济、社会发展的需求。一方面，社会的发展与进步，呼唤着自动化技术、信息化技术的普及，以代替人工劳动，提高全员生产率；另一方面，互联网技术作为新的通信、教育、技术、商业、社交、媒体平台，对各领域的推动作用日益凸显，深刻地改变着人们的生产与生活方式。这些都将对特种加工与微纳制造技术本身的发展提出新的要求，将这些新的技术融入到特种加工与微纳制造技术体系之中也将是一个不可逆转的发展趋势。综合上述的我国科技、经济、社会发展需求可以预见：未来20年间将是我国特种加工与微纳制造技术持续发展和提高并走向世界前列的重要时期。这一时期不仅将是学术研究及产业能力与水平不断提升的过程，也是我国自主创新技术加速涌现与发展的过程。

本报告的特种加工技术部分以应用最广泛的电火花成形加工技术、电火花线切割加工技术、电化学加工技术、激光加工技术、增材制造技术等典型特种加工方法为对象展开叙述，微纳制造技术部分则包涵了微纳机电系统、微纳设计技术、微纳加工技术、微纳封装技术、微纳测量与测试技术等微纳制造技术。

二、近年的最新研究进展

（一）特种加工技术

1. 电火花成形加工

电火花加工，国际上称为“放电加工”（electrical discharge machining，EDM），是利用绝缘介质在脉冲性电场作用下击穿后所产生的放电现象，通过放电等离子通道的高温熔化、气化作用点附近的工件材料，达到材料去除加工的目的。电火花加工一般适合导电材料的精密型腔、复杂形状、微细结构的加工，特别是在模具、航空航天特殊材料和特殊结构的加工方面具有独特的优势；通过特殊技术手段，非导电的陶瓷等材料也可以实现电火花加工。电火花成形加工是指采用成形工具电极进行形面拷贝的加工方式，以区别于以细金属丝为工具的电火花线切割加工技术。以下无特殊说明情况下，均以“电火花加工”指代“电火花成形加工”。

近年来，在国家航空航天等战略产业飞速发展的需求牵引下，以及在国家“863”重点项目、“高档数控机床与基础制造装备”科技重大专项课题实施的推动下，电火花加工技术取得了长足的进步。随着一大批国家级科研项目的完成，涌现出众多高水平的科研成果，缩短了与国外技术水平之间的差距。一批具有自主知识产权的原创技术也引起了国内外的广泛关注。高水平科研过程培养了一大批高层次科研人才和高水平工程技术人员，带动了我国高等院校、专业科研院所的学科建设，形成了全球人数最多的电火花加工科研队伍，并在国际学术舞台发挥着越来越重要的作用。上海交通大学、哈尔滨工业大学、清华大学、南京航空航天大学、大连理工大学等高校都拥有持续稳定的电火花加工科研与教学活动，在国际学术界具有一定的学术影响力，而且都成为国家重点实验室或国家重点学科的重要组成部分。

（1）关键技术突破

近几年来，在国家重大、重点科技计划的推动下，紧密结合国家战略需求，通过产学研合作，突破了一系列电火花加工关键技术，取得了一批重要科研成果，解决了一些航空航天发动机研制过程中的关键制造问题。

1）五轴联动电火花加工机床及其数控系统。在国家科技重大专项和“863”重点项目的支持下，苏州电加工机床研究所、苏州三光科技股份有限公司、上海交通大学等单位组成的联合项目组，以及北京市电加工研究所、首都机械厂、哈尔滨工业大学、大连理工大学等单位组成的联合研究团队，突破了五轴联动电火花加工机床的关键技术，分别研制出具有自主知识产权的五轴联动数控电火花加工机床，实现了电火花加工领域高档数控机床的重大突破。两个联合团队分别加工出高温合金闭式叶盘等典型零件。苏州电加工机床研究所自主设计和研制的外置式高精度 A 轴和直驱式精密 C 轴采用先进的设计，简化了结构和制造难度，与国外同类产品相比具有独特的技术优势。北京市电加工研究所研制的五轴联动电火花加工机床在钛合金加工效率、表面粗糙度等方面均有较大突破。

2）五轴联动电火花加工数控系统及 CAD/CAM 系统。上海交通大学在实施国家科技重大专项和“863”重点项目过程中，充分利用 Linux 系统的开放性和专用运动控制器的稳定性，开发出具有自主知识产权的电火花加工数控系统，该系统实现了五轴全闭环数字控制、回转轴伺服倍率的自适应控制、正反向伺服进给插补、复杂轨迹的抬刀动作等电火花加工专用数控功能。系统成功地用于闭式叶盘加工。该系统实现了 12m/min 的主轴高速抬刀功能，成功地加工出深 100mm、宽 2mm 的深窄槽样件。

闭式叶盘流道形状复杂，电极设计和电极进给路径设计都很困难。上海交通大学开发出最多支持六轴联动的数控电火花加工 CAD/CAM 系统。该系统以插件方式运行在商业 CAD 软件平台之上，完成成形电极的自动设计，电极进给路径的自动搜索，数控代码生成与加工仿真等功能。该系统所采用独特的“共轭法”电极进给路径搜索优化算法，求解速度和精度得到提高，加工效率提升了 11%，电极消耗量降低了 20%。已成功应用于多家航空、航天发动机生产企业。

3）高效放电铣削加工。苏州电加工机床研究所在国家“863”重点项目的支持下，研发了“高效放电铣削加工”机床。该机床采用苏州电加工机床研究所自主研发的高效放电铣削加工新工艺，利用回转的铜电极、大能量高频脉冲放电，结合类似分层铣削的数控进给运动，加工高温合金可以实现 3000mm^3/min 的材料去除率，对于高温合金叶盘类及机匣类零件加工具有效率高、成本低的综合优势，已应用于我国航空发动机制造企业。

4）微细电火花加工。在国家“863”重点项目支持下，由无锡微研有限公司、上海交通大学、清华大学、哈尔滨工业大学、大连理工大学、南京航空航天大学所组成的联合研究团队取得了一系列技术突破，研发了“多功能微细电加工机床”，该机床完全采用自主知识产权的关键技术，将微细电火花加工、微细电化学加工、微细超声加工以及复合加工功能集成在同一机床平台。自主研发的数控系统可以实现多种微细电加工工艺和复合加工工艺控制。可以实现 10μm 最小特征的微细加工。

清华大学在国家“863”计划项目的支持下，成功研制了符合国 3 和国 4 排放标准的高端喷油嘴喷孔电火花加工专用机床，利用独自的专利技术实现了倒锥喷孔的加工。该技术及其专用装备已成功应用于油泵油嘴骨干生产企业。哈尔滨工业大学在“863”计划项目支持下研制出精密微细阵列孔电火花加工装备，可在线制备长径比大于 20 的微细电极。在厚度为 50μm 的不锈钢微喷件上加工出 256 个 50μm 的阵列孔，孔径误差为 ±1μm。中国工程物理研究院机械制造工艺研究所研制了微小群特征结构组合电加工专用机床，该机床配备了 16 个数控轴，可实现任意 4 轴数控联动插补。北京市电加工研究所在国家科技重大专项的支持下，与无锡油泵油嘴研究所合作研制了四工位电火花加工喷孔专用机床，加工直径为 0.22μm 的喷射孔平均加工时间为 45s。

5）多轴数控电火花小孔加工技术与装备。苏州电加工机床研究所经过 20 多年的持续研发和不断创新，在高速电火花小孔加工技术及装备、产业应用等方面取得了明显的技术优势，用于航空发动机零件小孔加工的机床已经具备七轴数控能力。已经在航空、航天发动机的涡轮叶片及静叶栅气膜冷却孔、燃油喷注器、火焰筒及安装边等大量小孔制造过程中取得了成功应用，结合数控运动还可完成非圆孔（腰形孔、扇形孔）的放电铣削加工。

（2）工艺方法创新

我国高等院校的基础研究也已经基本摆脱了以跟踪为主的模式，独立思考、自主选题、注重原创的基础研究活动在国家自然科学基金委项目的支持下大量展开，一些原创性的新技术也随着基础科研的深入而陆续涌现出来。

1）集束电极电火花加工技术。上海交通大学在自然科学基金项目的支持下，开展了集束电极电火花加工方法研究。该方法将众多管状单元电极通过集束方式固定在一起，通过调整每个单元电极的端面位置，形成复杂曲面的逼近形状。该方法大大简化了粗加工电极的制造过程，可节省大量加工时间和成本。由于集束电极具有纵向多孔结构，与传统实体电极相比可实现强化内冲液，从而带走大电流加工时所产生的金属屑和热量，使得加工效率提高了 3 倍。

2）高速电弧放电加工。上海交通大学在开展集束电极电火花加工时，发现了“尾状放电痕”这一特殊现象，通过流场仿真印证了尾状放电痕是由高速流场作用于放电等离子体通道，使其发生偏转造成的。其根本原因是高速流体动力对放电等离子体通道产生的控制作用。从而领悟到“流体动力断弧机制”，发明了“高速电弧放电加工”方法。该方法的核心技术要素包括：采用电弧放电作为能量场以提供比火花放电能量密度更高的能量场；通过集束电极或多孔内冲液电极以提供高速间隙流场；利用高速横向流场控制电弧的移动和切断；运用低频或直流大电流提供高效去除材料所需要的能量；以水基工作液提供更好的散热和排屑效果，且无火灾隐患。

由于基于流体动力断弧机制的高速电弧放电加工不需要工具与工件间的切向运动，因此可以实现沉入式的型腔加工，也可以配合数控运动实现任意曲面加工。用该加工方法加工镍基高温合金（GH4169），材料去除率（material removal rate，MRR）可以达到 14000mm^3/min（放电电流为 600A），相对电极损耗可以控制在 1% 以内。该方法特别适合难切削材料的高效粗加工。此项研究于 2012 年获得国家自然科学基金重点项目资助。

3）放电诱导可控烧蚀加工方法。南京航空航天大学利用金属在高温下与氧气发生强氧化反应现象，提出了放电诱导可控烧蚀高效加工方法。通过放电诱导，使工件表面放电点局部产生活化区，控制氧气的通入量，使加工表面的金属产生剧烈氧化燃烧，从而大幅度提高材料去除效率。加工模式的兼容性的存在使放电诱导烧蚀过程与纯粹的电火花加工交替进行，可以通过放电诱导烧蚀提高加工效率，通过电火花加工获得较高的表面质量和加工精度。该方法适合于钛合金、高温合金、高强度钢等难切削材料的加工，与电火花加工技术相比，可大幅度提高加工效率。

4）引弧微爆炸加工。装甲兵工程学院采用高频脉冲电源控制引弧，在极短时间内引发微爆炸，对陶瓷等硬脆材料形成高温轰击作用，产生材料去除。该加工系统主要由专用脉冲电源、空压机、轰击波发生器及三坐标工作台等构成。实验证明引弧微爆炸方法可以在陶瓷材料上加工出平面、孔、槽、外圆表面等形状，设备成本和运行成本都很低，而且该方法的能效比较高。在加工机理研究方面，通过高速摄影对引弧微爆炸的等离子体射流产生过程、外观形态进行了观察，加深了对微爆炸等离子体射流产生原理的理解。通过显微镜观察和模拟计算对材料蚀除机理也进行了理论探讨。

2. 电火花线切割加工技术

电火花线切割加工，简称为线切割加工（wire electrical discharge machining，WEDM），其加工原理与电火花成形加工相同，都是利用放电蚀除效应来进行加工的。所不同的是采用细金属丝作为工具电极，通过控制电极丝相对于工件的运动轨迹，加工出所需要的直纹面形状，其工作方式类似于木工用的“线锯”。由于工具电极丝的送进方式不同，又分为往复走丝线切割加工（国内发明的独有方式）和单向走丝线切割加工（国外普遍采用的方式）。

电火花线切割加工是精密模具、航天、航空、汽车、半导体等制造领域的关键加工技术，在相关重要制造领域中发挥着难以替代的作用。随着科学技术的不断创新与发展，国内外的电火花线切割行业通过技术改革与攻关，无论在加工过程控制，还是在改进加工工艺方面都取得了大量新的进展和成果，并逐步成为一种高精度和高自动化的加工方法。

（1）往复走丝电火花线切割加工

近年来，国内科技工作者都以提升往复走丝电火花线切割加工精度、加工表面质量和自动化水平作为产品发展的主攻目标，纷纷推出更高性能的往复走丝电火花线切割机床，并重点在数控系统及自动化控制、脉冲电源、工作液性能以及多次切割工艺等方面做了大量研究。

数控系统及其自动化控制是电火花线切割加工机床的重要组成部分，控制系统的稳定性、可靠性、控制精度及自动化程度都直接影响到加工工艺指标和工人的劳动强度。近年来国内针对往复走丝线切割加工的特点，在控制系统以及相关自动化加工技术等方面取得了突破性进展。山东大学开发的基于扫描仪图像的线切割加工自动编程系统，其以图片或实物为尺寸依据，通过扫描仪获取图像，对图像进行矢量化，并完成曲线拟合和加工程序的编制。哈尔滨工业大学根据往复走丝电火花线切割加工拐角时产生的切割形位误差，研究了横向进给补偿、纵向进给补偿、回形进给补偿 3 种不同的控制电极丝运动轨迹的策略方案。智能专家控制系统不断完善，包括高频参数、切割次数、加工余量、切割跟踪、丝速控制和张力参数智能化以及低能量、高速进给自动切换等功能的开发，大大提高了往复走丝电火花线切割的加工质量和加工效率。

脉冲电源是电火花线切割机床的心脏，其性能直接影响机床的加工速度、加工精度、加工稳定性以及电能的利用率，因此脉冲电源技术一直是电火花线切割技术领域研究的热点。脉冲电源功能模式的扩展和性能的提高，使得电火花线切割加工应用领域范围更广，满足了不同的加工需求。为解决往复走丝电火花线切割机床脉冲电源加工表面质量和加工精度较低的问题，哈尔滨工业大学研发了一种电参数大范围可调的精密脉冲电源，适合多次切割，实现了半精加工和精加工的多种电加工模式。为提高脉冲电源的能量利用率，哈尔滨工业大学进行了电火花线切割节能脉冲电源及其浮动阈值检测技术的研究，使能量利用率和放电状态检测精度得到显著提高。苏州三光科技股份有限公司研发的无电阻脉冲电源采用了全新的电路结构模式，主回路无限流电阻，功率管的关断能量可直接回馈至供电端，与同类产品相比电源节能达 80% 以上。

电火花线切割工作液除了完成冷却排屑等功能外，还作为放电介质直接参与加工，所以工作液本身对加工工艺指标影响很大。在工作液的基本组成中，功能化的添加剂占了较大的比例，且对于其实际应用效果的表现起着至关重要的作用。北京理工大学研究了线切割工作液添加剂对硬质合金的影响，结果表明，在线切割加工过程中，工作液中的元素会渗入硬质合金的表面，使硬质合金发生扩散磨损。南京航空航天大学采用复合工作液对模具钢 Cr12 进行了多次切割，提出在最后一次切割中采用不含 OH^- 离子的煤油或压缩空气作为工作介质进行精修的方法，使得加工后出现微裂纹与微孔洞的几率大为降低，表面粗糙度明显降低，表面完整性得到显著改善。

多次切割是电火花线切割加工获得高表面质量和高加工效率的重要方法，所以电火花多次切割加工工艺参数的优化至关重要。哈尔滨工业大学采用遗传算法优化多次切割参数，不仅为选择参数提供了一定依据，而且对提高工件表面质量和加工效率具有重要的实际应用意义。

在加工材料的研究方面，半导体材料的加工是往复走丝电火花线切割机床应用领域的重要拓展方向之一。南京航空航天大学在深入研究半导体特殊的电特性的基础上，采用新型脉冲电源及全新的伺服控制系统，已实现了对电阻率 10Ω · cm 以内的半导体材料的稳定切割。此外，往复走丝电火花线切割机床也已经应用于对聚晶金刚石的加工方面。

（2）**单向走丝电火花线切割加工**

单向走丝电火花线切割是国内外发展的主要研究对象，主要用于高精度和高效加工。近年来，单向走丝电火花线切割在数控系统及其自动化控制、脉冲电源等方面取得了一些新的研究成果。

在数控系统及其自动化控制方面，上海交通大学在基于多年开发的 Linux 电火花成型机数控系统的基础上，在国家重大专项和“863”计划项目的支持下，与苏州三光科技股份有限公司、苏州电加工研究所合作，开发了全软 Linux 线切割机床数控系统 WEDM-CNC。该数控系统采用了上海交通大学发明的单位弧长增量插补法，主要用于数控机床中对空间曲线进行插补。苏州三光科技股份有限公司研发的电极丝自动穿丝系统，带有抽真空功能的新型自动穿丝喷嘴装置，通过对电极丝通电加热，再用压缩空气迅速冷却的方式，对穿丝前的电极丝进行淬硬预处理，解决了电极丝柔软易弯曲、不易成型的问题，电极丝的运动采用高压水喷流、真空吸气等技术进行引导，结合检测传感技术，及时判断穿丝状况，提高了穿丝成功率。苏州电加工机床研究所研究的具有切入、切出、拐角精度控制策略，采用增加轨迹工艺延长线、拐角降速等待、放电适应控制等控制策略提高了拐角切割精度。台湾 Accutex 技术有限公司对线切割加工过程中电极丝偏差测量技术进行了研究，采用摄像机图像分析法（camera picture analysis，CPA）和截面测量法（cross section measurement，CSM）法两种方法，可得到精确的电极丝偏差。

在单向走丝电火花线切割脉冲电源研究方面，苏州三光科技股份有限公司在国家科技重大专项的资助下，研制的纳秒级微精加工电源实现了脉宽小于 50ns 的功率脉冲的放大及传输，实现了最佳加工表面粗糙度 Ra ≤ 0.2μm 的微细镜面加工。通过优化脉冲电源主振控制策略、强化功率回路的阻抗配置、能量传输效率，提高加工状态检测的精准度及快速性，较大幅度地提高了切割效率；北京安德建奇数字设备有限公司推出的 AW310T 带自动穿丝装置的浸水式高精密单向走丝电火花线切割机床，使用先进的脉冲电源和放电回路控制技术，实现了全数字化控制，能够精确检测和控制每一个放电脉冲，从而获得高的加工速度和好的表面质量，可实现表面粗糙度 Ra0.3μm 的微细镜面加工，尺寸精度 <±3μm；另外该机床内置了人造金刚石（PCB）加工电源，用来满足特殊需求的加工。

（3）微细电火花线切割加工

微细电火花线切割是在传统单向走丝电火花线切割基础上发展起来的微细加工技术。微细电火花线切割与传统单向走丝电火花线切割的加工原理基本相同，所不同的是，微细电火花线切割采用更细的电极丝（电极丝直径可达 20 ~ 50μm），比传统单向走丝线切割采用的电极丝（直径为 100 ~ 300μm）小了一个量级。

微细电极丝的张力控制是微细电火花线切割加工的重要关键技术之一。清华大学研究了微细电极丝在热载荷及机械载荷共同作用下的瞬态响应，通过热—结构耦合分析方法，准确预测放电加工过程中微细电极丝的三维温度分布及应力分布，在此基础上研究微细电极丝在不同加工条件作用下的抗拉伸强度，并对电极丝的张力进行优化设计，最后以优化后的张力为目标值对微细电极丝走丝系统进行控制，实现了高精度的微细电火花线切割加工。苏州电加工机床研究所研制的 DK7632 单向走丝电火花线切割机床，具有微细丝恒速、恒张力控制的运丝系统，实现了最小电极丝直径 50μm 的稳定加工。

3. 电化学加工技术

电化学加工是基于电化学氧化还原原理制造零件的一类特种加工技术，它包括基于阳极溶解原理的电解加工和基于阴极沉积原理的电铸。电化学加工具有无工具损耗、不受被加工材料力学性能限制、加工质量好、加工效率高等突出优点，非常适合特殊材料复杂型面的制造需求，无论是在加工效率、加工成本、加工质量，还是材料的适应性等方面都体现出很大优势。国内外关于电化学制造技术的研究非常活跃，在基础科学问题探索、关键技术突破、重要应用开发等各个层面上都有很大的投入，取得了显著的进展。同时，重大需求背景推动的特点明显，尤其是航空航天的发展为电化学加工技术提出挑战，同时也带来机遇。

（1）精密电解加工技术

我国原有的叶片电解加工精度较低，仅能作为粗加工手段，特别是缺乏整体叶盘电解加工工艺及装备。因此，提高叶片电解加工精度、实现整体叶盘电解加工一直是近年来国内电解加工研究的重点。

南京航空航天大学提出了三面柔性进给叶片电解加工新模式。加工时，两工具阴极相逆进给，同时工件阳极与工具阴极呈 90° 进给，在三面运动过程中完成电解加工。该方法依靠实时控制阴阳极的速度之比可实现不同轨迹进给，使得工具阴极相对叶片缘板获得进给分量，显著提高了叶身、缘板的加工精度，保证了叶身、缘板的一次加工成型，并可根据不同叶片型面的曲面变化情况，得到工具阴极相对工件的最佳运动轨迹，满足不同形状叶片的加工需求。传统叶片电解加工时电解液通常采用侧流方式，这种方式电解液随机分配明显，每次加工叶盆 / 叶背流场分布均有较大差异，影响重复精度。南京航空航天大学提出了叶片主动分流电解液控制方法，将叶盆、叶背的电解液主动分开，分别从叶片缘板两侧流入，从叶尖流出。采用主动分流的流场，消除了传统流动模式中可能存在的局部缺液、空穴、分离等现象。加工结果表明：采用该流动模式的叶片电解加工表面质量明显改善，表面粗糙度从 Ra1.87μm 下降到 0.36μm。叶片精密电解加工技术在航空发动机压气机叶片的制造中已得到了应用，获得了良好效果，型面加工精度达到 0.06mm，表面粗糙度下降到 0.36μm，满足了设计要求。

北京航空制造工程研究所采用了高效电解套料预加工、精密振动电解终成型的整体叶盘电解加工技术方案。高效电解套料预加工时采用带有侧向进给量的套料电极，利用旋转直线复合联动进给，加工出位置均布的叶片坯体。精密振动电解加工时使阴极主轴头始终处于小幅振动状态，每个振动循环中，电极振动至叶身型面最近位置时开通电源，保证在极小加工间隙下进行高频窄脉冲电解加工。电极远离叶身型面时，脉冲电源快速封锁输出，电解作用停止。如此循环往复，实现叶型的高精度加工。

南京航空航天大学发明了整体叶盘多叶栅通道高效电解预加工方法，提出了电极多维轨迹优化控制方法，采用电极直线运动与摆动，同时复合轮盘转动的多维运动方式，提高了叶栅通道加工余量的均匀性，可同时加工 3 ~ 6 个叶栅通道，提高了加工效率。在整体叶盘型面电解加工中，提出了薄型工具电极双面进给电解加工方式，研制出国内首台具有自主知识产权的整体叶盘型面电解加工机床。该机床采取了七轴分组联动控制系统、三向密封装置、随动式工装夹具等关键措施，实现了整体叶盘型面的电解加工，可适应狭窄扭曲叶栅通道整体叶盘的加工需求。在叶片、叶盘电解加工方面的研究成果获得 2011 年国家技术发明奖二等奖。

北京航空制造工程研究所研制出螺杆钻具等壁厚定子的电解加工机床装备以及成套工艺，采用石墨和铜粉组合的导电电刷，通过电刷与电刷鼓的精确配合，稳定可靠地将万安培级的电流导入旋转轴上，代替了传统结构中浸汞的导电方式，消除了汞蒸气带来的不利影响。

（2）高性能电铸技术

电铸具有很高的制造精度，但由于普遍存在针孔、结瘤、结晶粗大等问题，严重制约其发展和应用。南京航空航天大学提出的游离粒子摩擦辅助电铸新技术有效地解决了问题，实现了高性能（高产品质量、高生产效率、高材料性能）的精密电铸。该技术是将陶瓷颗粒加入到阴极与阳极之间，并与阴极做相对运动，在金属电沉积的同时陶瓷颗粒不断摩擦电铸层表面。该方法通过陶瓷颗粒的摩擦和扰动，提高了阴极表面附近金属离子的传质速度和电沉积速度，驱赶吸附在阴极表面的氢气泡，及时拟制结瘤倾向，消除了电铸层针孔、麻点、结瘤等缺陷；另外，通过陶瓷颗粒的挤压和碰撞作用，使得电铸层更加致密。该方法制备的镍电铸层具有如下特点：①表面平整光亮，接近“镜面”效果；②晶粒细化显著，显微硬度和拉伸强度较传统电铸有较大幅度的提高，传统电铸的电铸层抗拉强度都在700MPa以下，屈服强度在200MPa左右，而该方法制备的电铸层抗拉强度在1100MPa，屈服强度在400MPa；③电铸速度提高一倍以上。以此方面研究成果为重要组成部分之一的“高性能电铸技术”获得2007年国家技术发明奖二等奖。

西安交通大学、华中科技大学等提出电铸/电弧喷涂组合加工技术，即首先通过电铸进行精确形面复制，然后在电铸层表面采用电弧喷涂，使金属型壳快速增厚。该方法与传统的电铸工艺相比，可大幅节约制造成本，显著缩短生产周期。

（3）微细电化学加工技术

微细工具是进行微细电化学加工的前提。上海交通大学采用刃口电极电火花磨削方法，加工出最小直径为3.5μm的微细电极，而且微细电极表面非常光滑，表面粗糙度极低。南京航空航天大学提出利用微细电解加工和单脉冲放电组合加工技术制作柱状微球头电极的工艺，先采用微细电解加工技术制作直径数微米的阶梯柱状微细电极，再利用单脉冲放电加工技术制备柱状电极前端的微球头，获得了带有直径10μm微球头的微棒电极。为了减少电化学加工杂散腐蚀，提高加工精度，清华大学研究了旋涂法进行电极绝缘。采用旋涂法在电极表面涂敷液态环氧树脂并固化处理，重复该过程形成多层绝缘薄膜，用机械磨削法去除电极端部的绝缘膜，制得膜厚为5 ~ 10μm的侧壁绝缘电极。

清华大学研究了微细电解铣削加工技术的间隙控制、电极侧壁绝缘、工具电极间隙快速回退对电解产物排出的影响。南京航空航天大学建立了分层电解铣削加工分步控制数学模型，研究了铣削层厚度对形状精度、加工稳定性及加工效率的影响，揭示纳秒脉冲电流条件下脉冲参数对定域性的影响规律。应用优化后的参数，加工出特征尺寸为5μm的复杂三维结构。

南京航空航天大学提出并系统研究了微细电解线切割加工技术，在线电极制备、设备研发、过程控制、工艺优化等方面都取得了很大进展。利用电化学腐蚀方法，辅助高频振动和脉冲电流来保证线电极的腐蚀均匀性，原位制备出直径小至2μm的线电极，提出了线电极叠加轴向微幅振动、轴向冲液、环形线电极单向走丝等强化传质措施，实现了最小缝宽6μm的微细电解线切割加工。

哈尔滨工业大学和清华大学研究了微细电火花—微细电解组合工艺。先利用微细电火花工艺加工出型孔或型腔，然后在同一工位使用同一电极对加工表面进行微细电解加工。采用该技术，较仅采用微细电火花加工的表面粗糙度得到显著改善。

中国科学技术大学采用飞秒双光子聚合和微细电铸相结合工艺制备微细模具，制得了直径为 10μm 的 2×2 的微镜头阵列模具和直径为 15μm 的微齿轮模具。大连理工大学提出稳定镀液 pH 值、增加搅拌和过渡循环、添加润湿剂以及采用脉冲电流等措施成功解决了析氢对铸层质量的影响。西安微电子技术研究所通过选择性电铸制备出结构完整、侧壁陡直、表面平整的敏感芯片。

4. 激光加工技术

激光加工技术是指以激光为主要工具，通过光与物质的相互作用引起材料物态、成分、组织结构或应力状态的变化，从而实现零件 / 构件成形与成性的制造方法。按照光与物质的相互作用机理，激光制造可分为基于光热效应的“热加工”和基于光化学效应的“冷加工”两种。激光在能量、时间、空间方面的可选择性和可调控性前所未有，并可形成超快、超强、超短等极端物理条件，其制造过程所产生的物理化学效应、加工机理有许多不同于传统制造的独特之处，催生了种类繁多的激光制造技术，可满足宏观、微观乃至纳米尺度的制造需求，为制造学科提供了全新的生长点和新技术的突破点，成为最为活跃的制造技术领域之一。

（1）激光焊接

由于构件轻量化、高性能化的发展要求，铝合金、钛合金、镁合金、高强钢、高温合金等先进材料的激光焊接技术研究在我国日趋活跃。北京工业大学、北京航空制造工程研究所、哈尔滨工业大学等单位各自独立开发的薄壁钛合金激光焊接技术已分别在航空航天、化工机械等工业领域获得应用。铝合金激光焊接则主要是面向民用飞机整体壁板的制造，开展 T 形接头构件高亮度双光束激光焊接工艺技术和装备研究。北京工业大学、北京航空制造工程研究所、哈尔滨工业大学等自主构建了高亮度双光束激光焊接实验平台，针对几种典型新型航空铝合金 T 形接头，如 6056/6156、2524/7150、2060/2099 等，开展了高亮度双光束激光焊接工艺技术研究，基本解决了焊接过程稳定性、焊缝成形、焊接气孔、裂纹等问题，掌握了整体壁板激光焊接变形的基本规律。清华大学在压铸镁合金激光焊接气孔形成机制方面取得进展，发现获得低气孔率焊缝的关键是抑制压铸镁合金中原子氢的析出，使其以固溶形式继续存在于焊缝中。

在异种金属的连接方面，激光熔钎焊接正在成为新的热点。激光熔钎焊接是通过激光能量、光斑大小、作用位置和作用时间的精确控制，利用两种母材熔点的差异，使低熔点母材熔化，而高熔点母材保持固态的一种连接方法。这种方法避免了熔焊时两种金属液相混合而生成大量脆性金属间化合物，因而可以获得优质的接头。北京工业大学提出了一种激光深熔钎焊的方法，已成功实现了 2 ~ 3mm 厚的铜—钢、铝—铜以及铝—钛对接接头的高效连接。

北京工业大学、哈尔滨工业大学、华中科技大学、上海交通大学等单位在激光—电弧相互作用方面取得了一定的研究积累。研究结果表明，影响激光—电弧相互作用的最主要的因素是电弧气氛、激光波长、激光功率密度。短波长的 YAG 激光与电弧相互作用效应很弱，可以忽略。而对于波长较长的 CO_2 激光，电弧气氛及激光功率密度对激光—电弧相互作用产生重要影响，激光穿过 Ar 电弧后的能量损失高达 70%，光束中心功率密度降低接近 90%，光束能量分布状态严重恶化，而 He 弧对入射激光基本没有影响。

（2）激光切割与制孔

目前，薄板及中厚板金属材料激光平面及三维切割技术已相当成熟，并在航空航天、造船、汽车等行业获得广泛应用。以陶瓷、玻璃、硅片等为代表的硬脆性材料是制造微机电系统、光电子和光学元件以及医疗器械等的基本材料，对这些高硬度、高脆性和高熔点材料的切割加工需求正在不断增长。近年来，硬脆性非金属材料的激光切割研究成为热点。激光应力切割是近些年针对此类硬脆性材料加工而提出的切割方法，其中应用较多的是双光束切割、控制裂纹切割。采用激光应力切割方法在钠钙玻璃、液晶玻璃基板等硬脆性材料的激光切割研究中取得了良好的切割效果。但是该方法在角形切割，尤其是在锐角切割，切割厚型材料及特大封闭外形等方面存在挑战。北京工业大学提出采用离散通孔密排方式可在 10mm 厚陶瓷上实现包括直线、曲线、直角、锐角等自由路径（含内轮廓）的无损切割。切口形貌完好，切缝边缘垂直度高，尖角内、外轮廓切割件均没有裂纹和崩角等损伤。另外，哈尔滨工业大学采用激光切割低密度碳纤维复合材料为代表的轻型材料及其结构也获得了很好的研究进展。

（3）激光表面强化与再制造

激光表面改性技术是表面工程中先进技术之一，它是通过各种激光表面处理技术在材料表面制成具有特种需要的表面层，该技术在表面工程技术、先进制造与再制造领域、发展循环经济和建设节约型社会等方面具有重要作用。

针对表面改性专用材料瓶颈，国内独立自主发展了两个材料体系：①浙江工业大学在功能性基本材料基础上，加入含有纳米陶瓷 Al_2O_3/ 介孔 WC 和碳纳米管等，该体系材料解决了硬化层高硬度与强韧性矛盾及易产生裂纹、气孔的难题，获得 HV400 ~ 1200 硬度梯度过渡、抗气蚀性能提高 2 倍以上、耐磨性提高 2 倍以上的强化表面；②清华大学发展了 NiCrSiB、Ni25B 系镍基合金材料体系。材料内部组织均一，与基体形成良好的冶金结合，硬度可提高到基体的 5 倍，高温磨损率约为基体的 1/3，裂纹也有明显减少。以上材料可以满足典型工况条件下的技术要求，已成功应用于轮机装备、工模具、汽车零部件以及化工装备等部分关键部件上。

另一方面，激光表面改性技术也由单一技术向多种技术复合方面发展。固溶合金化复合强化、激光—化学镀复合强化、激光再制造材料替代技术等复合改性技术得到推广应用。采用激光复合固溶强化等工艺方法，在 17 ~ 4PH 叶片进气边得到了硬度大于 HV400，深度 2 ~ 3mm 的硬化层，并成功用于 1000MW 超临界汽轮机叶片的强化，实现了国产化制造。采用激光与电化学复合强化、基于熔覆的激光修复技术已经分别应用于大型拉延模具、注塑模具、热锻模具以及压铸模具等，增加了模具的耐高温磨损性能，耐磨性提高 1 ~ 3 倍。用激光熔覆替代双金属，已用于腐蚀或腐蚀磨损工况条件下的部件，如海水泵阀、塑机螺杆以及化工设备部件等。其中由浙江工业大学完成的“激光表面复合强化与再制造关键技术及其应用”成果获 2012 年度国家科技进步奖二等奖。

（4）激光刻蚀

激光刻蚀的技术体系包括刻蚀机理、方法、工艺及应用。在刻蚀机理方面，兰州空间技术物理研究所通过金属—复合材料结合面分解形成热参数突变并导致气化压力控制的固态剥离机制，实现边界锐利齐整的刻蚀区域，并将短脉冲激光刻蚀技术和先进的数控技术结合形成了一种柔性的三维曲面金属薄膜图形整体加工设备与技术。大连大学在国际上首次利用多光束干涉方法，通过激光烧蚀实现了对 Ni_3Al 薄膜的一维和二维结构化。

在刻蚀工艺方面，北京工业大学用准分子激光在玻璃基胶层上刻蚀出加工质量较高的微流控生物芯片形貌，通过电铸技术对微流控芯片进行复制，得到反向金属模具。用金属模具通过注塑成形技术用聚碳酸酯注塑出微流控芯片。江苏大学采用“单脉冲同点间隔多次”激光加工工艺，在 SiC 机械密封试样环端面进行微凹腔和微凹槽织构的跨尺度激光表面织构加工。

在刻蚀设备方面，华中科技大学开发了基于 355nm 全固态紫外激光的精细刻蚀系统。北京工业大学开发了基于 248nm 准分子激光的激光微细加工系统。苏州苏大维格光电科技公司开发了多种激光微细加工设备，包括紫外激光高速图形化直写设备、大型紫外激光干涉光刻设备、微纳混合光刻设备。苏州德龙激光、江阴德力激光、瑞安博业激光应用技术、上海帝耐激光等公司，也都开发出了针对行业应用的激光刻蚀加工设备。

5. 增材制造技术

增材制造（additive manufacturing，AM）技术是通过 CAD 设计数据采用材料逐层累加的方法制造实体零件的技术，相对于传统的材料去除（切削加工）技术，是一种“自下而上”材料累加制造的方法。美国材料与试验协会（ASTM）F42 国际委员会认为：增材制造是依据三维模型数据将材料连接制作零件的过程，相对于减法制造，它通常是采用逐层累加过程。3D 打印技术也常用来表示“增材制造”技术。传统狭义的 3D 打印技术是指采用打印头、喷嘴或其他打印技术沉积材料来制造物体的工艺，这些增材制造设备相对价格较低和总体功能较弱。从广义原理上来看，以设计数据为基础，将材料（包括液体、粉材、线材或块材等）自动化地累加起来成为实体结构的制造方法，都可视为增材制造技术。

近年来，我国科研人员围绕国家在航空航天的技术需求和技术前沿方向开展了研究，取得了显著的进展。西安交通大学、华中科技大学、清华大学、北京航空航天大学、西北工业大学、华南理工大学、南京航空航天大学、上海交通大学、大连理工大学、中北大学、中国工程物理研究院等单位都在开展前沿研究和工程应用工作。

（1）光固化增材制造技术（SL）

光固化成形技术是目前制造精度最高和表面粗糙度最低的增材制造技术。光固化快速成形技术的主要进展体现在精度和制作材料的范围进一步提高和扩大。西安交通大学在此方面开展了系统的研究工作，研发了高精度与高效率制造工艺技术，研发了 LED 光源的光固化成形设备，发展了陶瓷光固化成形技术。将光固化增材应用到空心叶片铸型制造、光子晶体制造和飞机风洞模型制造中。发明了一种基于光固化原型的燃气轮机叶片内外结构一体化制造工艺，实现了多介质复杂结构陶瓷光子晶体的快速制造，探索了机翼颤振风洞模型的设计和制造方法。

（2）选区激光烧结制造（SLS）

华中科技大学在大尺寸 SLS 成形技术及装备方面开展了系列研究工作，研制成功了大台面 SLS 装备。技术成果已获得实际工程应用，为我国关键行业核心产品的快速自主开发提供了有效技术手段，为传统铸造产业升级提供了技术支撑。该成果获得 2011 年度国家技术发明奖二等奖。

（3）熔融沉积制造（FDM）

清华大学在此方面开展了长期的研究，其企业集团下属的北京殷华公司生产的 MEM450，最大成形零件尺寸达 400mm × 400mm × 450mm。北京殷华公司同时还提供具有单独支撑材料成形的双喷头系统，由于支撑材料为水溶性或强度较弱的材料，能够使支撑结构的去除更加方便，有利于制造结构复杂、带精细孔洞结构的零件。

（4）金属零件激光熔化沉积成形

北京航空航天大学研发出迄今世界最大（达 4000mm × 3000mm × 2000mm）适合钛合金等高活性难加工金属大型结构件直接成形的系列化激光直接制造成套装备。研制生产出了我国飞机装备中迄今尺寸最大、结构最复杂的钛合金及超高强度钢等高性能关键整体构件。2005 年以来成果已在三代及四代战机、大型运输机、C919 大型客机等 7 种型号的飞机研制和生产中得到工程应用。研究成果“飞机钛合金大型复杂整体构件激光成形技术”成果获得 2012 年度国家技术发明奖一等奖。

西北工业大学建立了激光立体成形及修复的优化工艺规范，实现了综合力学性能高于锻件技术标准的钛合金和镍基高温合金零件的精确自由成形及修复。采用激光成形制造了最大尺寸达 2.83m 的飞机机翼缘条零件，最大变形量 <1mm，实现了大型钛合金复杂薄壁结构件的精密成形技术，相比现有技术可大大加快制造效率和精度，显著降低生产成本。

西安交通大学建立了基于激光直接成形的涡轮叶片制造系统，开展了结构与组织同步制造方面的研究。研究激光直接成形空心涡轮叶片的方法，制造出了复杂叶片零件，经检测，叶片粗糙度最小处 Ra 值可达 5μm。

（5）激光选区熔化金属成形

激光选区熔化金属成形（SLM）使用高能激光束直接熔化预先铺在粉床上的微细金属粉末，逐层熔化堆积成形，可直接成形接近全致密的高性能金属零件。华中科技大学、华南理工大学先后开展了 SLM 装备研发和金属粉末在移动点激光源作用下的冶金机理、扫描工艺及成形性能和应用研究。使用 SLM 技术直接成形了复杂高性能金属零件，综合性能与锻件相当。

（6）电子束熔化金属成形

北京航空制造技术研究所、清华大学、西北有色金属研究院，开展了电子束选区熔化沉积（electron beam selective melting，EBSM）技术及系统的研究。北京航空制造技术研究所开展了工程应用研究，制造了某型飞机箱式滑轮架结构件，该方法材料利用率达到 80%

以上，制造周期约为 1 个月，解决了制造瓶颈的关键问题。

（7）**生物组织制造**

清华大学生物制造工程研究所开发了基于细胞受控组装的三维打印技术，与中国医学科学院整形外科医院合作，开展了基于快速成形技术制造个性化人耳再造聚氨酯多孔植入体和基于细胞微球的血管化脂肪软组织修复技术等的研究。

西安交通大学研究了骨 / 软骨支架制造技术。开展大型犬膝关节大面积骨软骨缺损实验，形成类似于自然骨软骨的连接组织，初步实现了工程化软骨的功能化。开展了肝组织支架制造与性能研究，实验中人工肝组织在体内成活时间达到 28 天，发现体内的人工肝组织的肝细胞发生了有规律的组合，形成了肝细胞索，这是人工肝组织向自然肝组织转化的重要迹象，在国内外刊物中未见相关报道。

华南理工大学应用选区激光熔化快速成形技术直接制造个性化金属舌侧托槽和多孔骨植入体，使人工关节植入后达到良好的应力效果和功能效果。

（二）微纳制造技术

1. 传统典型 MEMS 向高性能发展

经过多年的发展，MEMS 技术已经取得了巨大的成功，大量基于 MEMS 技术的产品已经走出实验室实现产业化，并走向实际应用。目前，MEMS 产品的年销售额已经达到 100 多亿美元，MEMS 器件已广泛应用于消费电子、军事、工业等领域。MEMS 产品虽然具有批量化、低成本、微型化等优点，但是由于受到基本原理、微细加工技术精度等因素的制约，相当一部分 MEMS 产品的性能仍很难提高到传统仪器的水平。这也是为什么 MEMS 产品在低端消费电子领域取得较大成功，却在国防军事、工业控制等高端领域举步维艰的原因。最为典型的是应用于惯性导航领域的陀螺和加速度计。

尽管面临重重困难，MEMS 研究者仍然迎难而上研究提高传统 MEMS 器件性能的方法。主要的方法有：传统 MEMS 加工工艺的优化和新工艺的开发，封装技术的改进与新封装技术的应用、新原理的应用，MEMS 与电路的工艺集成等。正是这些技术的研究使得在低端领域取得巨大成功的传统 MEMS 器件，在高端应用领域，尤其是惯性 MEMS 领域进展迅速，比较典型的研究进展如下：

悬浮转子式微陀螺是一种新原理的 MEMS 陀螺，与振动式 MEMS 微陀螺相比具有无正交误差、陀螺精度高等优点。上海交通大学近年来开展了静电悬浮 MEMS 陀螺和 MEMS 加速度计的研究，并取得了相关的原理样机。

谐振式加速度计具有频率信号输出、稳定性好、灵敏度高、精度高等优点，已成为 MEMS 惯性器件重要发展方向之一。米兰理工大学的 Claudia Comi 等人在 2009 年设计了一种具有特殊杠杆结构的高灵敏度单轴谐振式加速度计，其设计降低了加速度计的尺寸，但加速度计的灵敏度高达 430Hz/g。国内东南大学、南京理工大学、重庆大学等也开展了 MEMS 谐振式加速度计的研究。

半球谐振陀螺是一种中高精度陀螺，具有高可靠性、长寿命等优点。近一两年，国外学者开展了基于 MEMS 技术的半球谐振陀螺微型化研究。佐治亚理工、康奈尔大学、加州大学伯克利分校基于硅的各向同性刻蚀的制造方法，研究了符合陀螺要求的半球谐振壳加工工艺，但还未形成陀螺器件。而加州大学尔湾分校则采用玻璃吹制技术率先研制了三维球形壳状谐振陀螺，其测量范围高达 1000°/s，非线性度为 1%。

我国西北工业大学在 2012 年 IEEE MEMS 会议上提出了一种基于气流转子的六自由度惯性传感器。该传感器可以敏感三轴加速度和三轴角速率，是对传统射流惯性传感器的创新。

2. 新兴 MEMS 领域发展迅速

MEMS 技术与生物、化学、能源等学科结合便产生了生物 MEMS（Bio-MEMS）、能源 MEMS 等新兴领域。MEMS 技术促进了这些新兴领域的发展，同时，这些新兴 MEMS 领域也反过来拓展了 MEMS 的应用范围，促进了 MEMS 设计、加工、测试、封装等技术的发展。

Bio-MEMS 近年来不断受到重视，成为生命科学研究和医学治疗的重要工具，是 MEMS 领域研究的热点和前沿。人造视网膜芯片是 Bio-MEMS 的一个典型例子。美国加州理工大学的 Tai 与美国南加州大学的 Humayun 研究组合作开发了视网膜芯片。该芯片以 Parylene 为柔性衬底材料，Pt 作为电极，Au 作为电极连接，为了实现与眼球的紧密贴合，还采用升温模压的方法将芯片做成弧状。这种采用 MEMS 技术人造视网膜芯片使恢复视网膜退化等眼疾患者视觉成为可能。

随着物联网、无线传感等技术的发展，从环境中收集能量为传感器提供电能的能量收集 MEMS 技术受到关注并且发展迅速。目前，MEMS 能量收集可从超声波、温度梯度、振动等获取能量。其中振动能量的收集具有极大的应用前景，国际上已广泛开展了此方面的研究工作，该研究方向已成为国际上的研究热点。

3. 纳机电系统成为研究热点

MEMS 技术与纳米技术的融合，一方面促使微机电系统进一步小型化，产生了纳机电系统；另一方面，纳米结构与 MEMS 器件的有机结合，也极大地促进 MEMS 性能提高。

美国 Case Western Reserve University 的 Lee 在 *Science* 上报道了一种用 SiC 材料制造的反相器，其最小结构尺寸为 150nm，最小间距为 20nm，其关态工作电流小于 10fA。这个器件最重要的特点是不仅可以在室温下工作，还可以在高达 500℃的温度下工作。在室温下开关次数达到 210 亿次，在 500℃的温度下也达到了 20 亿次以上。中科院物理研究所的张广宇研究组利用多层石墨烯作为机械桥膜制备了 NEMS 继电器，其开关比为 10^4，开关寿命为 500 多次。2012 年，中北大学李俊等人发明了一种基于巨压阻效应的 SOI 微机械陀螺，陀螺的敏感机构为检测量根部的硅纳米线电阻。

4. 微纳设计趋于成熟

微纳技术不断发展，新器件、新工艺、新应用等不断涌现，促进了微纳设计技术的发展，近年来微机电设计和纳机电设计领域出现了一些新的发展与成果。

微机电系统一般由微机械结构和接口电路构成。但早期的 MEMS 器件结构设计和 IC（integrated circuit）接口电路设计是分开的。MEMS 研究者一直致力于解决 MEMS 器件结构与 IC 电路设计共同设计与仿真问题，以满足 MEMS 器件与接口电路的单芯片集成的需求。因此 MEMS 器件结构与 IC 电路的共同仿真技术成为一个新的研究热点。近年来，国内外在 MEMS 器件结构和 IC 接口电路共同仿真设计技术上取得了较大的进步。Coventor① 公司在 2009 年推出的新一代 MEMS 设计软件 MEMS+ 提供了一种标准设计方法，将 MEMS 器件的系统级建模仿真和集成电路仿真环境结合在一起，提供给 MEMS 和 IC 设计人员一个共同的 MEMS+IC 系统级仿真以及版图设计平台。

目前的 MEMS 设计工具主要借鉴于 EDA（electronic design automation）的设计软件及设计方法，是一种以二维化设计为主的设计方法。但是 MEMS 器件却是三维结构，三维设计更符合 MEMS 的特点，也显得更加直观。近年来 MEMS 的三维设计技术得到长足发展。在系统级三维设计方面，Coventor 公司 2009 年推出的 MEMS+IC 设计工具 MEMS+ 提供给设计人员一个全参数化的三维设计入口，支持使用三维组件设计和搭建 MEMS 器件的三维模型，并可进行仿真结果的三维显示。在工艺级方面，除了可以对加工工艺流程和单步工艺的物理仿真进行三维可视化之外，版图规则检查也从之前的二维检查发展到对任意图形的三维显示及验证。2009 年，Coventor 的三维工艺建模与仿真软件 SEMulator3D，可完成 MEMS 和半导体器件加工过程的三维建模与仿真，并可实现版图的三维实体检查与验证。2012 年 Intellisense② 公司发布的 IntelliSuite 8.7 对工艺物理仿真的不同模块进行集成，形成 FabSim 模块，并添加了光刻、石英各向异性刻蚀等仿真功能。

在 MEMS 系统级设计中，仅有一小部分 MEMS 器件可以由系统级参数化标准组件（解析宏模型）进行搭建，完成仿真、设计。但是大部分的 MEMS 器件结构中包含非规则复杂结构，无法仅仅依靠系统级解析宏模型完成建模与仿真。这时基于数值模拟的数值宏模型成为系统级组建库的有益补充。西北工业大学在数值宏模型提取技术上取得了许多重要成果，包括数值宏模型的角度参数化、多因子参数化技术等。角度参数化解决了相同结构数值宏模型的重复获取问题，多因子的参数化降阶过程则考虑了阻尼、温度、静电力、科氏力、离心力等影响因素，有效地在仿真精度和速度之间取得了均衡，这对于提高 MEMS 设计效率具有重要意义。

微流控技术是目前 MEMS 技术中发展最为强劲的领域之一，近年来，其设计技术受到众多研究者的重视。 2010 年，杜克大学 Krishnendu Chakrabarty 教授对数字微流控用于

① 专业从事 MEMS 设计服务的公司，以下该公司相关内容均来源于公司网站：www.coventor.com。

② 专业从事 MEMS 设计服务的公司，以下该公司相关内容均来源于公司网站：www.intellisense.com。

仿真、综合和芯片优化的计算机辅助设计技术进行了论述，这些设计技术的应用目标是数字微流控的建模与仿真、时序排列、模块布置、液滴路径优化、测试等。2009年，美国Fluidigm Corporation 提出了一种较为完善的微流控设计架构及软件。2008年，吉林大学左春柽小组对数字微流控生物芯片的布局与调度问题进行了研究，为数字微流控的设计和优化理论奠定了基础。

当前，MEMS 集成设计工具所依据的方法是源于微电子设计的结构化设计方法。但是，随着新器件、新应用、新工艺等不断涌现，对传统的严重依赖组件库的结构化设计方法产生了巨大的冲击和挑战。针对结构化设计方法的缺点，西北工业大学提出了“泛结构化微机电系统集成设计方法”。泛结构化 MEMS 集成设计方法的理论体系主要分为集成设计体系、分层设计体系、柔性设计体系、创成设计体系和三维设计体系，这五个设计体系相互关联、相辅相成完成复杂的 MEMS 设计任务，并起到提高设计效率的目的。基于泛结构化 MEMS 集成设计方法，西北工业大学开发了全国产的大型微机电系统集成设计软件（MEMS Garden）。2011年，西北工业大学“微机电系统的泛结构化设计方法与技术”成果获得国家技术发明奖二等奖。

在纳尺度设计方面，研究人员已在建模与仿真方法上开展了大量工作。目前研究人员分别使用了第一原理、分子动力学模拟、基于连续介质力学的数值等方法进行了相关研究，并且取得了一些新的进展，典型的如2011年 Lazarus A 等人对一个用于纳机电系统的非线性振动压电梁结构建立了基于有限元的降阶模型；2012年 Richa Bansal 采用矩阵结构分析理论建立了一个单层结构的碳纳米管集总参数模型，该模型集成到了 Sugar① 和 SugarCube② 中，用于微纳尺度系统的设计、建模和仿真。我国近年来对微纳跨尺度研究进行了较大的投入，如东南大学承担的“973”计划“跨微纳尺度的传感器理论模型与仿真”和“863”计划“硅微纳梁力电耦合多尺度模型与模拟”，中国科学院2011年立项的“973”项目“微纳光机电系统的仿生设计与制造方法”等。

5. 微纳加工技术不断创新

微纳加工是衡量国家尖端制造业水平的重要标记，世界主要发达国家都极为重视其发展，纷纷加快部署，制定了发展高新技术产业的举措。国外近期在微纳加工领域取得了如下突出进展。

微纳加工在分辨力、可批量化、可控性方面取得新突破。纳米压印术自1995年提出以来，已经经历十余年发展历程，取得了长足的进步，目前，国外在这方面研究重点是高密度或高深宽比的脱模与抗粘控制、微纳多尺度压印、复杂曲面（如仿生表面）及大面积的均匀压印。原子力微纳加工法是以悬臂结构的微纳针尖为工具，通过在针尖—表面的限域空间施加机械、化学势、热等外场作用，在材料表面刻画出微细图形的方法。近年来，

① 加州大学伯克利分校开发的一套 MEMS 系统级仿真软件。

② 普渡大学在 Sugar 基础上开发的网络化 MEMS 集成设计工具。

科学家们在这方面开展了深入研究，重点是解决该方法的加工精度、可靠性和效率问题。在针尖定位方面，一些多维闭环高精度控制和环境控制策略得到采用，以适应高分辨力的需求，目前最小分辨力可达到 10nm。为提高加工效率，一些研究者还开展了多重针尖并行操纵的研究。

微纳加工技术与纳米材料科学结合日益紧密。纳米材料的出现从根本上改变了材料的传统观念，在尺度效应作用下，纳米材料体现出优良力学性能、抗弯强度、断裂韧性、生物兼容性等。近年来，各国科学家结合微纳加工技术，在纳米材料的应用开发方面取得了一系列令人振奋的成绩。例如，新型二维材料——石墨烯在生物分子检测、载药、成像、肿瘤治疗等方面显示出重要的应用前景。目前国外对基于石墨烯材料的生物微纳传感器件方面研究十分活跃，结合微纳加工技术研制出石墨烯基高敏场效应管、高敏 DNA 序列测序传感器等优良器件，并就石墨烯大面积制备、石墨烯微纳传感器表面生物—电学响应机制等开展了深入基础研究。

微纳加工在生化和医疗领域逐渐发挥重要作用。利用微纳加工技术可以为生物制造赋予尺度与精度上的跨越，并在生化传感器、药物、功能器官植入、受损神经恢复等方面具有重要应用价值。例如，采取电沉积、光刻等形成的微纳电极与特异性生化分子结合，形成新型的生化传感器，就可以用于超微量的有毒有害化学物质电化学探测；再如，某些生物试剂合成困难、价格昂贵，需要将其用量控制在极微小的范围（皮升以下），以纳米针为工具，通过点样、涂覆等方法能够实现亚微米量级的微量液体分配。在微流控领域，将微纳加工、微纳流体、组织工程相结合，可以形成具有新陈代谢功能的人工肺等模拟器官，未来将作为高通量药物筛选等的实验工具载体发挥关键作用。传统的细胞培养是在二维平面生长的，通过 3D 微纳打印的方法能够更精确地构建人体组织模型，这对药物开发、毒性测试等非常有价值。

我国一直非常重视微纳加工技术，经过多年努力，我国微纳加工的能力得到显著提升，形成微纳加工基础研究—应用研究—技术转移的一体化模式，人才和基地建设成效显著，取得了若干具有国际影响的重要成果，具备了从实验室到中试的加工能力。

微纳图形化既包括传统意义上的紫外光刻、电子束光刻等光刻技术，也涵盖了自组装、纳米转印、纳米纺丝和纳米喷印、特殊材质剥离、化学镀（无电沉积）等方法。中科院微电子所在电子束光刻方面进行了大量实验和理论探索，掌握了厚胶光刻、纳米级剥离、电子束光刻纳米尺度高深宽比较图形化等加工关键技术，利用电子束光刻制作的胶图形最小线宽小于 10nm，基于电子束光刻发展了若干高性能微纳光电器件。苏州大学开展了基于电驱动的纳米纺丝和纳米喷印技术研究。大连理工大学开展了电流体动力射流直写研究工作，为非硅材料的微纳图形化提供了新思路。在聚合物材质微器件上集成各种金属微细图形具有广泛用途。大连理工大学还研究了在聚合物表面集成金属微细图形的技术，分析了工艺过程中热变形、褶皱和应力裂纹的形成机理，建立了两种分别用于易腐蚀金属微结构和惰性金属微细图形的制作新方法。浙江大学建立了一种热塑高聚物表面的紫外光诱导—区域化学镀方法，在聚碳酸酯片上形成图形化的金属膜，他们还建立了 PDMS 表面的紫外光区域接枝—选择性化学镀法，可以在低表面自由能的 PDMS 表面形成结合牢固、耐弯曲的微金膜图形。中科院物理研究所等发现石墨烯各向异性刻蚀效应，并利用此效应实现了石墨烯纳米结构的精确剪裁加工；近期，他们又发展了可用于石墨烯纳米图形化的边缘印刷术。中科院苏州纳米所等实现了石墨烯—半导体量子点复合材料制备和层数可控的高质量石墨烯偏析生长，掺杂石墨烯导电薄膜的光电导率增加 10 个数量级。

模塑成形是实现量化加工聚合物微纳器件的主要方法，现阶段微纳模塑成形主要发展方向是：成形精度和一致性控制；快速和低成本的纳米结构成形；复杂微纳结构成形所用的模具加工等。大连理工大学对纳米热压技术进行了深入研究，围绕聚合物复制成形的欠填充、翘曲、高弹回复等问题，形成了高精度聚合物微成形系列工艺方法。西安交通大学对纳米压印的加载和脱模问题进行了长期研究，原创性地提出电毛细力驱动的纳米结构压印成形工艺方法，利用液态聚合物材料在外加电场作用下受到的电润湿力实现快速填充；在脱模方面，他们根据液态聚合物光固化中的极化效应，提出基于界面库伦力的电辅助脱模方法。大连理工大学针对微小塑件结构及其成形特点，研究了微型注塑模具与传统注塑模具设计的差异。基于微尺度熔体的流动理论，从微注塑模具浇注、变温、排气及微塑件推出等方面考虑，建立了微注塑模具设计技术与方法。哈尔滨工业大学提出采用功能梯度类金刚石（DLC）膜模具表面改性技术，充分利用 DLC 膜摩擦系数低、耐磨性能好等优点，发明了适合 DLC 膜表面改性的微模具装置。大连理工大学开展了利用电铸加工微模具的研究，解决了 UV-LIGA 微电铸工艺的铸层结合不均匀、铸层内应力大等问题，改善了模具尺寸精度和表面质量。

高能束刻蚀以串行直写方式为主，即以逐点或逐行方式对材料表面曝光或直接去除，不需要掩模板或模具，减少了工艺步骤，使用灵活，适合于原型加工，并且将高能束与超精密机械进给技术相结合，能够加工出大面积的微纳有序结构。北京大学针对传统黑硅加工中的可控性差、产率低、兼容性差等问题，提出基于深反应离子刻蚀（ICP）的无掩模黑硅加工技术，利用 ICP 形成的聚合物“自掩模”效应，得到晶圆级高密度、高深宽比的硅锥微纳复合结构，并可制备不同形态的黑硅纳米结构。吉林大学开展了飞秒激光微纳加工相关研究，提出利用超快光子技术制备光子晶体等复杂微结构的方法，掌握了飞秒激光微纳加工小批量微光学元件、耐高温光线光栅传感器、高透过率红外光学窗口等技术。华中科技大学经过多年努力，在 C-MEMS/NEMS 刻蚀成形与集成等方面取得突出进展，掌握了 C-MEMS 结构制备中刻蚀与高温热解的关键技术，形成了 C-MEMS 结构的加工和集成系列工艺方法。中国科学院上海微系统与信息技术研究所发展了基于 MEMS 标准工艺的微纳跨尺度加工技术，将“自上而下”的加工技术与“自下而上”的构筑技术相融合，使用一种无须催化剂的纳孔内壁敏感基团多层修饰方法，用多层分子连续嫁接的方法形成了高密度敏感基团修饰，并在优化介孔纳米直径的前提下实现了痕量 TNT 检测。另外，他们实现了多传感器批量自组装敏感纳米材料的新方法，为微纳多尺度传感器批量化加工提供了可行方法。

6. 圆片级封装成为微纳封装主流

封装成本一直是微纳器件实用化的一个重要制约因素，因此，微纳封装在微纳制造领域极具挑战性和重要性。微纳封装技术初期主要为单芯片封装技术，随着微纳技术的发展，圆片级封装以及 3D 多层圆片级封装（wafer level packaging，WLP）逐渐成为研究热点。

为了降低成本提高批量，国外在 20 世纪 90 年代就开始研究微纳系统的圆片级封装技术，目前已出现了具有表面贴装功能的圆片级封装技术。圆片级封装表面贴装元件（surface mounted devices，SMD）的技术难点主要在于穿硅通孔（through silicon via，TSV）制作及金属化。目前此技术是国外的一个研究热点，某些关键技术得到了实质性的突破与进展，如高深宽比（high aspect ratio，HAR）的通孔金属填充技术等。另外，为了减少系统寄生效应和降低功耗，并达到体积最小化和优良电性能的高密度互连目的，国际上开展了在圆片级封装的基础上进行多圆片或芯片的垂直堆叠集成封装（vertically stacked integrated packaging，VSI）技术研究，目前 VSI 技术已成为国外研究发展的重要方向和热点。

比利时的 IMEC 在微纳系统的封装方面在国际上处于领先地位，其研究代表了国际上的最新研究进展。IMEC 采用金属焊料与苯并环丁烯（benzo cyclo butene，BCB）聚合物键合技术开发的微纳器件圆片级封装技术已成功应用于微传感器与 RF MEMS 器件并已实用化。在 3D-WLP 方面，IMEC 也取得了众多研究成果。目前封装中圆片的厚度可以减薄到 30μm，通孔深宽比达到 3，并可采用电镀铜等多种方法对 TSV 进行填充。

在纳米封装方面，2007 年 11 月，欧盟正式启动投资总额为 1100 万欧元的大型合作项目“NANOPACK”，研究内容包括采用碳纳米管、纳米颗粒和纳米结构表面等技术，结合不同的热导增强机制和制造技术，研发出满足低热阻封装和互联的新材料和技术；2008 年 5 月，美国国防部高级研究计划署（DARPA）也正式发布了“纳米热界面（nano thermal interfaces，NTI）”的项目指南，重点研究基于碳纳米管（Carbon NanoTube，CNT）的低热阻技术与应用研究。

纳米封装涉及的范畴较广，大体包括以下两个方面：一是纳米颗粒（包括纳米管、纳米线）在封装中的应用。基于纳米尺度效应，可对微纳器件封装技术进行改进。纳米尺寸效应是指随着颗粒尺寸变小，材料物理性能随之发生变化的现象，如熔点下降，特别是尺寸小于 10nm 后。由于纳米材料具有大比表面积、高表面活性以及纳米尺寸效应等，因此采用纳米材料作为键合层，有望降低封装温度。实际上，美国佐治亚理工学院 K. S. Moon 和弗吉尼亚大学 G. F. Bai 早在 2005 年就报道了纳米银颗粒的低温烧结行为。由于纳米尺寸效应，纳米银颗粒（直径 20nm）可在低于 200℃下实现烧结。随后，研究人员开发了采用纳米银颗粒的纳米银胶和纳米银膏，企图取代现有的无铅焊膏，满足电子器件低温封装要求。G. Chandra 则采用纳米铜颗粒作为键合层，在温度为 370℃，压力为 1M ~ 1.5MPa 下实现了铜—铜热压键合，键合强度高达 9M ~ 11MPa。P. I. Wang 等采用斜角沉积法制备出纳米铜柱，并在远低于铜熔点（1083℃）的温度下，观察到纳米铜柱阵列的表面熔化现象。基于这种特性，他们采用纳米铜柱作为键合层，在压力为0.32MPa，温度为200～400℃范围内实现了铜—铜热压键合。二是利用CNT良好的力学、热学、电学和化学特性，满足封装与互连需求。目前，采用化学气相沉积（chemical vapor deposition，CVD）技术已经实现了CNT在硅、铜衬底上的可控、定向和高密度生长。其在微纳器件集成方面的应用主要体现在两点：①利用CNT良好的导电能力，取代铜、铝实现纳米互连，相关研究包括CNT水平（侧向）生长、CNT操控、CNT与电极焊接等；②利用CNT良好的导热能力实现低热阻封装，特别是在极端条件下CNT基热界面材料更显示出其独特的技术优势，目前相关技术正处于研发阶段。

当前与微纳制造相关的自组装技术主要有两类：一是分子纳米自组装技术；二是微器件自组装技术，主要针对毫米亚毫米尺度微器件的集成装配。目前，纳米自组装领域的研究聚焦于纳米颗粒，自组装理论模型研究正在逐步深入，纳米自组装技术所采用的驱动力和粘合固定方法趋于多样化；自组装结构向三维方向发展，对纳米自组装材料的应用集中于生化传感器。

国内在微纳系统封装方面研究起步较晚，多数还是采用微电子中传统的器件级封装技术，对圆片级封装技术与真空封装技术开始了初步研究，突破了一些关键技术，离实用化还存在差距，对基于TSV技术的多层垂直叠加封装技术研究也刚刚涉及。中国电子科技集团公司第十三研究所在“十五”“十一五”期间共承担了两项MEMS封装技术相关课题，开展了器件级、圆片级封装技术研究，解决用于圆片级封装的圆片键合技术包括硅—硅键合、硅—玻璃键合、共晶键合、热压键合等，目前这些技术已批量应用于MEMS陀螺仪、MEMS加速度计与RF MEMS滤波器等多种MEMS器件的生产。国内在微系统封装其他方面突破的关键技术论述如下：采用干法与湿法腐蚀组合技术完成了高密度TSV制作；采用硅—硅键合、金—硅键合方法解决了气密键合技术；在气密封装的基础上，采用在硅盖板上生长真空保持薄膜，在真空状态下，实现了真空封装；开发出基于感应局部加热的封装技术；开发出激光凸点重熔工艺和重熔互连键合技术；开发出MEMS芯片弹性凸点热压系统。

在纳米封装研究方面，特别是CNT作为导热材料的研究方面，国内外基本处于同一水平。近年来，清华大学的研究小组在CNT可控生长与导热应用等方面的研究一直处于国际领先水平。此外，香港科技大学在定向生长CNT应用于LED封装散热，上海大学在CNT纳米复合热界面材料，华中科技大学在CNT操控与焊接、定向生长CNT作为热界面材料，哈尔滨工业大学在基于双FAM探针的纳米线互连等方面都开展了深入研究，并取得了一批有代表性的研究成果。

国内在微纳封装技术设备研制方面也取得了重要研究成果，针对微纳器件与系统的品种多和特异性大的特点及批量化、高质量、低成本制造的要求，哈尔滨工业大学、华中科技大学、中南大学、苏州大学、苏州博实机器人公司等单位研发出MEMS柔性点胶设备、自动贴片设备、MEMS阳极键合设备、柔性引线键合设备、立体封装和组装的锡球凸点键合设备等封装设备，在特种压力传感器、微麦克风等研发和生产中得到实际应用。

7. 微纳测量与测试技术面临挑战

微纳测量与测试技术一如既往地要能够测量接近或达到原子尺度的尺寸，因此要求彻底理解纳米尺度材料特性和测量中的物理问题。微纳结构和器件的多样性使得目前有限的测量手段面临严峻的挑战，新材料和新结构的出现，更增加了测量的复杂性。具有三维微纳结构的器件使得许多传统测量技术的建模和分析的初始假设失效，因此要求测量技术能够提供真实的三维信息。对微纳制造来说，不同制造商使用不同的材料在未来是完全有可能的，因此急需发展针对新材料和新结构的测量工具，如人们对 EUV 光刻技术的强烈兴趣驱动新的掩模测量技术。从长远来说，纳米器件的研究不仅需要新的工艺设备还需要新的测量方法，纳米工艺的发展与纳米测量的发展越来越紧密地联系在一起。当良好的工艺过程和工艺设备与合适的测量技术相结合，就能在维持可接受的成本下最大限度地提高产量。晶片表面形貌的建模和测量相结合，理解测量数据和信息与最优反馈、前馈以及实时工艺控制的相互作用是重建测量与制造技术关系的关键。总的来说，特征尺寸不断减小、器件参数控制要求越来越高、基于 3D 结构的新的微纳器件的出现、新的光刻技术的产生等，是物理测量方法面临的主要挑战。

显微技术用在微纳制造的大多数核心工艺上，在微纳制造“显示、测量、控制”这个链条上，显微成像通常是首要步骤。显微技术通常采用光、电子束或扫描探针的方法，获得二维分布信息，如集成电路结构形状的数字图像。除了成像，在线显微技术还包括关键尺寸和膜厚的测量，缺陷和粒子的探测及原子鉴别等。

随着微纳结构日趋复杂，光刻测量技术不断面临新的挑战，而新材料在各种工艺中的应用更增加了挑战性。由于光刻确定了器件的关键尺寸，许多微纳器件的参数控制始于光刻掩模测量，掩模测量技术包括确定印刷光的相位。尽管光刻掩模板上的图形特征比印到光刻胶上图形特征大 4 倍，但相移和光学邻近效应修正差不多是印出来的一半。实际上，掩模误差因子越大，可能要求掩模级的工艺控制更严格，因此要发展更精确的掩模测量技术。无论是晶片上的关键尺寸测量还是光刻胶上的关键尺寸测量都越来越困难。过程控制和产品检测所需的测量技术不断驱动光刻测量不确定性的改善。在线有效曝光量和焦距监视器将传统基于显微镜的尺寸测量技术的应用扩大到了光刻过程控制，因为同样的系统可以进行关键尺寸和光刻胶的测量，以及光刻过程的监视。没有哪一种测量方法或技术能够给出所有所需的信息。因此，为了使不同的尺寸测量设备和方法的结果可以进行有意义的比较，重复性和精度以外的参数也需要被强调。测量技术需要考虑相对精度、绝对精度、线边缘粗糙度、抽样以及测量的破坏性。

新的材料和器件的研究工作对交叉学科的微纳测量与测试技术提出了如下需求：纳米尺度的结构和组合的特性描述和成像；界面和嵌入纳米结构的测量；纳米尺度结构中的空缺和缺陷检测；纳米尺度缺陷在晶片级上的特性分布图；CMOS 系统中的测量；分子器件的测量；大分子材料的测量；直接自组装中的测量；对探针—样品相互作用的建模和分析；极端缩减器件的测量；对微纳制造环境安全性和健康性的检测。目前这些多学科交叉微纳测量技术的研究热点包括：①石墨烯测量技术。目前国际上很多学者在研究石墨烯材料、器件和测量技术，测量技术是决定石墨烯性能的关键促成者；②三维形貌测量。随着微纳器件几何复杂性的持续增加，越来越需要将三维形貌测量技术扩大到亚纳米级分辨率；③扫描探针显微术。扫描探针显微术是一个平台，在此平台上，各种具有横跨 50 ~ 0.1nm 空间分辨率的研究局部结构和特性的工具不断被研发出来。

参考物是测量技术的一个关键部分，因为它为通过不同测量方法或类似测量仪器在不同地点、模型或实验中获得的数据进行比较建立了一个码尺。微纳测量的参考物有两种基本类型。第一种参考物是被标定的人造物体，能够给测量提供一个参考点。这种参考物可以有各种来源，形式和等级也具有多样性。在一个使用参考物进行的工业测量中，最后的测量不确定性是参考物的被认证的不确定性与参考物和被测物相比较的附加不确定性的组合。因此，参考物中的不确定性必须小于测量最终所追求的不确定性。工业上的经验法则是，参考物的认证值的不确定性必须小于被评价制造过程的变化量的 1/4，或者用被参考物标定过的仪器进行控制。在需要精确测量的应用中，参考物的精确度应高于 1/4 所追求的最终测量精度。第二种参考物是用来对测量工艺控制关键参数的工具的精确性进行测试。最典型的参考物是来自于制造过程中的产品。测量者的责任是理解重要的很难以被测工具测量的过程变量，并将它们合并到一系列测试参考物中。这些测试参考物必须被合格的参考测量系统精确测量。参考测量系统是一台或一系列仪器，其在尺寸测量中的优势能力能够相互补充。由于对这些仪器的性能和可靠性的要求，参考测量系统需要获得比其他仪器高得多的保养、安全和测试。通过这些“黄金”仪器可以促进生产和降低成本。但是，由于微纳制造的特点，这些仪器必须放在超净生产环境下，这样测量才可以进入工艺流程。

三、国内外研究进展比较

（一）特种加工技术

1. 电火花成形加工

总体上看，近年来国外的研究越来越趋向于对放电现象的基础问题深入探讨。随着人们对放电等离子体的认识不断深入，观察、测试手段的进步，计算模拟能力的增强，过去很难开展的基础研究问题逐渐成为国际研究的新一轮热点。如放电等离子体特性、放电气泡的生成及演化过程、材料爆炸性蚀除过程、金属碎屑的排出等的直接观测结果，对于以往建立在对放电物理现象较为肤浅理解基础上的电火花加工机理方面的很多假说提出了强有力的挑战。结合一些物理过程的建模与仿真，使得以往似是而非的解释遭到质疑，一些错误结论得到了纠正。这些孤立的研究成果的不断积累，很可能逐步汇聚成为建立在对放电过程物理本质更科学、更深刻理解基础之上的电火花加工机理的理论体系。而这一新的认识将有可能从根本上促进电火花加工技术的进步和新技术的涌现。

另一方面，放电加工（包括火花放电在内的更广泛的放电加工形式）也在向着纳米尺度方向发展，并取得了一些可喜的进展，使得放电加工技术进入纳米制造领域取得了初步的成功。在非导电材料特别是陶瓷材料和陶瓷基复合材料的放电加工方面国外也开展了一定数量的研究，以适应新材料在航空航天、生物医疗、新能源等领域的应用需求。

国内在放电加工研究方面，与国内的经济与科技发展需求相适应，开展了大量应用基础方面的研究工作，特别是针对国家重大科技专项和“863”重点项目的应用对象，突破了一大批关键技术，并在此基础上有所创新，形成了具有独立知识产权的技术体系，为支撑航空航天、能源等战略产业的发展做出了重要贡献。如专门用于解决航空、航天发动机闭式叶盘结构的五轴联动数控电火花加工机床及其数控系统，支持五轴联动电火花加工的闭式叶盘 CAD/CAM 系统等关键技术指标均达到了国际同类技术水平。这些核心技术的突破对我国进一步深入发展高端电加工数控装备，提升我国战略产业的制造安全性，并在自主研发技术的基础上进一步实现工艺技术及系统创新奠定了坚实的基础。

与此同时我国放电加工领域也出现了一大批拥有自主知识产权的技术发明，并在各类国家重大、重点研究计划的支持下不断走向成熟并应用于工业生产。苏州电加工机床研究所自主发明的高效放电铣削技术加工高温合金材料可以实现 3000mm^3/min 的材料去除率，目前该项技术与装备已应用于航空发动机高温合金机匣和叶盘的高效加工。上海交通大学在基础研究中发现了高速流体与放电等离子体通道的相互作用，提出了“流体动力断弧机制”，进而发明了“高速电弧放电加工”方法，其加工高温合金的材料去除率高达 14000mm^3/min，该方法已经获得多项发明专利授权，并获得了国家自然科学基金重点项目支持。南京航空航天大学发明的“放电诱导可控烧蚀技术”利用放电引发剧烈氧化反应提高材料去除率，对于钛合金等活泼金属的加工具有很强的适用性。装甲兵工程学院发明的“引弧微爆炸加工技术”利用高频脉冲性电弧诱发剧烈的爆炸作用来高效去除陶瓷等非导电材料。上述这些我国原创的技术发明充分展现了我国放电加工学术界的创新意识在不断提高，对放电加工领域的科研起到了很大的启发和带动作用，鼓舞科技工作者在新的加工原理和新的加工方法方面提出更多创新想法并大胆实践。

经过改革开放以来 30 余年的发展历程，我国电火花加工技术研究已经由跟踪为主导的模式发展成为以自主创新为主导的模式。研究队伍中有相当大比例的人员有国外留学或工作经历，研究实力和水平与国外之间的差距也逐渐缩小。就目前我国电火花加工技术研究人员所掌握的研究资源（包括实验设备、测试仪器、研究经费、人力资源）等方面已与国外接近甚至局部优于国外。随着全球经济一体化和产业转移的浪潮，我国已经逐渐成为特种加工研究与生产的中心之一。有些发达国家在特种加工的研究方面有逐年减弱的趋势，这与我国的逐年增长趋势形成了鲜明的对比。这一点可从研究经费投入、论文和专利的产出、研究人员的层次和总量等方面得到很好的体现。

从目前发表的国际期刊和会议论文来看，我国的研究成果中偏工程性的比例较高，而国外的研究成果偏基础理论的比例较高。这也和我国现阶段经济与社会发展对特种加工的迫切需求和大力投入直接相关。但从总的趋势来看，我国自然科学基金为主的基础研究成果逐年增加，基础科研的比例也呈上升趋势。

2. 电火花线切割加工技术

我国电火花线切割加工技术在相关学科的推动作用下，有了长足的发展与明显的进步。尤其是具有结构简单、价格低廉、加工成本低、高效大厚度加工等特点的往复走丝电火花线切割加工，近年来在机床的整机加工性能、加工范围、切割效率、表面加工质量、加工精度等方面取得了实质性进展。而在单向走丝电火花线切割加工机床方面，虽然做了大量的研究工作，取得了一定的成果，但是与国外电火花线切割加工技术相比，我们还存在明显的差距，主要体现在以下几个方面。

在编程控制系统及自动化控制方面，国内发展相对较慢，能够在单向走丝线切割机床上实现稳定控制的编程控制系统不多，同时针对单向走丝线切割加工的多次切割、拐角控制策略、自动穿丝等方面的研究也相对较少，而欧美日等发达国家不仅在机床数控软件功能和稳定性方面进行了大量改进，而且针对变截面加工自适应控制、智能化控制、工艺参数库等方面做了深入的研究，其中一部分已经成功应用到机床上，并形成了产业化的发展，如三菱、牧野、阿奇等公司生产的单向走丝电火花线切割机床。瑞士 Charmilles 公司的 PPS、日本 Sodick 公司的 FAPT 系统，基本反映了这一领域的国际先进水平。

在电火花线切割机床的设计和制造方面，由于国内受限于基础研究水平和构建高端复杂装备的能力，机床重要零部件的精度和稳定性很难达到国外的先进制造水平，因此母机的制造能力并不理想。另外，机床的运动控制，国外实现了伺服电机与光栅尺反馈的双闭环控制，并达到理想的加工效果，尤其是沙迪克公司直线电动机驱动的电加工机床，使电加工机床的加工速度提高了 1 倍以上，同时也提高了加工精度，而国内在这方面的研究非常欠缺。在热变形控制技术方面，日本牧野公司在机床本体内部，控制机床内部温度与经过冷却的加工液的温度保持一致，以降低本体铸件的热变形对机床精度的影响。在外部增加机床热防护罩壳，以保证整个机床避免因环境温度影响而产生热变形，有利于长时间的加工以及高精度孔距加工；瑞士阿奇夏米尔公司的 CUT 系列机床所有的散热元件均通过水循环进行冷却，使所有部件都得到热稳定性的保护，有助于保证机床极高的精度。

在脉冲电源研究方面，节能与高效脉冲电源依然是目前电火花线切割发展的重要方向，国内虽然在这方面有一定的研究，但是大部分并没有真正应用到生产中。而三菱、沙迪克、阿奇等生产的线切割机床绝大部分已经具备成熟的节能、高效电源及其控制技术。在高效加工方面，日本三菱电机公司的 FA-V 系列单向走丝电火花线切割机床，采用高速 V500 电源，可实现最高 $470mm^2/min$ 的加工速度，特别在厚板（100mm 以上）加工时，加工速度的优势尤其明显。日本 FANUC 公司的 ROBOCUT α 系列机床，采用 AI 脉冲控制技术，统计单位时间内的有效放电脉冲数和无效放电脉冲数，适时控制放电能量和进给速度，使放电能量分布均衡，防止由于集中放电而引起的断丝，实现稳定高速加工。在高精度加工方面，瑞士阿奇夏米尔公司的CUT200C单向走丝电火花线切割机床，采用最新一代的CC（clean cut）数字脉冲电源，采用快速的开关元件，并对放电回路进行整合，通过高频窄脉冲放电，既可提高加工效率，又能获得高品质的加工表面。日本三菱电机公司的FA10S和FA20S Advance单向走丝电火花线切割机床可选配V-PACK-AGE高速电源，装备了新开发的形状控制电源（Digital-AE I、Digital-AE II），通过控制上下进电块进电能量的配比，对放电位置进行控制，可有效减小加工零件的鼓肚或凹心，在粗、半精加工和精加工中实现零件的高直线度。

在加工工艺参数优化和加工工艺指标方面，印度学者Rajarshi Mukherjee等人将6种最常用的基于群体的非传统优化算法（遗传算法、粒子群算法、羊群算法、蚁群优化算法、人工蜂群算法和生物地理学优化算法）用于电火花多次切割加工工艺单目标和多目标的优化。英国伯明翰大学利用多次切割加工Udimet720和Ti-6Al-2Sn-4Zr-6Mo等先进航空发动机用合金材料，降低了再铸层厚度，工件的表面残余应力大为降低或接近中性的残余应力。国内单向走丝电火花线切割机床最大加工速度为350mm^2/min，最佳表面粗糙度Ra为0.2μm，最高加工精度为5μm；而国外单向走丝电火花线切割机床最大加工速度可达500mm^2/min，最佳表面粗糙度Ra可达0.03μm，最高加工精度可达1μm，因此国内的单向走丝线切割加工水平有待进一步提高。

在微细电火花线切割方面，虽然我国在微细丝恒速、恒张力控制方面取得了一定的进展，但在很多方面与国外还存在较大差距。日本牧野公司的UPN-01微细电火花线切割加工机床，采用卧式机床结构，装载了使之发生超微小脉冲的MGW-V1电源，可用直径0.02mm的黄铜丝实现狭缝宽度32μm的半导体引线框架模具的加工，此机床的最佳表面粗糙度可以达到Rz0.17μm，同时加工精度也可达±0.5μm的超细微领域。日本沙迪克公司的EXC100L，以亚微米级加工为目标，可实现针对微电子零件所需的精密齿轮、纤维喷嘴和螺旋状模具加工。日本三菱电机公司推出的超微细精加工电源（Digital FS），利用直径0.05mm的细丝，可实现高精度凸模、接插件以及硬质合金多个凸模的加工。

综上所述，我国的电火花线切割加工技术与国际上先进的线切割加工技术相比，依然存在较大的差距。同时，国内原创性研究少也是抑制我国电火花线切割技术发展的一个重要原因，使得我们很难获得在学术界和产业界影响大的成果。

3. 电化学加工技术

近年来，国内外的研究主要集中在基础理论研究及创新加工工艺方面，特别是在微细电化学制造技术方面的研究非常活跃。在科学研究领域，国内外各具特色，但在工程应用方面，国内与国外相比，还有很多不足。

1）基础理论研究各有侧重。在电化学制造基础理论方面，国外学者在精密电解加工零件动态成形过程、微细电解加工机理等方面进行了深入的研究。例如，比利时学者提出了一个全新的电解加工物理模型，他们结合电极反应动力学，带电离子在溶液中的扩散、对流和迁移过程，提出多离子传输反应模型（multi-ion transport and reaction model,

MITReM）。国外学者还通过有限元方法研究了纳秒脉宽脉冲条件下双电层、电参数以及加工间隙对微细电化学加工的影响，完善了微细电化学加工的基础理论。中国台湾地区通过数值模拟得出电流密度和微观结构的深宽比对电铸微细结构的影响最为显著。而国内则在精密电铸理论和微细电解铣削理论等方面的研究具有特色，南京航空航天大学提出了游离粒子摩擦电铸方法和理论，显著提高了电铸制品质量，建立了分层微细电解铣削的理论模型，为实现高精度微细电解铣削提供了理论基础。

2）工艺研究国内外均受重视。电化学制造技术的特点决定了一类工件需要专门开发的电化学制造工艺，因此，需求牵引对工艺研究的影响非常大。国外在航空航天领域复杂结构件的电解加工工艺研究方面处于领先地位，已具有整体叶盘、机匣等全套电解加工工艺。国内由于新型航空发动机的研制落后于国外，采用整体叶盘结构的时间不长，新型发动机还没有定型，使得相关科研机构开展整体叶盘电解加工工艺研究时间较短，目前整体叶盘电解加工工艺还不够成熟，处于试用完善阶段。在创新工艺方法方面，国内外各有所长。日本开发了能够加工弯孔的电解加工工具及工艺，韩国提出圆盘电极、削边电极等技术措施提高微细电解加工的稳定性和加工精度。清华大学提出通过电极高速回转促进微细电解加工中加工间隙内的产物输运，提高加工精度和加工稳定性。南京航空航天大学提出线电极叠加轴向微幅振动、轴向冲液、环形线电极单向走丝等强化传质方案来加快微细加工间隙中产物的排出，提高加工精度和加工稳定性。英国提出电解转印工艺，将表面带有图案的工具作为阴极进行电解加工，在工件表面加工出宽度为70μm，深度为1.5μm的微槽和边长为120μm，深度为1.5μm的方坑结构。南京航空航天大学提出活动模板微细电解加工方法，实现了直径240μm，深度10μm的微坑阵列的低成本加工。

3）高端制造装备研发相对滞后。经过数十年的研究和工程实践，国外电化学加工装备已在航空航天领域得到重要应用。例如，美国GE公司与Lehr-Precision Inc公司合作研制出整体叶盘电解加工机床及相应加工工艺，并加工出整体叶盘。美国Sermatech设计了分块多电极加工形式，实现了机匣的电解加工，并用于F414、F100等发动机机匣的生产。欧洲顶尖航空发动机核心机制造集团德国MTU研制了五轴电解加工机床及20000A电源，用于EJ200发动机的低压压气机整体叶盘制造。国内具有代表性的高端电解加工装备是南京航空大学研制的整体叶盘电解加工机床及北京航空制造工程研究所研制出螺杆钻具等壁厚定子电解加工机床装备，与国外相比，国内的电铸装备独具特色。在微细电化学制造装备方面，国内外均处于研制样机阶段，目前还没有工业化应用的研究报道。

4. 激光加工技术

我国在激光加工领域的研究紧跟国际发展步伐，并取得了长足的进步。与国际先进水平相比，主要差距表现在以下3个方面。

1）工程应用研究偏弱。如在轻合金激光焊接方面，欧洲的空客公司已在A318、A380、A340、A350等机型的下机身采用了激光焊接的整体壁板，其中A350采用了18块，焊缝总长度超过1000m。此外，空客已经完成了上机身壁板蒙皮与筋条激光焊接及蒙皮与隔板激光焊接技术开发，正计划在其系列飞机全机身壁板制造上全面采用激光焊接取代铆接，并进一步采用更高强度的新型铝锂合金。在“大飞机”国家科技重大专项的推动下，国内铝合金激光焊接实力较强的几家单位自主构建了高亮度双光束激光焊接实验平台，针对新型铝锂合金加筋壁板制造开展了相关研究，并取得了一定的研究积累，但离工程应用还有一定的距离。在新工艺技术研究方面，国外的研究水平也领先国内，如激光诱导背向湿法刻蚀工艺（laser-induced backside wet etching，LIBWE），尤其是 Sato.T. 等采用掩模投影深微结构 LIBWE 技术，通过优化样品位置获得刻蚀前沿的成像条件，可实现均匀一致的刻蚀宽度和高深宽比参数，获得的深宽比可达 102（宽度是 9.7μm，深度是 986μm），而国内则尚未系统开展 LIBWE 工艺研究。在超短、超快脉冲加工方面，国内科研机构跟踪国外技术，开展了皮秒、飞秒等新型激光应用于薄膜及 LED 芯片划片与切割加工研究及应用尝试，但切割精度和切割质量距离国外先进水平还有一定差距。在激光表面改性方面，国内研究机构在材料、工艺、过程控制方面形成比较优势，在工程应用方面还需要不断投入。

2）激光加工机理的研究相对薄弱。在激光焊接基础理论方面，国外学者在激光深熔焊接小孔效应及激光深熔焊接过程中的传热传质规律方面进行了非常深入的研究。国内受限于基础研究水平和高精度测试装备的开发，在这方面的研究差距比较大，但对于近年来发展起来的高亮度激光（如光纤激光）深熔焊接过程中的小孔及其内外金属蒸气羽 / 等离子体、熔池瞬态行为和热量质量耦合机制的研究方面国内基本与国外研究同步。在激光切割技术的理论研究方面，国内的研究大多针对激光切割的传热模拟，提出了各种激光加工的传热学模型和有限元模型。国际上已逐渐由静态模拟的数学模型分析逐步向可获得切割前沿动态信息的分析方向发展，力求让模拟分析结果能够真正为实际切割动态过程提供有力的预测和分析信息。在刻蚀模型仿真的研究上，尽管国内已经有了结合工艺性特征的建模仿真，但结合机理性的深入仿真研究方面与国外相比还有一定差距。

3）高端制造装备的研发严重滞后，长期依赖国外进口。受益于国家科技重大专项的支持，国内的数控系统、激光加工专用操作软件，辅助加工系统及工艺专家数据库自主开发方面取得了很大的进步，但目前在高端装备领域仍被国外产品所垄断。如激光刻蚀加工设备，主要有比利时的 OPTEC，英国 EXITECH，德国 MICROLAS，加拿大 LUMONICS 等，而国内设备开发还处于工程样机阶段。

5. 增材制造技术

我国增材制造技术和产业在国际上处于前列。目前美国在设备拥有量上占全球的38%，中国继日本和德国之后，以约 9% 的数量占第四位。在设备产量方面，美国增材制造设备产量最高，占世界的 71%，欧洲以 12%、以色列以 10% 位居第二和第三，中国设备产量占 4%。我国与国际发达国家相比，在技术研究方面具有一定的优势，在航空与医学应用领域发展较好，尤其在激光金属沉积制造方面，取得了重大进展。但是在技术标准和大范围应用方面还有较大差距。

光固化技术（stereolithgraphy，SL）仍占主要的市场量，它在制造结构的复杂度和制造精度方面具有显著优势。美国3D Systems公司是全世界最大的快速成形机、三维打印机设备开发公司，在树脂材料、快速成形软件等方面也处于领先地位。我国西安交通大学研发的相关设备精度和制造效率基本与国外接近，相关设备出口到俄罗斯、印度、肯尼亚等国家。

激光烧结和熔化成形设备上，华中科技大学陆续推出了1m×1m以上工作面的SLS设备（包括1m×1m、1.2m×1.2m、1.4m×0.7m）。目前，美国3D Systems公司最大台面为0.55m。在SLM设备与工艺方面，华中科技大学研制了工作面为0.25m×0.25m、采用光纤激光器和YAG激光器的两种类型的商品化设备，华南理工大学开展SLM设备与工艺研究，研发了Dimetal-100 3款SLM设备，设备功能指标接近国际水平。

在金属激光沉积制造装备和应用方面取得重大突破。北京航空航天大学应用该技术作为多种"关键主承力构件"，解决了制约多型飞机研制和生产的瓶颈难题并在多型飞机研制的关键时刻多次创造关键构件"超快速响应制造"的记录，构件性能达到或超过锻件、制造周期和成本大幅降低、节省材料80%以上，使我国成为迄今世界上唯一突破大型整体钛合金关键构件激光成形技术并实现装机工程应用的国家。西北工业大学实现我国商用激光立体成形工艺装备制造的零突破。西北工业大学已经开发出了系列固定式和移动式激光立体成形工艺装备，所研制的LSF系列激光立体成形装备多项指标处于国际领先水平。

生物制造技术是近年来增材制造领域中发展前沿方向。近年来，清华大学和西安交通大学在生物制造领域，特别是在组织工程、体内永久植入物和康复医疗器械方面均作了大量前沿开拓性的工作。生物制造领域的第一本国际学术期刊*Biofabrication*于2009年创刊，清华大学孙伟教授任首任主编，期刊仅用两年时间其SCI影响因子就达到了3.48（2011年）。

三维喷印设备是国外近年来引导增材制造发展的主力设备，随着桌面型三维喷印技术的产生和应用，增材制造技术的应用范围得到了极大扩展，其具有价格低廉、多色彩和便于使用的特点。我国在三维喷印方面有多方面的研究，但是彩色的三维喷印机尚未研发形成商业产品。

为了使增材制造技术规范化，2011年7月，美国试验材料学会（ASTM）的快速成形制造技术国际委员会F42发布了一种专门的快速成形制造文件（AMF）格式，新格式包含了材质、功能梯度材料、颜色、曲边三角形及其他的传统STL文件格式不支持的信息；10月，美国材料与试验协会（ASTM）与国际标准化组织（ISO）宣布，ASTM国际委员会F42与ISO技术委员会261将在增材制造领域进行合作，该合作将降低重复劳动量。此外，ASTM F42还发布了关于坐标系统与测试方法的标准术语。我国也建立了增材制造标准化小组，制定了多个标准，这些标准主要是装备的标准，但是与国际标准相比，需要在新技术的发展上不断跟进。

在技术研发方面，我国增材制造装备的部分技术水平与国外先进水平相当，但在关键器件、成形材料、智能化控制和应用范围等方面较国外先进水平落后。我国增材制造技术主要应用于模型制作，在高性能终端零部件直接制造方面还具有非常大的提升空间。在增材的基础理论与成形微观机理研究方面，我国在一些局部点上开展了相关研究，但国外的研究更基础、系统和深入；在工艺技术研究方面，国外是基于理论基础的工艺控制，而我国则更多依赖于经验和反复的试验验证，导致我国增材制造工艺关键技术整体上落后于国外先进水平；材料的基础研究、材料的制备工艺以及产业化方面与国外相比存在相当大的差距；部分增材制造装备国内都有研制，但在智能化程度与国外先进水平相比还有差距；我国大部分增材制造装备的核心元器件还主要依靠进口。因此，我国需要在系统技术、材料、元器件、工程应用方面加大科研力量，为增材制造技术全面追赶国际先进水平提供科研基础。

（二）微纳制造技术

1. 微纳机电系统

传统 MEMS 领域，我国掌握了从设计、加工、测试、封装等相关技术，并制造出了一系列典型的 MEMS 器件。但是，目前 MEMS 低端市场为国外大的 MEMS 厂商所占据，国内 MEMS 器件很难产业化，MEMS 中小企业很难参与竞争，并且生存艰难。对于高端传统 MEMS，国内处于研究开发阶段，有一定的创新和成果，但主要技术仍然是借鉴国外研究成果，具有自主知识产权的成果较少。

BioMEMS、能量收集等新兴领域虽然较国外起步晚，但这些领域发展时间较短，国内外的差距并不是太大。国内研究主要是跟踪性质的研究，但同时也出现了一些原创性的成果。目前，由于缺乏重点领域引导机制，这些领域的研究还不具有系统性。

尽管我国纳米技术的发展一直位于世界前列，但是相对于国外对纳机电系统的关注程度，目前我国的纳机电系统的研究明显不足，相关研究成果较少。

2. 微纳设计技术

我国的微纳设计技术应经取得了长足的发展，掌握了 MEMS 集成设计技术，并建立了具有自主知识产权的 MEMS 集成设计工具；在 NEMS 设计技术方面已经陆续开展了相应的基础研究。与国际先进水平相比，主要差距表现在两方面。

1）仿真数据库匮乏。如国外的 CoventorWare 软件的系统级组件库包含了机电耦合、光学、流体等极丰富的组件；工艺 IP（intelectual property）库则包含了众多标准 MEMS 工艺，如 MUMPS 工艺、LIGA 工艺、SOI 工艺等。而国内设计工具的 IP 库比较匮乏，如系统级参数化组件库研究主要集中在机电耦合领域；工艺 IP 库仅仅针对几种特定的工艺流程。特别是随着 MEMS 技术的飞速发展，其应用领域不断被扩展，出现了光学、流体、生物、射频、声波等器件，这一问题会显得愈发突出。

2）纳设计相对薄弱。研究人员不断向着更微小的尺度进行拓展，使研究深入到了纳米尺度，形成了 NEMS。NEMS 的产生使得跨尺度建模技术和 NEMS 设计技术受到重视。国外较早开展了 NEMS 设计技术研究，并形成了 NEMS 设计仿真软件。典型的有丹麦 Quantum Wise① 公司 2006 年发布的 ATK 软件，它是用于模拟纳米结构体系和纳米器件的

---

① http：//www.quantumwise.com.

电学性质和量子输运性质的第一性原理电子结构计算程序。另外，MEMS 设计工具也开始向 NEMS 领域延伸，Intellisense 公司的 Intellisuite 微机电系统集成设计软件的最新版本开始涉及纳米概念，支持碳纳米管（CNT）的设计、模拟和仿真功能。同时，对于 M/NEMS 的跨尺度建模也取得了相当大的成就。国内 NEMS 设计技术及跨微纳尺度建模技术的研究目前仍比较分散，还未形成相应的专业化设计软件。

3. 微纳加工技术

我国在微纳加工的基础研究方面已有一定深度和广度，部分成果达到世界先进水平。在产业化方面也不乏亮点，科技成果转化为生产力的效能逐步增强。但不可否认，与世界工业发达国家相比，我们还存在明显差距，体现在以下 3 个方面。

1）跟踪性和拓展性的研究及应用比较多，原创性研究少。许多新的微纳加工方法都是由世界发达国家研究者提出的，如影响广泛的软光刻技术是由美国科学家 George Whitesides 所领导的研究组率先建立的。原创性研究少就使得我们很难产生在学术界和产业界影响大的成果。

2）微纳加工工艺及其影响机制的研究尚显不足。以微纳图形化为例，为突破传统光刻技术的瓶颈和硅基平面加工工艺的限制，近年来国外研究机构提出了一系列原创性的图形化技术：3D 立体光刻、Dip-pen 光刻、nanoPen 光刻、大面积无掩模光刻，并在较短时间内形成系列工艺和实验样机，为下一代微纳产品研发和产业化提供了技术储备。国内受限于基础研究水平和构建高端复杂装备的能力，在这方面做的工作深度不够。

3）高端加工装备的研制和发展严重滞后，大量高端微纳加工设备及配套耗材仍需依赖进口。未来微纳技术产业化发展，离不开能实现位置、形状、尺寸、材料取向在纳米尺度高度可控的工业化装备，而此类装备研发涉及精密机械、微电子、自动控制、计算机、物理等多个领域，是非常复杂的系统工程。世界发达国家非常重视高端制造装备产业，一直未放松过对新型微纳制造装备的研发和已有制造装备的改进。如美国国防部先进研究项目局（DARPA）在 2008 年启动基于针尖的纳米制造计划（TBN），集中了美国加州大学伯克利分校等 10 余家单位对基于针尖的纳米加工进行攻关，目标是提供能够实现“真纳米制造”所用样机，要求研制的样机具备在纳米尺度并行化加工、在线测量、在线修复等功能，目前在该计划支持下，已形成近十台样机，并用于试制纳米天线、量子点红外传感器、单分子化学传感器等纳米器件。

4. 微纳封装技术

与国外普遍的圆片级微纳封装相比，国内多数还是采用微电子中传统的器件级封装技术，虽然在圆片级封装技术与真空封装技术方面开始了初步研究，但与国外还有相当大的差距。在基础研究方面，缺乏系统性的理论研究，至今未形成完善的封装理论体系；封装测试设备研发制造等严重落后国外，几乎是空白；封装技术没有形成体系，严重依赖传统的封装理念。在技术创新方面，总的研究趋势是跟踪国外发展；另外，创新技术的成果实用性不足，成果转化缓慢。在产业化方面，生产中封装工艺的稳定性与重复性与国外存在较大差距；封装技术在国内还处于研究阶段，距离产业化还有较大距离。

5. 微纳测量与测试技术

（1）微细测量技术

目前在微细几何量和表面形貌测量方面，国际上仍主要采用光学方法。基于光学法测量几何参数的优点，综合各种光学微纳测量方法的光学自动化监测 AOI（automatic optical inspection）广泛应用于各种领域。各国都在加大力度研究光学微纳测量方法，开发各种自动、精密、智能的光学微纳测量系统。国内在微米及亚微米级测量精度的几何量与表面形貌测量技术方面亦已成熟，出现了具有 0.01μm 精度的双频激光干涉测量系统，具有 0.001μm 精度的光学与触针式轮廓扫描系统等。清华大学成功研究了在线测量超光滑表面粗糙度的激光外差干涉仪，以稳频半导体激光器作为光源。中国计量学院、浙江大学等设计研制了基于双 F-P 干涉仪的新型纳米测量系统。中国计量学院、清华大学等研制了用于大范围纳米测量的差拍 F-P 干涉仪。天津大学提出了一种高分辨率、高频响的光栅纳米测量细分方法——动态跟踪细分法。

（2）高深宽比微纳结构测量

在微纳器件，特别是纳米器件的设计与制造工艺过程中，常常采用深沟槽结构。如何实现深沟槽结构的高效、高精度、无破坏、低成本的测量，是纳米测量中一个待解决的关键问题。近年来出现的红外光谱测量技术为解决深沟槽结构的纳米测量提供了一个方向。德国英飞凌公司研究了红外光谱方法，用于常规深沟槽、瓶状深沟槽和多晶硅填充沟槽的无损检测，与之相比目前国内在这方面的研究几乎还是一片空白。华中科技大学对深沟槽结构纳米测量的关键科学问题进行研究，并开展基于模型的红外反射谱测量设备原理样机的研制和测量设备在纳米制造工艺检测与控制中的应用研究。

（3）微纳结构动态特性测试

与宏观机械结构一样，纳米器件或纳米系统的实验模态分析也包括振动激励、振动测量和模态分析 3 个基本环节。纳米器件的尺寸小、质量小、运动幅度小、振动响应频率高等特点，使得传统的接触式测量和力锤激振等常规手段难以满足这些要求，因而对纳米器件的运动量测量和激振技术都提出了新挑战。美国麻省理工学院开展了基于频闪微视觉系统的微纳结构动态特性测试研究。美国加州大学伯克利分校研制开发了集频闪干涉测量与频闪视觉测量为一体的系统，可同时实现平面垂向运动和平面内运动测量。美国圣地亚国家实验室开展了基于基础激励的微系统动态测试研究。国内在微纳结构试验模态分析方面也进行了尝试。清华大学开展了原子力显微镜悬臂梁的动力学测量，采用了多普勒激光测振仪，实现了单个点频率响应函数的获取。华中科技大学和天津大学各自开发出具有自主知识产权的频闪视觉干涉三维测量系统。

（4）纳米测量技术

纳米技术的研究离不开分析测试工作——纳米测量技术或纳分析和纳探针技术。其中纳探针技术发展迅速并较为成熟，随着20世纪80年代STM的出现，人们能直接观察到物质表面的原子结构，这把人们带到了微观世界。另外，光学测量技术在纳米测量方面也得到长足的发展。超短波长干涉测量技术随着一些新技术、新方法的应用亦具有纳米级测量精度。而微细结构的缺陷，如金属聚积物、微沉积物、微裂纹等测试的纳米分析技术目前发展尚不成熟。据报道国外在该领域的研究工作主要有用于体缺陷的激光扫描层析技术（laser scanning tomograph，LST），其探测微粒尺度的分辨率达1nm；用于研究样品顶部几个微米之内缺陷情况的纳米激光雷达技术（Nanolidar），其探测尺度分辨率亦达1nm。

四、发展趋势及展望

（一）特种加工技术

根据国家中长期发展规划，我国将在航空航天、能源装备等新兴与战略领域继续加大投入进行自主研发和产业发展。未来5 ~ 10年内航空发动机和燃气轮机、核电装备等能源、动力装备将获得重点支持；高密度的航天发射将成为常态化；因此，这些战略行业对特种加工工艺及装备的需求将会持续增加。这些具有战略意义的高端装备将采用更多高性能、难加工、复合材料以及特殊结构，将对制造技术特别是对特种加工技术提出更高的要求，特种加工技术需要在加工精度、加工效率、自动化与智能化程度、稳定性与可靠性等方面有大幅度提升。

1. 电火花成形加工技术

根据电火花加工技术的发展规律，需求牵引是发展的最大推动力。基于上述分析，以下几方面的电火花加工技术将获得较快的发展。

（1）以高温合金为代表的难切削材料的高效、高速放电加工新方法

采用传统切削方法加工高温合金材料，一方面生产效率低，另一方面工具费用和机床费用高昂，尤其在批量生产时很难满足生产周期和成本要求。急需更加高效、低成本的新的放电加工方法来加以解决。

（2）多轴联动电火花加工系统的高效化、自动化

对于高温合金闭式叶盘、进气格栅等航空航天发动机闭式整体构件的加工，多轴联动电火花加工技术占据主导地位。随着航空航天发动机生产批量的增加，以“慢工艺”著称的电火花加工工艺将成为进一步提高产能的瓶颈。在全面掌握多轴联动电火花加工数控系统核心技术的基础上，通过工艺创新和多轴联动控制模式创新，配合自主研发的CAD/CAM系统，采用工具自动交换等自动化技术，从大幅度提升综合加工效率，可以避免单纯依赖增加设备来提高产能。

（3）以陶瓷基复合材料为代表复合材料特种加工新方法

各种高性能复合材料将会在下一代航空航天发动机中发挥重要作用，对于这些新的高性能复合材料，产业界和学术界都缺乏足够的制造经验，也缺乏成熟的制造技术支持。因此，在这一新材料制造领域特种加工将会发挥重要作用，包括放电加工在内的特种加工工艺研究和应用将会逐渐增加。

（4）复合冷却结构及气膜冷却孔的高效、低损伤特种加工方法

在有热障涂层的发动机涡轮叶片上加工复杂形状的气膜冷却孔，而且不能在涂层和基体的结合面产生结构损伤，气膜冷却孔在贯穿时不能伤及后面的基体材料，数量众多的气膜冷却孔的制孔精度、效率、一致性、低损伤等综合要求将对放电加工等特种加工方法提出巨大的挑战。

（5）粉末高温合金构件的低损伤、高效特种加工方法

粉末高温合金构件的结构完整性和抗低周疲劳性能与制造技术特别是低损伤、高表面完整性制造技术密切相关。深入研究制造工艺及其生成的表面完整性与粉末高温合金抗疲劳性能之间的关系，并研究出高表面完整性、低损伤制造技术，特别是特种加工及复合特种加工技术将成为包括材料、力学、制造等学科共同努力的重要方向。

（6）微细结构电加工、特种加工方法

随着生物、微纳、新能源等领域的发展，对微细结构的电加工与特种加工方法的需求将逐年增加。在这些新兴的科学领域，需要多学科的合作来共同解决科学与技术研究方面的难题。装备简单、实现容易、成本低廉的微细特种加工技术将会发挥重要作用，特别是对于一些具有微纳结构的器件和装置的制造，拥有独特的优势和发展空间。

鉴于以上领域的发展需求，在 5 ~ 10 年可预期的未来，在放电加工技术层面来看，一些基础技术、核心技术、关键技术将会对放电加工的发展起到重要的推动作用。具体可以列出以下几个方面：①建立在基础研究之上的各种创新的加工方法和加工工艺；②综合利用各种能量场优势的复合加工技术；③承载创新工艺及创新控制方式的多轴联动电火花加工数控系统；④具有人工智能的工艺优化与加工过程控制系统；⑤新型脉冲电源及其在线控制系统；⑥具有高性能与高可靠性的高端数控电火花加工装备。

2. 电火花线切割加工技术

电火花线切割技术本身趋于多学科、系统化集成的发展方向，电火花线切割加工的电源系统、检测和控制系统、计算机软件技术、设备主体、工作液等与传统的金属切割加工技术有着本质的区别，它体现了先进制造技术的各学科和不同技术之间的渗透、融合以及现代设计技术、工业自动化技术及绿色制造技术的集成，是高新技术的重要组成部分。随着科学技术的发展，电火花线切割技术发展趋势和方向主要为以下 5 个方面。

1）精密化：随着关键制造业零件精度，特别是精密模具的精度要求的不断提高，既需保证较高加工表面质量，还需达到更精密的尺寸要求。

2）高效化：高效加工一直是电加工追求目标之一。随着加工中心等加工性能的不断

提高，越来越多的挤占数控单向走丝电火花线切割机床的市场份额，这就刺激着电加工企业加大对单向走丝电火花线切割机床性能的技术提升，特别是高效加工技术水平的提升。

3）微细化：传统的机械加工由于应力和加工精度等原因，难以胜任机械零部件的精细加工，而电火花线切割微细加工技术可采用直径为0.02μm的电极丝、加工微细齿轮、集成电路框架脚等微细零件。

4）智能化：电火花线切割加工过程对加工工艺的依赖性极强，在同样的加工条件下，由于电火花放电间隙放电状态的复杂性，加工过程稳定性和加工结果的离散性较大，提高电火花线切割加工过程的智能化是该加工技术发展的必然。

5）绿色环保、安全、节能：随着生态环境的日益恶化，环保意识的不断增强和环保法律的逐渐健全，绿色产品逐渐成为未来产品市场的主旋律，绿色、安全、节能制造正成为一种新的制造战略。

3. 电化学加工技术

（1）精密电解加工

随着我国航空航天技术的发展，整体叶盘/叶环、机匣、扩压器等复杂结构的制造需求不断增加，提高电解加工复杂结构的加工精度和生产效率是精密电解加工未来5年的发展趋势。要提高加工精度，必须深入研究电解加工基础理论。研究将围绕电场、流场、温度场以及随电流密度变化的极化电位等耦合作用下电解加工间隙的演变过程，液、固、气三相流作用下间隙中电导率的分布，揭示电解加工过程中加工间隙分布的变化规律，为工具电极精确设计提供理论支持，从而提高电解加工精度。有时仅靠发展多场耦合的电化学制造技术理论，还不能彻底解决工程实际中某些特殊结构关键部件的电解精加工问题，必须开展创新电化学制造方法研究，并建立与新方法相应的新理论。另外，还需要开展针对未来重大装备研制中所采用的高温钛合金、阻燃钛合金、钛铝基金属间化合物等新型高合金材料溶解机理和规律的研究。

（2）高性能电铸

大推力液体火箭发动机推力室身部的电铸制造是电铸技术的重要应用，为满足其要求，需要提高电铸制造的厚度均匀性及材料性能均匀性。为此，需要完善电铸阳极优化设计方法，实现电铸零件壁厚的预测和控制，通过电场的均匀化，实现材料性能的均匀性控制。此外，生产效率偏低一直是制约电铸技术发展的重要因素，研究新型电铸实现方式，提高电铸速度，或者在薄层电铸基础上，通过其他快速成形技术添加背衬来缩短制造周期也是重要的研究内容。在某些异型薄壁结构的电铸制造中，还需要开展电铸创新方法研究。

（3）微细电化学加工

在电化学制造过程中，材料的转移是以离子尺度进行，金属离子的尺寸在1/10nm甚至更小，因此电化学加工技术在微细制造领域以至于纳米制造领域有着很大的发展潜力。目前，微细电化学加工所能达到的最小尺寸远大于其理论极限。因此，需要通过深入研究以取得新的理论和技术方面的突破，从而进一步提高加工定域性，挖掘微细电化学加工的潜能。此外，目前微细电解加工的直线进给速度仅为每秒零点几微米，需要通过深入的理论和实验研究，探索有效的产物输运技术措施，提高微细电化学加工的效率。高新产品发展所迫切需求的窄缝、复杂直纹可展曲面和三维曲面的微细电解加工技术还需要完善，高温合金、耐蚀合金等难加工材料微结构的微细电解加工也需要进一步发展。

4. 激光加工技术

伴随着激光器技术的进步，特别是高亮度固体激光技术的突破，激光加工的各个领域将得到快速发展。与此同时，高端装备的大型化、绿色化、高性能化发展需求，也将为激光加工学科的发展带来新的机遇。可以预测激光加工技术的主要发展趋势如下。

1）对激光与物质相互作用机制的揭示不断深入。对传统 CO_2 激光和固体激光与材料相互作用的机制包括能量吸收、转换、传递及控制以及光致效应的理解不断深入，特别是随着新型高亮度光纤激光，皮秒、飞秒、阿秒超短脉冲激光及深紫外激光的制造应用，其与材料相互作用过程表现出一些新现象、新效应，随着对这些新现象、新效应内在机制理解的不断深入将进一步拓展激光制造工艺方法及应用领域。

2）激光制造工艺技术不断完善。对激光作用区熔池形成的动力学及热力学过程，凝固结晶组织结构特征随激光能量条件的演变规律、微观组织形成与性能演变规律的认识不断提高，特别是超短脉冲激光作用下，激光作用区材料的组织性能演变、传热传质及热影响区组织特征与控制规律的深刻认识，将为建立较完善的激光制造模型及理论奠定基础。

3）材料制约和加工尺度制约不断突破。一方面，随着数百瓦及千瓦级皮秒激光和飞秒激光的发展，可实现以前无法加工材料的高精度直接激光加工成形，包括金属间化合物、脆性合金、金属基 / 陶瓷基 / 纤维增强复合材料、功能陶瓷及电介材料，实现全材料激光制造；另一方面，随着高亮度高光束质量激光及深紫外激光的发展和加工制造机理的深入，加工尺度限制不断提高，将实现几百毫米到几纳米尺度及跨尺度的高效激光制造。

4）各种复合制造新方法、新工艺、新技术不断涌现。利用激光与其他能场种类的多样性，将两种或多种能量复合在一起，通过对不同能场时空特性的精确调控，获得具有超常效果的复合制造新方法。随着多能场复合制造相互作用原理、能量耦合机制及协同控制原理方法的深入理解，可望实现多能量（激光 + 其他形式能量）复合、多方法（物理 + 化学）复合、多材料复合、多结构复合等。复合焊接、复合切割、复合强化、复合成形等得到深入研究，并实现制造应用。

5. 增材制造技术

增材制造技术代表着生产模式和先进制造技术发展的一种趋势，即产品生产将逐步从大规模制造向个性化制造发展，满足社会多样化需求。增材制造 2012 年直接产值约 22 亿美元，仅占全球制造业市场 0.02%，但是其间接作用和未来前景难以估量。增材制造优势在于制造周期短、适合单件个性化制造，实现大型薄壁件制造、钛合金等难加工易热成形零件制造、结构复杂零件制造。该技术与设备在航空航天、医疗等领域，产品开发，计算机外设和创新教育上具有广阔发展空间。

增材制造技术相对传统制造技术还面临许多新挑战和新问题。目前增材主要应用于产品研发，还存在使用成本高、制造效率低等问题，制造精度尚不能令人满意，尚未进入大规模工业应用。应该说目前增材制造技术是传统大批量制造技术的一个补充。任何技术都不是万能，传统技术仍会有强劲生命力，增材制造应该与传统技术优选、集成，会形成新的发展增长点。对于增材制造技术需要加强研发、培育产业、扩大应用，通过形成协同创新的运行机制，积极研发、科学推进，使之从产品研发工具走向批量生产模式，技术引领应用市场发展，改变我们的生活。

增材制造技术发展趋势主要体现在以下方面。

1）向日常消费品制造方向发展。3D 打印是国外近年来的发展热点，该设备称为 3D 打印机，将其作为计算机一个外部输出设备而应用。它可以直接将计算机中的三维图形输出为三维的彩色物体，在科学教育、工业造型、产品创意、工艺美术等有着广泛的应用前景和巨大的商业价值。其发展方向是提高精度、降低成本、高性能材料发展。

2）向功能零件制造发展。采用激光或电子束直接熔化金属粉，逐层堆积金属，形成金属直接成形技术。该技术可以直接制造复杂结构金属功能零件，制件力学性能可以达到锻件性能指标。发展方向是进一步提高精度和性能，同时向陶瓷零件的增材制造技术和复合材料的增材制造技术发展。

3）向智能化装备发展。目前增材制造设备在软件功能和后处理方面还有许多问题需要优化。例如，成形过程中需要加支撑，软件智能化和自动化需要进一步提高；制造过程，工艺参数与材料的匹配性需要智能化；加工完成后的粉料或支撑需要去除等问题。这些问题直接影响设备的使用和推广，设备智能化是走向普及的保证。

4）向组织与结构一体化制造发展。实现从微观组织到宏观结构的可控制造。例如，在制造复合材料时，将复合材料组织设计制造与外形结构设计制造同步完成，在微观到宏观尺度上实现同步制造，实现结构体的“设计—材料—制造”一体化。支撑生物组织制造、复合材料等复杂结构零件的制造，给制造技术带来革命性发展。

增材制造以其制造原理的优势成为具有巨大发展潜力的制造技术。随着材料适用范围增大和制造精度的提高，增材制造技术将给工业和社会发展带来革命性的变革。美国奇点大学（Singularity University）学术与创新中心副主席 Vivek Wadhwa 在《华盛顿邮报》上发表文章（2012 年 1 月 11 日）“为何该轮到中国为制造业担忧？”（Why it’s China’s turn to worry about manufacturing）。他认为，“新技术的出现很可能导致中国在未来 20 年中出现美国在过去 20 年所经历的空心化，引领技术之一是以 3D 打印为代表的数字化制造。他认为今天简单的 3D 打印只能制作出相对粗糙的物体，这类设备正在快速发展，成本不断降低，功能不断提高，到 21 世纪 20 年代中期，美国人能够在分子级别上制作精准的三维物体。这样，中国还如何能与我们竞争”。他的观点或许值得我们借鉴，未来我们要在竞争中立于不败之地，今天就要毫不松懈地追赶和创造。

可以预期，在未来5～10年内，作为一个重要的技术领域，特种加工技术将迎来非常好的发展机遇期。为适应国家经济、社会、国防、科技发展对特种加工技术的需求，特种加工技术领域需要在几个方面做好布局和策略安排。

①加大基础研究力度，特别是在各种能量场与材料作用机制方面取得更深入、更全面的认识，为源头创新打下坚实基础；

②鼓励具有创新性的新原理、新方法、新工艺、新技术、新装备的研究与开发，解决未来国家发展战略领域中的制造难题；

③加强产学研合作，实行协同创新，并在研究项目、基地建设、人才培养等方面形成更加完善的合作机制；

④推进国际合作与国际交流，不断提升我国特种加工学术界的国际地位，加强前沿领域的国际合作研究；

⑤探索有效机制，加速科技成果的产业化，推动企业自主研发能力，培养年轻技术研发骨干人才，促进产业升级与创新力提升；

⑥促进学科交叉，特别是与信息、微纳、生物、能源、新材料等学科领域紧密结合，利用多学科知识进行交叉创新；

⑦面向国家发展重大需要，联合国内优势单位，抓住具有挑战性的重大问题，通过多方协作取得技术突破，实现协同创新。

（二）微纳制造技术

1. 发展趋势与研究方向

（1）微纳机电系统

MEMS的多样性决定了其不同于IC，不同的MEMS器件存在不同的市场，即使同一MEMS器件，也存在着细分市场。传统MEMS市场虽然为国外大型MEMS制造商占据，但是细分市场为MEMS中小企业的发展提供了机遇。因此面向细分市场（包含高端MEMS市场）的MEMS研发是传统MEMS的一个主要发展方向。

目前，纳机电系统处于研究发展的初期，单纯的纳机电系统在加工、应用等方面是有其局限性。在短期内，纳米结构与微机电系统结合的混合机电系统会首先得到发展。

（2）微纳设计技术

微纳设计技术是伴随着微纳器件及应用的需求而发展，通过近年来微纳设计领域的发展，可以预测微纳设计领域在未来存在着如下的主要发展趋势。

1）三维化设计将成为微纳设计的主流。传统的MEMS设计工具为了首先满足MEMS设计的需求，建立在EDA设计工具二维设计体系上。但由于MEMS器件是三维结构，随着MEMS设计工具的完善，二维设计不直观、难操作等缺点暴露出来。MEMS三维设计技术使用户摆脱传统的二维设计，使设计变得直观、生动，是目前MEMS设计研究的重点，也是未来的趋势之一。目前，在IC领域和MEMS领域都形成了这样一个趋势，如Agilent

的电路三维电磁仿真软件 EMPro，Coventor 的 MEMS 与 IC 工艺仿真软件 SEMulator3D 等。

2）网络化、定制化设计将成为微纳设计发展的重要趋势之一。计算机技术与网络技术的发展，给人们带来了极大的方便。网络也将给 MEMS 设计工具带来应用理念上的变革。网络化 MEMS 设计工具的低成本、面向服务的特点是对单机 MEMS 设计工具高成本、面向销售的颠覆，将极大地促进 MEMS 技术的发展。目前网络化 MEMS 设计工具并不完善，但定制化、面向服务的网络化设计工具必然是一大趋势。

目前见诸报道的 MEMS 设计工具大部分为单机运行的软件程序，它们对计算机操作系统、计算机硬件等具有较高的要求。并且单机 MEMS 设计软件销售价格昂贵，微小企业、高校等无力承担。随着计算机技术和互联网技术的飞速发展，产生了分布式计算、并行计算、云计算等一系列网络化技术，促进了以提供服务为目标的网络化软件的产生。这为解决以销售设计软件为目的的单机 MEMS 设计软件带来的缺点提供了必要的条件。

MEMS 设计工具研究者早在 2002 年就开始了网络化设计工具的研究，国内的西安交通大学和重庆大学也在这方面进行了探索。目前，在 MEMS 网络化设计软件做得最为突出的是美国普渡大学。2011 年，普渡大学的 Prabhakar Marepalli 基于 UC Berkeley 的系统级仿真工具 Sugar 建立了一套网络化、模型驱动的 MEMS 集成设计工具。该设计工具采用了 Top-Down 的设计流程，允许用户在系统级仿真优化模块 SugarCube 下对成功的 MEMS 设计案例进行参数修改、设计和仿真；提供版图转换接口（Sugar2GDSII）自动生成版图；通过 iSugar 接口，可将添加了边界条件的 MEMS 器件模型导入 COMSOL 进行 FEA 求解，或将器件模型导入到 Simulink 中进行结构与电路的联合仿真；软件最为突出的功能是在 SugarX 中将器件的实验测试数据进行提取，用于器件的下一个仿真设计循环，实现了 MEMS 的闭环设计。该设计工具解决了传统 MEMS CAD 难于学习与使用，对计算机硬件需求较高、相互不兼容、价格昂贵等缺点。

（3）微纳加工技术

1）纳米尺度加工与跨尺度加工中基础理论问题。纳米加工中纳米尺度单元的操纵、定位、连接、分散机制；微纳加工中多尺度问题、光机电多因素耦合作用问题；纳米加工中界面与表面特性演变机制；纳米加工工艺建模与仿真。

2）微纳跨尺度集成加工新方法与新工艺。自下而上和自上而下的工艺技术相容性加工方法；面向高效生产的微纳加工技术的并行化、集成、在线测试、质量控制等；非硅材料、复合材料的微纳加工集成方法；基于物理化学新原理的微纳加工方法。

3）原理性和原创性的微纳加工装备研制。针对微纳加工精度、一致性、效率需求的，构建纳米尺度器件和跨尺度器件加工的仪器与装备平台。

（4）微纳封装技术

目前在微纳系统封装方面研究热点是圆片级封装技术，总的研究趋势是多层垂直堆叠的圆片级封装技术。另外由于多种微纳器件或系统都需要真空封装，因此真空封装技术也是一个研究热点。随着封装技术与纳米技术的结合，纳米封装技术已成为重要的发展方向，也取得重要进展。未来封装技术的发展趋势与研究方向如下。

1）未来基础研究中的重要科学问题。

①封装腔体内气体动力学研究：主要研究微观的封装腔体内气体成分、压力、阻尼、腔体几何尺寸等对微纳器件结构的运动影响，包括计算机仿真以及软件研究。

②封装热力学研究：主要研究封装的热学分布、封装腔体内部的热分布、环境温度对微纳器件性能的影响以及补偿技术研究，包括计算机仿真与软件研究。

③封装应力研究：研究封装材料的匹配性、封装应力对微纳器件的性能影响，包括计算机仿真与软件研究。

④封装新材料研究：研究工艺兼容性好、电绝缘性好、气密性好以及封装成本低的材料。

⑤封装机理研究：对封装中应用的键合粘接技术的机理开展研究。

⑥适用于微纳系统封装设备研制：主要开展圆片级封装设备、真空封装设备以及多功能集成设备的研制。

2）未来技术创新中的重要研究方向。

①高性能低成本的圆片级封装技术：主要开展采用新键合机理及组合的圆片键合技术，解决工艺兼容性、电隔离、电极通孔引出、封装气密性技术难点；

②真空封装与保持技术：研究圆片级及器件级真空封装技术；

③穿硅通孔（TSV）技术：解决硅通孔绝缘以及金属化等技术难题；

④多层 3D 硅通孔绝缘垂直堆叠封装技术：主要进行工艺兼容性以及高精度对准研究；

⑤纳米封装技术：主要针对纳器件与系统的纳米互连与封装；

3）未来产业化方面的重要研究课题。

①封装工艺稳定性、重复性研究、成品率控制研究：以典型的微纳器件与封装工艺进行稳定性、重复性与成品率控制研究，形成工艺规范，实现产业化的目标；

②封装工艺标准化研究：对成熟的微纳系统的封装工艺进行标准化研究，形成封装工艺平台，加快产业化进程；

③封装性能测试技术研究：开展适用于微纳系统封装的性能测试研究，主要包括封装强度、气密性等方面的研究；

④封装可靠性研究：开展微纳系统封装的可靠性研究与试验，建立可靠性规范。

（5）微纳测量与测试技术

微纳加工和制造离不开微纳测量，微纳测量是微纳技术的重要方面之一，因此，微纳测量技术和测量装置，不仅是微纳技术实用化过程的焦点，而且是计量测试领域的研究重点。微纳测量技术的研究可分为两方面：应用与研制先进的测试仪器，解决微纳加工中的微纳测量问题；从计量学的角度出发分析各种测试方法的特点，如使用范围、精等级、频率响应等。

未来微纳测量技术的主要研究工作包括：新型微纳测量原理、测量方法的研究；微纳测量系统中的控制机理研究；新型微纳测量系统的设计与制造，包括涉及纳米级探针的研究制造；测量精度理论研究与误差修正；纳米测量中的尺寸标定技术；标准参考物的溯源性研究；用标准参考物标定其放大倍率的各种仪器（电镜、SPM、粒度仪等）的标准测试方法的制定；测量系统中的非线性补偿技术、信号图像的计算机处理技术等。微纳测量技术的发展重点将主要集中在提高检测系统的性价比，实现在线监测，通过一系列相关技术的研究，使微纳测量技术向实用化方向发展，开发研制适用于微电子、精密机械、精密加工、微机电系统、纳米材料、生物工程等领域的纳米测量仪器等。纳米测量技术与计算机通信及网络技术的结合将是其发展的一个新趋势。测试与通信、网络技术的结合可实现远距离控制与传输，并且可实现测试硬件、软件、测试技术、经验及测试信息的共享，可实现任何地点、任何时间对测量信息进行远程访问。

2. 发展策略与方向

（1）微纳机电系统

1）MEMS 具有多学科交叉、多样性等特点，其研究开发需要多学科研究人员共同完成，因此在 MEMS 研发中需要不同学科的融合与交流。

2）在当前情形下，国内 MEMS 产业化进程举步维艰。建议政府在市场主导下，对 MEMS 产业进行有益的引导和支持，并尽快建立起完善的 MEMS 产业链。

3）在纳机电系统领域，重点研究微纳混合制造技术，发展包含纳米结构的微机电系统，对纳机电系统则进行有益的探索与创新。

（2）微纳设计技术

1）NEMS 设计及跨微纳尺度设计：研究在纳米尺度下 NEMS 的设计理论、设计方法以及设计工具技术；针对多能量域耦合情况，基于分子模拟、有限元等方法，研究微观与宏观跨尺度微纳设计理论与方法。

2）MEMS 集成设计工具的商业化：完善具有自主知识产权的 MEMS 集成设计工具，丰富其仿真数据库，提升器设计功能，加快其商业化进程。

（3）微纳加工技术

1）MEMS 微加工技术：重点研究 MEMS 与 CMOS 兼容的单片集成加工工艺，体微机械与表面微机械加工相结合的工艺，非硅基 MEMS 加工工艺等高性能 MEMS 加工技术。

2）纳米加工技术：重点研究基于 MEMS 的纳米加工技术，基于物理 / 化学 / 生物等原理的纳米尺度加工技术以及微纳融合加工技术等。

（4）微纳封装技术

1）基础研究：形成微纳系统封装的系统理论，优先开展气体动力、热、应力对微纳系统封装影响的理论研究以及封装基础设施的研制。建议将此研究领域分散给更多研究单位，加快研究进度。

2）技术研发：解决关键技术与技术瓶颈，形成成套的封装工艺，并在典型微纳器件中进行小批量加工应用，优先开展高性能低成本圆片级真空封装技术与穿硅通孔技术研究，建议将此领域的研究集中到技术力量强和具有较强研究基础的单位，加大投入，加快技术攻关进度。

3）产业化：从少数的几个品种进行突破，实现产业化目标，形成标准化的封装工艺平台，建立产业化加工基地。

（5）微纳测量与测试技术

1）微纳测量与测试基础理论：重点进行微纳结构中几何参量、动态特性、力学参数、工艺过程特征参数的测量与测试理论及方法的研究，并提出原创性的微纳测量与测试新理论与新方法。

2）微纳测量与测试设备：重点研制具有自主知识产权的高精度微纳测量与测试设备，建立标准化的微纳测量与测试平台，并促成其产业化。

参考文献

［1］梁速，徐辉，陈默，等．基于PMAC的商用五轴联动电火花加工数控系统［J］．电加工与模具，2012，S1：27-31.

［2］李磊，顾琳，赵万生．集束电极电火花加工工艺［J］．上海交通大学学报，2009，43（1）：30-37.

［3］陈文安，刘志东，王祥志，等．放电诱导可控烧蚀及电火花修整成形加工基础研究［J］．中国机械工程，2013，13：1777-1782.

［4］李朝将．电火花线切割节能脉冲电源及其浮动阈值检测技术的研究［J］．哈尔滨工业大学学报，2012：5.

［5］刘志东．模具钢Cr12电火花线切割多次切割表面微观形貌研究［J］．电加工与模具，2010（3）：11-14.

［6］豆尚成，陈成细，奚学程，等．基于Linux的线切割加工全软数控系统［C］//第14届全国特种加工学术会议论文集．哈尔滨：哈尔滨工业大学出版社，2011.

［7］徐正扬，朱荻，王蕾，等．三头进给电解加工叶片流场特性［J］．机械工程学报．2008，44（4）：189-194.

［8］Zhu D，Zhu ZW，Qu NS. Abrasive polishing assisted nickel electroforming process［J］. CIRP Annals-Manufacturing Technology，2006，55（1）：193-196.

［9］Zeng YB，Yu Q，Wang SH，et al. Enhancement of mass transport in micro wire electrochemical machining［J］. CIRP Annals-Manufacturing Technology，2012，61（1）：195-198.

［10］肖荣诗，董鹏，赵旭东．异种合金激光熔钎焊研究进展［J］．中国激光，2011，38（6）：0601004.

［11］肖荣诗，吴世凯．激光—电弧复合焊接的研究进展［J］．中国激光，2008，35（11）：1680-1685.

［12］姚建华，李传康．激光表面强化和再制造技术的研究与应用进展［J］．电焊机，2012，42（5）：15-19.

［13］李涤尘，贺健康，田小永，等．增材制造：实现宏微结构一体化制造［J］．机械工程学报，2013，6：129-135.

［14］李瑞迪，魏青松，刘锦辉，等．选择性激光熔化成形关键基础问题的研究进展［J］．航空制造技术，2012，5：26-31.

［15］王华明，张述泉，王向明．大型钛合金结构件激光直接制造的进展与挑战［J］．中国激光，2009，12：3204-3209.

［16］覃贞妮．静电悬浮微陀螺的系统级仿真及信号发生电路［D］．上海：上海交通大学，2011.

［17］万镇．六轴静电悬浮微加速度计的设计及系统级仿真［D］．上海：上海交通大学，2011.

［18］Comi C，Corigliano A. A high sensitivity uniaxial resonant accelerometer［J］.Proceedings of 2010 IEEE 23rd International Conference on Micro Electro Mechanical Systems（MEMS），Hongkong，China，2010：260-263.

［19］Zotov SA，Trusov AA，Shkel AM. Three-Dimensional Spherical Shell Resonator Gyroscope Fabricated Using Wafer-Scale Glassblowing［J］. Journal of Microelectromechanical Systems，2012，21（3）：509-510.

［20］Xie ZJ，Chang HL，Yang Y，et al. Design And Fabrication of A Vortex Inertial Sensor Consisting of 3-DOF

Gyroscope and 3-DOF Accelerometer [J]. Proceedings of 2012 IEEE 25th International Conference on Micro Electro Mechanical Systems, Paris, 2012: 551-554.

[21] Weiland JD, Humayun MS. Visual Prosthesis [J]. Proceedings of IEEE. 2008, 96 (7): 1076-1084.

[22] Lee TH, Bhunia S, Mehregany M. Electromechanical Computing at 500 ℃ with Silicon Carbide [J]. Science, 2010, 329 (5997): 1316-1318.

[23] Shi ZW, Lu HL, Zhang LC, et al. Studies of Graphene-based Nanoelectromechanical Switches [J]. Nano Res, 2012, 5 (2): 82-87.

[24] Chakrabarty K, Fair RB, Zeng J. Design Tools for Digital Microfluidic Biochips: Toward Functional Diversification and More than Moore [J]. IEEE Transactions on Computer-aided Design of Integrated Circuits and Systems, 2010, 29 (7), 1001-1017.

[25] 苑伟政，常洪龙．泛结构化微机电系统集成设计方法［M］．西安：西北工业大学出版社，2010.

[26] Li XM, Shao JY, Tian HM, et al. Fabrication of high-aspect-ratio microstructures using dielectrophoresis-electrocapillary force-driven UV-imprinting [J]. J. Micromech. Microeng, 2011, 21 (6): 065010.

[27] Li XM, Ding YC, Shao JY, et al. Fabrication of Microlens Arrays with Well-controlled Curvature by Liquid Trapping and Electrohydrodynamic Deformation in Microholes [J]. Adv. Mater, 2012, 24: 165-169.

[28] Zhang XS, Di QL, Zhu FY, et al. Wide band anti-reflective micro/nano dual-scale structures: Fabrication and optical properties [J]. Micro and Nano Letters, 2011, 6 (11): 947-950.

[29] Huang PY, Ruiz-Vargas CS, Van der Zande AM, et al. Grains and grain boundaries in single-layer graphene atomic patchwork quilts [J]. Nature, 2011, 469: 389-392.

[30] Chiffre LD, Carli L, Eriksen RS. Multiple height calibration artifact for 3D microscopy [J]. CIRP Annals-Manufacturing Technology, 2011, 60 (1): 535-538.

撰稿人：朱　荻　赵万生　苑伟政

专题报告

电火花成形加工领域科学技术发展研究

一、引言

电火花加工是一种特种加工工艺，其原理是将工具电极与工件浸没于绝缘工作液介质中，利用二者间的脉冲放电所产生的局部高温使工件表面熔化、气化，达到蚀除工件材料的目的。电火花依靠电热作用实现蚀除材料的特点使得材料的可加工性主要取决于其导电性及其热物性，几乎与力学性能无关。因此，可以突破传统切削加工对刀具的限制，实现用软的工具加工硬、韧的工件，甚至加工诸如聚晶金刚石、立方碳化硼等超硬材料。此外，电火花加工过程中不存在显著的机械切削力，因而可以加工微细孔、深孔、弹性、薄壁件等形状特殊的工件。同时，由于电火花加工可以直接将工具电极的形状复制到工件上，电火花成形加工还常常用于加工复杂表面形状工件。经过近 70 年的发展，电火花加工技术以其独特的加工机理与良好稳定的加工性能，在难切削材料、复杂形面及精细表面加工方面得到了广泛应用，从而在模具制造、国防工业特别是航空航天领域占有举足轻重的地位。

在电火花加工工程中，每个脉冲放电能量的大小在很大程度上决定了工件材料的去除量，只要减小放电能量，就能获得更小的去除单位。因此，电火花加工的尺度范围也由常规尺度延伸到微米、甚至纳米尺度，从而使其成为一种重要的微纳加工技术。近年来，我国在微细电火花加工的基础研究、关键技术和加工装备等方面均取得了重要进展。

二、本学科近年来的最新研究进展

（一）五轴联动电火花加工技术与装备

我国在航空航天、精密模具、发电设备等制造领域，有许多形状复杂、精度要求高的零件需要多轴联动电火花机床进行加工，而航空航天发动机的闭式整体叶盘的加工更是需要五轴联动电火花加工设备。闭式整体叶盘产品是航空航天发动机的核心零部件，由于其独特的结构特征，流体通道呈半封闭状态，工具可达性差，盘体材料采用镍基高温耐热合金或钛合金，切削性能很差[1]。另外，先进的导弹发动机中也采用了闭式整体叶盘结构。采用传统的切削加工方法也遇到了同样的加工技术难题。目前国内外优先选择的加工方法就是五轴联动数控电火花加工。同时，我国模具制造业高速发展，已有2000亿的产销总量，在精密模具制造方面，也急需作为关键装备的高性能数控电火花成形机床[2]。

为此，在国家科技重大专项（2009ZX04003-021）、（2009ZX04003-022）和“863”重点项目（2009AA044201）的支持下，我国在五轴电火花加工技术与装备方面取得重要突破，打破了国外的技术封锁，为我国航空航天发动机的制造夯实了基础。以苏州电加工机床研究所有限公司、苏州三光科技股份有限公司、上海交通大学等单位组成的课题组，以及以北京市电加工研究所、北京机床所精密机电有限公司、哈尔滨工业大学、大连理工大学、首都航天机械公司等单位组成的课题组，分别开展了五轴联动电火花加工技术与装备的研究[3]。其中，苏州电加工机床研究所、苏州三光科技股份有限公司、上海交通大学等单位的研究形成了50、40、30三个系列的五轴联动电火花加工机床产品，采用固定工作台牛头式结构，采用自行研制的外置卸荷式高精度A轴和直驱式精密C轴。利用该机床，加工出了符合精度和表面要求的闭式整体叶盘。北京市电加工研究所牵头研发的五轴联动精密数控电火花成形机床获2011年度“中国机械工业科学技术奖一等奖”；其与西安航空动力股份有限公司合作项目“N850精密数控电火花成形机床”获“国产数控机床优秀合作项目”；“AA50、N850五轴五联动精密数控电火花成形机床”获中国数控机床“春燕奖”。具体来说，五轴联动电火花加工技术与装备的主要成果如下。

1. 精密、高效放电加工脉冲电源技术

苏州电加工研究所[4]采用数字化控制的脉冲电源，以提高基准脉冲的精确性和放电脉冲的可控性、准确性，同时有效地提高脉冲主振电路的抗干扰性能，达到较高的技术性能。该电源系统采用了脉冲电源主振控制、低损耗加工、特种材料放电主回路、放电状态检测及适应控制等技术，强化了放电回路的感抗、阻抗匹配、从而具备了钛合金、耐热合金等难加工材料的高效、精密放电加工功能。电源考虑了击穿延时时间变化对加工过程的影响，主振电路改变了方式，在击穿间隙时才开始脉宽计数，以保证每个脉冲的放电时间一致，即实际意义上的等脉宽或等能量放电，提高了加工效率和表面光洁度。

北京市电加工研究所开发出的多回路高效精准脉冲电源放电技术[5]以低压回路为主回路，同时辅以具有特定功能的各种附加回路，如击穿回路、引燃回路、降损回路、超精加工回路、增爆回路、间隙检测回路等。通过对各回路的叠加选用，得到多种波形组合，并开发出阻容兼容补偿技术，将电磁干扰抑制到最低，寄生参数降到最小，实现了电火花高效精密加工。加工模具钢（NAK80）最佳表面粗糙度Ra0.045μm，最高加工效率1125mm^3/min（100A）。此外，通过放电能量的精确控制、放电电流上升沿检测及放电状态检测与控制，以及电容增爆回路等技术实现了钛合金、高温陶瓷等难加工材料的精密高效加工。

在电火花成形加工中，根据加工工艺要求，施加于加工间歇的脉冲波形应随加工间歇的状态变化作适时自适应调节是国际上电火花加工伺服控制的一个发展趋势。

苏州电加工研究所采用微观和宏观两级适应控制，通过对放电间隙状态的实时采样检测，根据放电状态分级进行自适应控制。在电火花放电状态的检测识别方面，苏州电加工所基于可编程的 CPLD 芯片及外围电路实现 3 种方法检测放电状态：探测脉冲击穿延迟检测、探测脉冲电流检测和加工间隙电压检测。前两种方法用于印板内微观自适应控制，后一种方法用于软件的宏观自适应控制。北京市电加工研究所则采用高速采集手段，利用时间间隔固定的两个探测脉冲（脉冲 1 和脉冲 2）共同对间隙电流波形上升沿检查、判断，若上升沿过大或过小，即判断为有害脉冲，实时采取控制措施，改善间隙状态，如图 1 所示[6]。同时，通过间隙检测回路和阈值比较快速检测异常放电状态，利用切断控制技术、放电间隙控制技术精确控制放电能量，快速消除积碳、拉弧等有害放电状态，加工出高质量的表面。

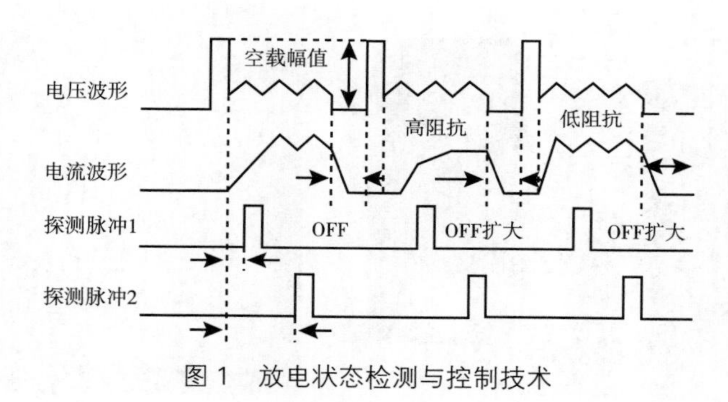

图 1　放电状态检测与控制技术

2. 五轴联动电火花加工数控系统

上海交通大学开发了以 PC 及 Linux 操作系统为上位机平台，以可编程运动控制器 PMAC 为下位机的五轴联动电火花加工数控系统，其体系结构如图 2 所示[7]。该系统可以完成包括运动控制在内的实时控制任务与 I/O 控制、GUI、线程通信、智能专家系统、误差补偿、控制器驱动程序等非实时控制任务，实现了基于运动控制器的速度指令控制及光栅反馈系统输入的全闭环控制体系。同时，该系统实现了多轴联动 EDM 加工的旋转轴自适应倍率控制技术。

抬刀等方法在电火花加工过程中起着重要的作用，主轴的高速抬刀功能是加工深窄槽的必备功能，可以有效排除放电间隙的蚀除物，提高加工稳定性，防止积碳烧弧。该系统通过构建全闭环速度指令模式的控制体系，依靠高主轴响应频率（150Hz）、优良的速度跟随性能（最大跟随误差 <160μm）与合理的 S 加速过程实现最大加速度达 1g，最大速度达 12m/min（200mm/s）的稳定高速抬刀运动[8]。图 3 是深窄槽和窄缝的加工实物照片。其中，深窄槽加工深度 98mm、缝宽 50mm、电极厚度 3mm，无冲液，抬刀速度 10m/min；加工窄缝的电极厚度 0.8mm、缝长 160mm、加工深度 15mm。

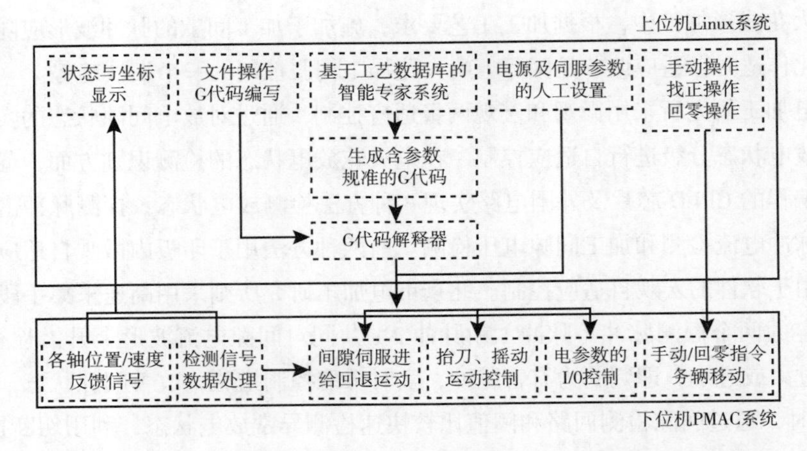

图 2　基于 Linux（ubuntu8.04）+ PMAC 的上、下位机数控体系

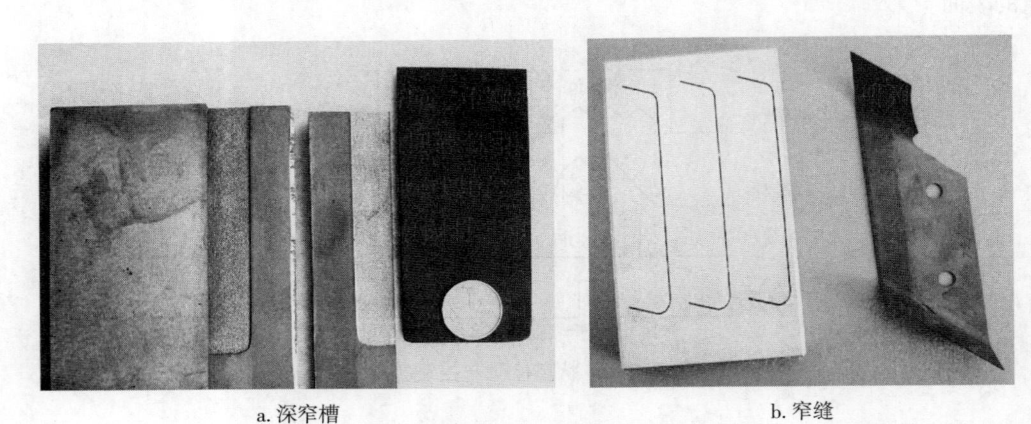

a. 深窄槽　　　　b. 窄缝

图 3　利用高速抬刀功能加工的深窄槽和窄缝

在电火花加工领域，目前参数化曲线的加工仍主要采用大量直线、圆弧段来逼近，存在 NC 代码量大、CAM 与 CNC 间代码传输出错、占用 CNC 存储空间大等问题。上海交通大学提出了可直接插补参数化曲线的 NURBS 实时插补器及其数控体系，实现了等弦长插补及其二次插补相关算法（见图 4）。采用新的实时插补器进行 NURBS 曲线加工实验的结果表明，对比传统线性插补器，新的实时插补器在轮廓精度、加工效率等方面的性能均有明显提高。

北京市电加工研究所与哈尔滨工业大学分别研制出了具有完全自主知识产权的五轴联动电火花加工专用数控系统[9]，开发了具有高可靠性的全软件模块化的数控系统开放式体系结构，实现了数控系统 10000 小时无故障稳定运行。该系统采用可逆插补运动矢量分配技术，将五轴五联动控制对象分解为多层次嵌套的多个两轴联动控制对象，配合可逆插补算法，可对电极进行精确地轨迹伺服、加减速、抬刀和摇动控制，实现窄槽窄缝、扭曲表面等复杂曲面零件的多轴联动精密电火花加工；同时具备实时多任务控制能力，可实现复杂空间曲面零件的精密数控电火花加工。

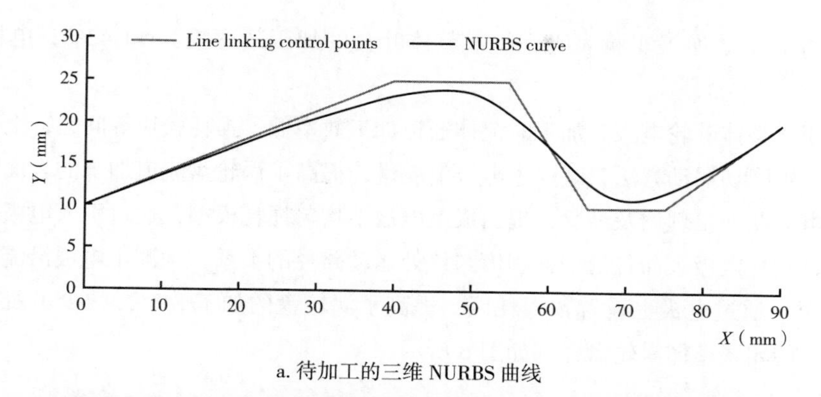

a. 待加工的三维 NURBS 曲线

b. 采用等弦长 NURBS 实时插补器实际加工的曲线

图 4　NURBS 曲线插补

3. CAD/CAM 技术

闭式整体叶轮的结构复杂，叶片型面多为自由曲面，且精度要求很高，这给成型电极的设计、加工路径的规划以及加工精度的保证带来很大困难。上海交通大学开发了闭式整体叶轮五轴联动数控电火花加工专用 CAD/CAM 系统[10]。该系统包含电极设计、电极进给轨迹搜索和加工仿真等模块。对于闭式整体涡轮叶盘，以与流体通道类似的电极为工具，采用“终位型面拷贝法”通过成形电极在加工终了位置的拷贝运动获得叶片形面。以叶轮流体通道为基础，通过减高、减厚和剖分等一系列处理获得电极设计外形，为电极运动预留空间。此外，通过提出的“共轭搜索法”来取代过去的“主运动轴法”来进行电极运动轨迹规划，使电极尽可能沿涡轮叶盘流道中心曲线运动，获得电极

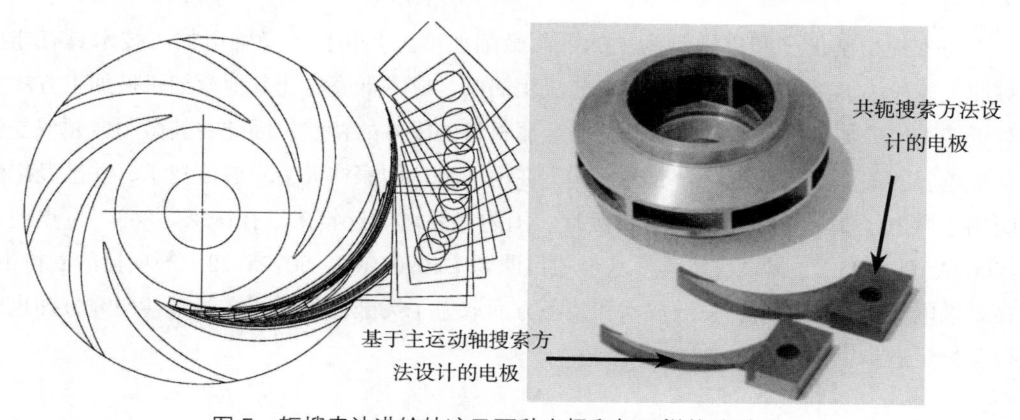

图 5　轭搜索法进给轨迹及两种电极和加工样件的对比

的最佳位置姿态。加工实验表明，闭式整体叶盘的加工效率提高 11.42%，电极消耗数量降低 20%。

针对闭式整体叶轮电火花加工时流体通道加工效率低、损耗较快等问题，上海交通大学提出了六轴联动摇动方法，减少了电极消耗量，提高了涡轮盘流道加工的表面质量。此外，根据电火花加工理论及经验，提出成型电极不均匀损耗模型，通过引入电极表面损耗系数概念，建立电极表面各处损耗程度与该处运动路径的关系，预测了电极沿流道进给后的损耗情况。通过电极上设置预损耗区，提高了涡轮盘的加工效率，减少了所需电极数量，所加工的闭式整体涡轮盘样件如图 6 所示。

图 6　加工的闭式整体涡轮盘样件

（二）微细电火花加工技术

与常规切削加工和以蚀刻为主的平面微细加工工艺相比，微细电加工技术具有非接触加工、最小加工去除单位可控、工艺流程简单、成本低廉、比其他微细机械加工方法更利于加工出更加细小金属材料和部分非金属材料的零件的特点，因此在其微制造领域受到越来越多的关注。包括美、日、德、瑞士在内的发达国家均大力发展该技术，并已经广泛应用于微电子制造、光通信、生物医疗、国防等领域。近年来，在国家“863”重点项目（2009AA044205）、国家自然科学基金项目课题（50905094、50775128）等项目的支持下，在微细电加工基础研究、关键技术和装备方面取得了突破性进展，在基础性研究方面也取得了长足进步。

1. 研究新进展

（1）微细电火花加工基础理论研究

目前，微细电火花加工的基础理论研究相对工艺及装备研究较为滞后，对加工过程的本质和微观属性的了解仍很缺乏，至今还没有一套完整的理论模型来解释整个微细电火花加工过程。电火花加工的放电现象是发生在极短时间和极小空间内的过渡现象，因此通过实验的方法来明确放电加工现象非常困难，不得不在某种程度上依赖于理论解析和计算机仿真研究。哈尔滨工业大学结合分子动力学理论和单脉冲放电方法建立了针尖电极放电的分子动力学模型，以及气中放电沉积的分子动力学模型；模拟了单脉冲放电钨针尖电极的形成过程和气中放电沉积的微观过程[11, 12]（见图 7），从理论上解释了单脉冲放电情况下钨针尖电极的形成机理，也为深入研究微细电火花加工机理提供了一种新的技术手段。精密加工及微细加工的未来重要发展方向之一是在分子、原子和量子水平上寻求与加工技术的接点，将分子动力学引入电火花加工基础理论的研究领域，从微观角度构建微纳尺度下电火花加工放电蚀除理论体系对于电火花加工技术的进一步发展具有重要的意义。

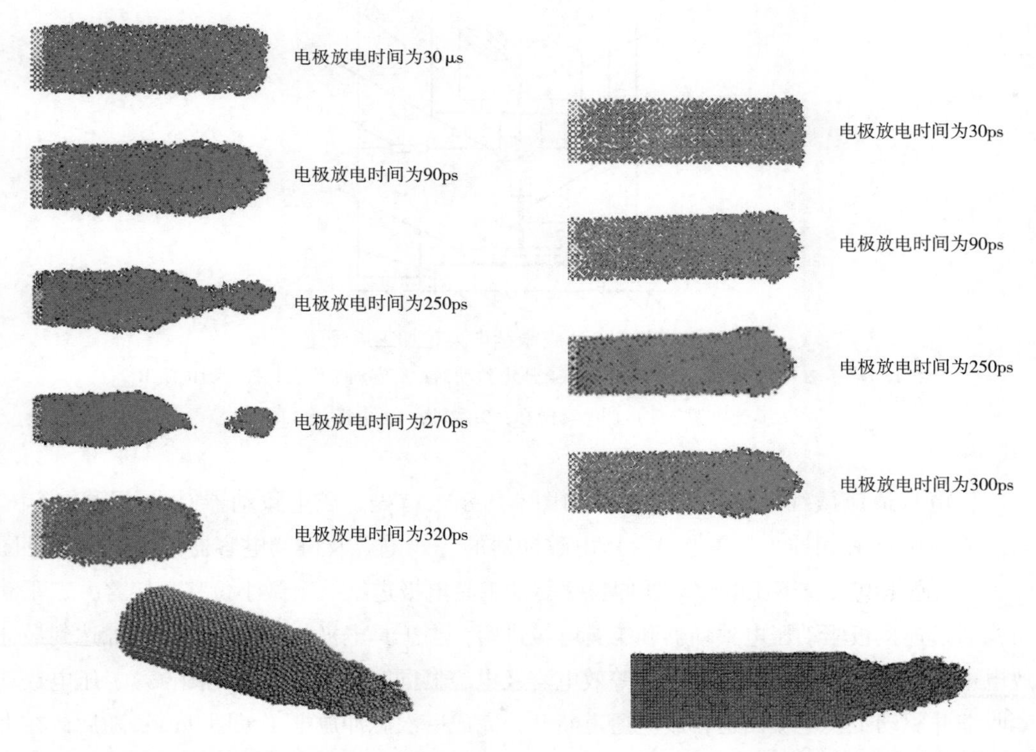

a. 均匀外场力作用下电极针尖的形成过程　　b. 球形外场力作用下电极针尖的形成过程

图 7　均匀电场和球型电场作用下针尖电极的形成过程仿真图

此外，哈尔滨工业大学还应用分子动力学对微小放电能量下单脉冲放电凹坑的形成过程进行了三维仿真，所得到的一些研究结果已被实际的电火花加工现象所验证。这说明分子动力学模拟研究是理解电火花加工现象的有效手段。

（2）微细电火花加工工艺

1）压电自适应微细电火花加工。为解决微细电火花加工效率低、电极损耗大的难题，山东大学提出了压电自适应微细电火花加工[13, 14]。其系统原理如图 8 所示，压电致动器通过连接板固定在宏动工作台上，由宏驱动机构进行粗进给；压电致动器本身由直流电源激励，直接驱动工具电极完成微进给（进给分辨率为 0.45nm）。激励压电致动器的直流电源不仅与压电致动器相连，而且还分别与工件和工具电极相连，构成并联回路。利用压电陶瓷致动器自身的寄生电容构成一个等效 RC 电路，为使放电能量可调以适应不同加工规准的电火花加工，在压电致动器两端并联一可调电容，电火花加工过程中的放电能量主要由可调电容提供。

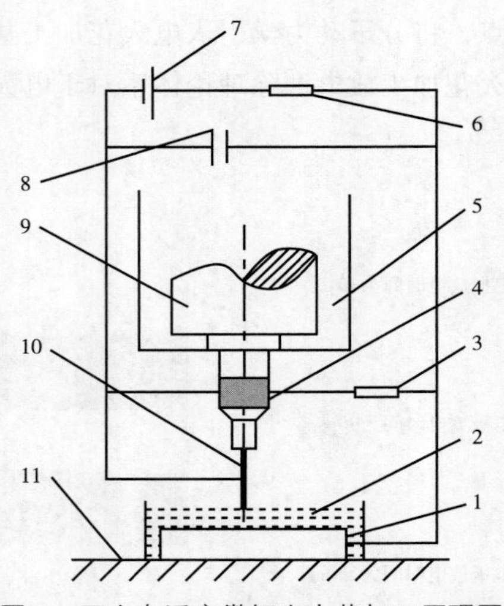

图 8　压电自适应微细电火花加工原理图

1. 工件；2. 工作液；3. 限流电阻 R_2；4. 压电致动器；5. 宏动工作台；6. 限流电阻 R_1；7. 直流电源；8. 可调电容器 C_2；9. 主轴；10. 电极；11. 底座

压电自适应微细电火花加工过程如图 9 所示。首先，压电致动器 C_1 及可调电容 C_2 与一直流电源 E 相连（见图 9a），压电致动器的等效电容及可调电容器开始充电（见图 9b），在逆压电效应下压电致动器伸长并驱动工具电极进给一个微小位移；接着，宏驱动机构通过连接板驱动压电致动器和工具电极进给，当工具电极与工件之间的间隙达到最佳放电击穿间隙时，放电通道形成，等效电容及电容器同时瞬间放电（见图 9c），压电致动器收缩并驱动工具电极回退，放电通道断开，完成一次脉冲放电（见图 9d）；随后，在直流电源的激励下，压电致动器及可调电容器再次充电，压电致动器伸长重新进给，进行下一次脉冲放电（见图 9e），周而复始，实现压电自适应微细电火花加工（见图 9f）。压电自适应微细电火花加工技术具有短路自消除功能，在加工过程中发生短路时，工具电极与

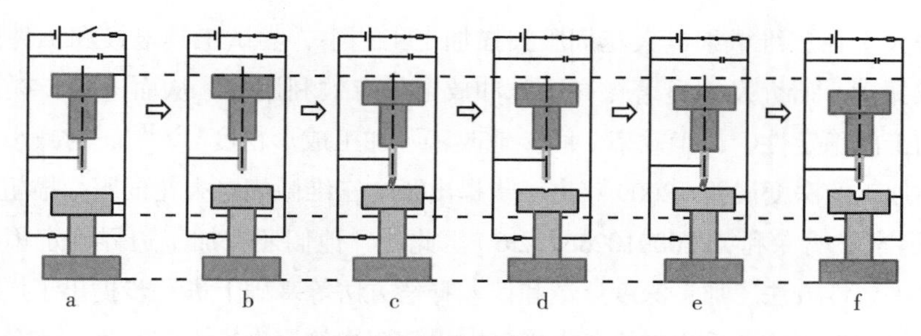

图 9　压电自适应电火花加工过程

工件接触形成通路，压电致动器迅速放电并驱动工具电极回退，实现短路现象的自消除，随后在直流电源的激励下，压电致动器充电伸长，到达最优放电间隙时放电，加工过程继续进行。

图 10 所示为压电自适应微细电火花加工的工件图片。

2）三维微细电火花伺服扫描加工方法。采用简单截面电极的逐层扫描加工是实现三维微结构电火花加工的可行途径。但由于微细电极截面积与工件每层去除材料面积之比很小，工具电极损耗容易导致电极轴向尺寸迅速减小，如果在横向扫描加工过程中没有电极损耗的进给补偿，则三维扫描加工几乎无法有效进行。为解决三维微结构电火花加工中的电极损耗自动补偿问题，清华大学提出了三维微细电火花伺服扫描加工方法。即在横向扫描加工的同时，实时检测电极端面放电的开路、短路和正常加工状态，通过电极的纵向伺服进给，使加工放电间隙始终保持在正常放电范围，从而在每一扫描加工层，电极损耗被实时自动补偿，加工材料被均匀地蚀除。该方法将放电间隙伺服控制、电极损耗实时补偿、CAD/CAM 系统有机结合，使得三维微小型腔的加工效率大幅提高。在微细结构方面，加工了微细群孔、槽阵列及复杂三维结构（见图 11）。

图 10　压电自适应微细电火花加工的工件

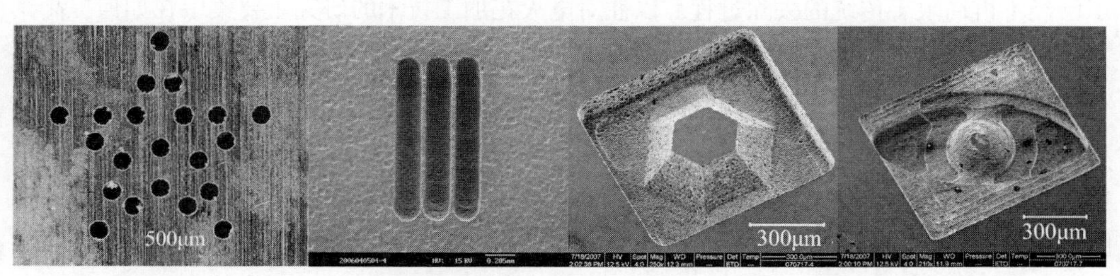

a. 微细孔阵列　b. 微细槽整列　c. 微细六棱台　d. 微细眼睛

图 11　微细结构的微细电火花加工

清华大学在三维微细电火花伺服扫描加工工艺中，尝试工具电极和工件间附加辅助微幅高频振动。研究发现显著提高了脉冲放电的有效利用率，从而进一步提高了三维伺服扫描加工的稳定性、加工效率，间接地改善了加工成形精度[15, 16]。为减小或消除三维伺服扫描加工的深度误差，2009 年进一步提出了“三维微细电火花伺服扫描粗精加工结合工艺”（国家发明专利 ZL200910235782.6）。此外，他们还在加工边界确定策略、每层内加工厚度一致性方法、加工深度反馈和误差补偿方法等基础上进一步提出了层厚约束的三维伺服扫描加工方法，采用扫描各点工具电极伺服进给深度最大值算法，避免了初始表面平整度误差和逐层积累深度误差。目前实现加工出底面平整的三维微型腔，可控深度误差 $<2\mu m$。并通过实验实现了在含有未知凹陷的工件表面上加工出设计的微结构。

3）基于静电感应的微细电火花加工方法。随着微细部件加工需求的增加以及 MEMS 技术的发展，对微细电火花加工的需求也日益提高，因此挑战微细电火花加工的微细化极限能力成为国际电加工界追求的一个目标。减小脉冲电源单个脉冲放电能量是实现微细电火花加工的关键之一。在哈尔滨工业大学提出的基于静电感应给电的微细电火花加工方法中，利用一个给电电极，通过静电感应以非接触的方式实现对工具电极的给电，完全避免了 RC 驰张式脉冲电源给电回路中分布电容的不利影响，可以获得更加微小的放电能量；并且该方法能确保放电停歇时间，有利于实现稳定的放电，并可以大幅度地提高加工速度；此外由于是采用非接触的给电方式，与传统的电刷给电方式相比还有利于提高主轴回转精度，不对主轴施加任何作用力，可以有效地降低主轴振动，提高主轴回转精度，从而可以实现更高精度的微细电火花加工[17]。

利用该方法目前已经得到了最小直径为 $0.2\mu m$ 的放电痕（见图 12）和最小直径为 $1.3\mu m$ 的微细轴（见图 13），通过优化放电回路，得到了约 2.6nJ 的纳米级单个脉冲放电能量。将该方法应用于微细电火花线切割加工，成功地加工出长 $100\mu m$、宽 $3.7\mu m$ 的超微细碳钨合金直梁（见图 14）和 $5\mu m \times 5\mu m$ 的硬质合金微细阵列电极（见图 15），单个电极的横截面为正方形，边长 $10\pm0.2\mu m$，电极长 $200\mu m$。图 16 为试加工的硬质合金微小车刀，得到的锐边半径为 100nm，研究结果表明，基于静电感应的微细电火花加工新方法突破了传统的微细电火花加工方法所能达到的最小放电能量的极限，为实现纳米尺度的微细电火花加工提供了可能。

4）微细电火花沉积与去除可逆加工[18]。随着制造技术内涵的不断拓展，材料的加工已经不再局限于传统的去除过程。以往对电火花加工技术的研究主要集中在如何提高其去除加工时的精度、效率等方面，然而电火花加工的原理决定了其电极损耗、极性效应等存在的必然性。通过改变加工极性和控制策略，可以实现沉积加工和去除加工的转换，而且，沉积材料的微观组织特性也保证了沉积材料的可加工性。在此基础上，哈尔滨工业大学提出了可逆电火花加工的概念，并进行了大量的微细电火花沉积实验、电火花沉积与去除可逆加工实验。

要得到稳定生长的沉积物，其首要条件是沉积物的沉积速度要大于蚀除速度。通过对电火花加工极间放电现象的研究，以工具电极材料的高损耗和工件材料的低蚀除为控制目

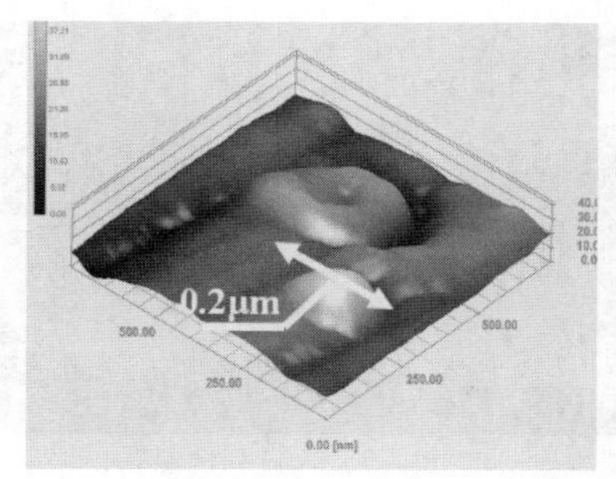

图 12　微小放电痕

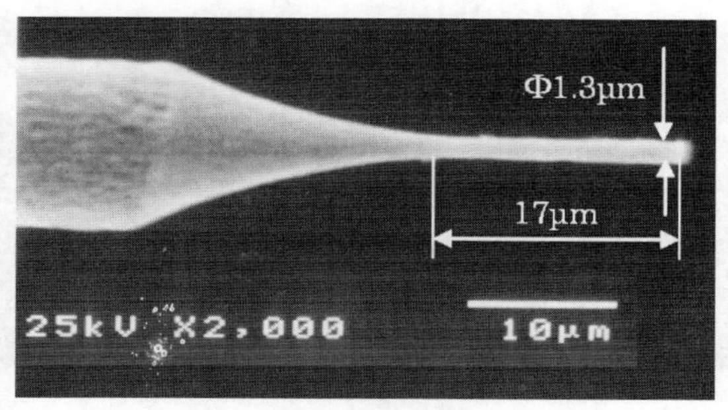

图 13　微细轴

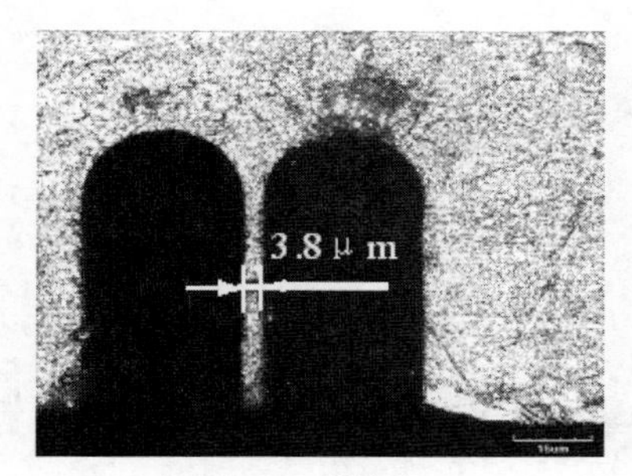

图 14　微细梁

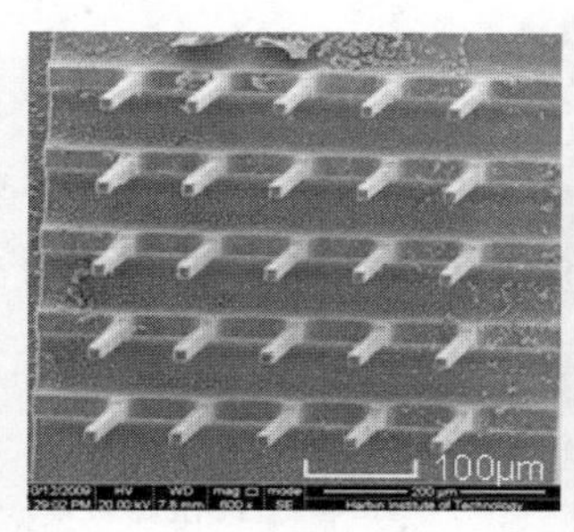

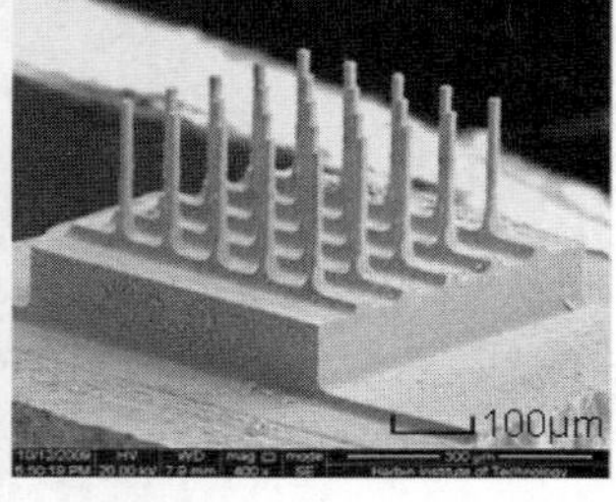

图 15　微细阵列电极

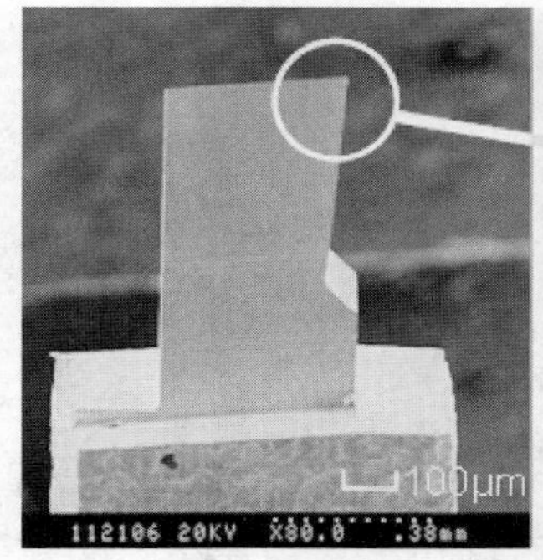

图 16　硬质合金微小车刀

标，确定了微细电火花沉积加工的工艺条件。图 17 为哈尔滨工业大学的电火花沉积样件。

哈尔滨工业大学针对微细电火花沉积与去除可逆加工的转换机制、加工介质、脉冲电源等进行了大量的研究工作，实现了金属材料的原位增长与去除可逆加工，其过程如图 18 所示。图 19 是沉积得到直径 0.2mm 的微圆柱体上进行选择性电火花去除加工得到的部分可逆加工实例。可以看出，在沉积体上可以进行孔加工、铣削加工。同时也表明沉积体的材料结构致密，具备良好的可加工性。

（3） *微细电火花加工装备与应用*

1）微细结构多功能电加工通用装备。以无锡微研公司为依托，大连理工大学、上海交通大学、清华大学、哈尔滨工业大学和南京航空航天大学参与，采用校企合作设计、开

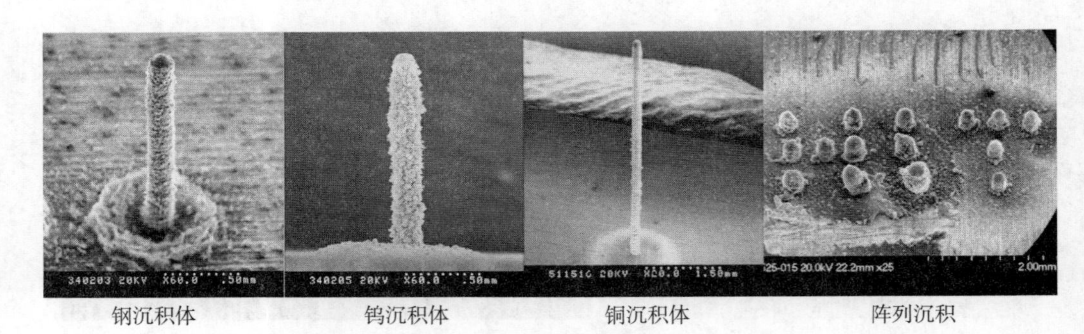

图 17 电火花沉积的部分微圆柱和微结构照片

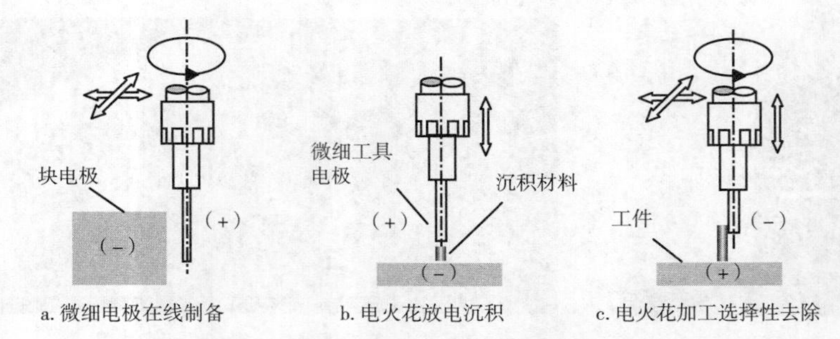

图 18 微细电火花沉积与去除可逆加工工序

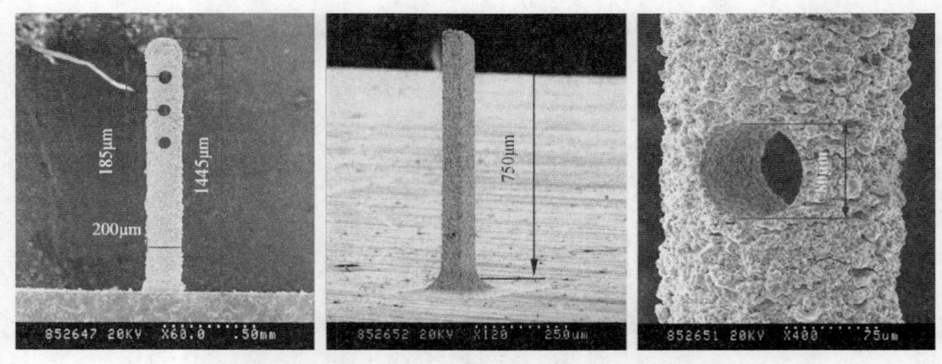

图 19 电火花沉积与去除可逆加工的部分微结构照片

发及调试模式，在国家“863”重点项目的支持下完成了一台微细结构多功能电加工装备的开发。在同一台机床上，实现了微细电火花、微细电化学及超声加工的组合加工能力，拓展了应用范围。电源采用嵌入式 ARM 处理器和 CPLD 来实现主振输出与脉冲电源实时控制，具备短路清扫能力。采用实时 Linux 作为操作系统平台，PMAC 运动控制器作为运动控制核心，通过基于上、下位机方式来对微细电火花加工、微细超声加工、微细电化学加工的集中控制。机床的实物图如图 20 所示。机床 X 轴实际行程为 250mm，Y 轴实际行程为 103mm，Z 轴实际行程为 100mm，各轴重复定位精度≤ ±1μm。

2）微细电火花加工专用装备。

微喷孔电火花加工机床。清华大学以自主研发的微细电火花加工机床为基础，在国家“863”计划课题（课题编号：2007AA04Z346）的资助下，研究解决了精密机构设计、机电系统控制、高一致性微细尺寸和形状加工、高效率加工工艺等技术关键，研发出高端喷油嘴微细喷孔电火花加工专用装备。并具有自动夹紧和松开工件、工件空间位置自动定位以及微调机构等功能的专用喷油嘴夹具，以方便地实现喷油嘴的定位、装夹，提高加工效率。设计了可以通过更换标准配置的芯轴，实现各种型号喷油嘴的加工。达到的性能指标：空间角度精度优于 ±0.5° ，孔径加工范围在 0.1 ~ 0.3mm，孔径加工精度优于 ±2μm，加工效率达到 1.5 ~ 1.7mm/min，流量系数达到 0.85 ~ 0.95，流量离散度达到 ±3%。喷油嘴微喷孔及微喷孔电火花加工机床如图 21 和图 22 所示。在研发出国 3（欧Ⅲ）标准喷油嘴微直喷孔的电火花加工专用装备的基础上，进一步开发出倒锥喷孔加工新机构（用于微细倒锥孔电火花加工的锥角推摆机构，国家发明专利 ZL201010598360.8），在国内率先研发出国 4（欧 IV）标准以上的喷油嘴微喷孔电火花加工装备。已成功示范应用于油泵油嘴生产骨干企业。

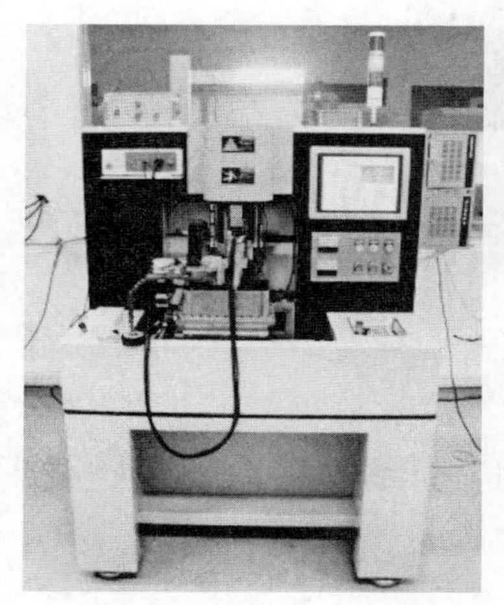
图 20　多功能微细电加工装备

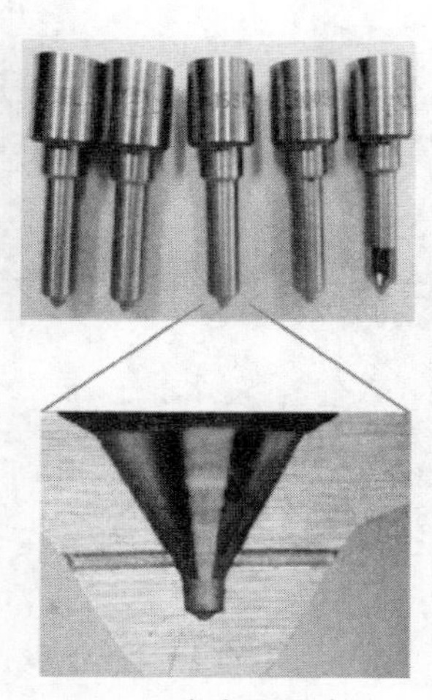
图 21　喷油嘴微喷孔

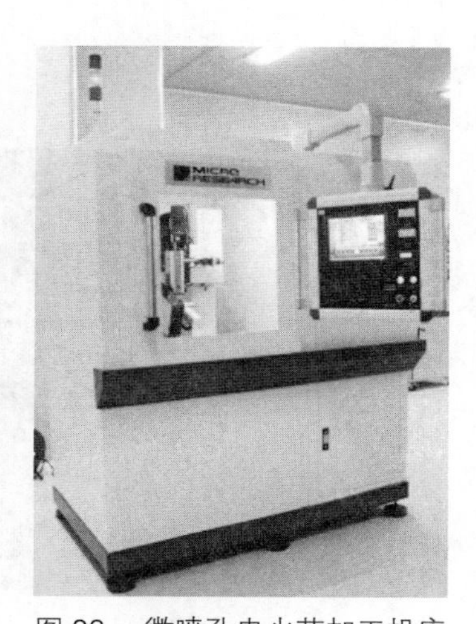

图 22　微喷孔电火花加工机床

此外，苏州电加工机床研究所有限公司、苏州宝马、苏州金马、江苏冬庆等厂家均可以制造普通型电火花高速小孔机床，主要用于模具电火花线切割的穿丝孔加工。最细电极直径可为 0.25mm，加工孔的深径比 100∶1，最低粗糙度 Ra2.5μm。

精密微孔数控电火花加工工艺及设备[19]。该设备由苏州电加工所开发，采用细长丝电极，通过滚轮微当量再进给机构实现加工中电极的伺服进给及损耗补偿。工件与电极之间施加微能量高频脉冲电源进行放电加工，为了实现微孔的稳定加工，加工中电极丝作高频振动，以更好地导入加工液和排屑，加工采用去离子水工作液。设备的精密微孔加工精度可达 ±0.002mm，深径比≥ 30 ：1，最佳表面粗糙度 Ra ≤ 0.4μm。适用于加工各类化纤喷丝板、汽车发动机喷嘴、喷片等零件精密微孔，加工精密圆形微孔直径范围一般在 0.1 ~ 0.5mm。该设备既可以进行精密圆孔的电火花加工，实现航空航天、军工、汽车

（欧Ⅲ、欧Ⅳ排放标准）、内燃机等行业的喷油嘴、喷油环、喷片的喷孔等精密微孔加工，以及发动机叶片的气膜孔加工，加工喷油嘴孔的流量散差≤ 3%；又可以采用简单扁丝电极通过计算机数控，实现化纤行业喷丝板各类复杂精密异型喷丝孔的加工；也可以采用特制的异形电极直接高效加工喷丝板异型喷丝孔。已广泛应用于航空航天、军工、汽车（欧Ⅲ、欧Ⅳ排放标准）、内燃机等行业的喷油嘴、喷油环、喷片的喷孔等精密微孔、发动机叶片的气膜孔，以及化纤行业喷丝板精密喷丝孔的加工。精密微孔数控电火花加工机床及加工样件见图 23、图 24。

3）四工位电火花加工喷孔专用机床。2011 年北京迪蒙数控技术有限责任公司参加了由中国一汽无锡油泵油嘴研究所为责任单位承担的国家科技重大专项——“电控共轨柴油喷射系统制造技术与关键装备的研究及应用”（课题编号：2011ZX04001-061）的子课

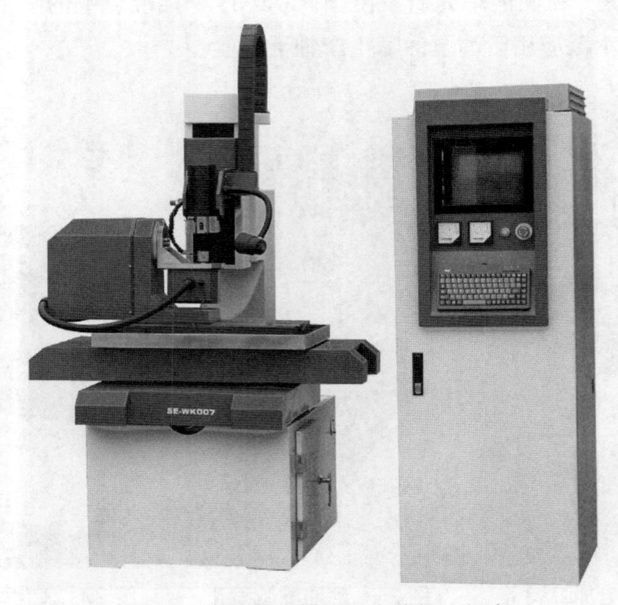

图 23　精密微孔数控电火花加工机床

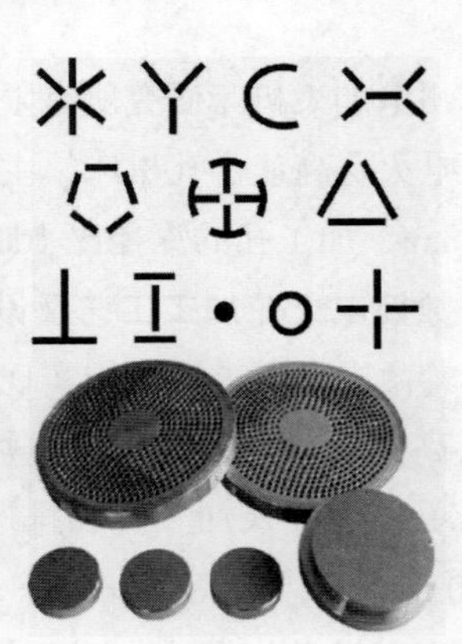

喷油嘴微喷孔　　喷丝板异形喷丝孔

图 24　精密微孔数控电火花加工机床加工的样件

题名称：四工位电火花加工喷孔专用机床研究。该项目将于 2013 年 12 月完成。该机床加工形式为手工上、下料，自动夹紧工件，四工位的电加工机床可以同时加工同一种类型或不同类型的喷油嘴或孔板。四个电加工轴的放电电源是独立的。脉冲电源最小峰值电流 0.1A，最大平均工作电流 8A；最佳表面粗糙度 Ra ≤ 0.08μm。具备加工不同球心喷孔的功能；具备加工倒锥型“K”因素喷孔的功能，最大倒锥 30μm，喷孔流量散差不大于 ±3%；具备加工不同孔数、不同位置喷孔的可编程能力；被加工零件为喷油嘴体的喷孔和孔板节流孔，加工喷孔的直径范围是 0.08 ~ 0.3mm，加工孔的精度为直径公差 ±0.002mm，喷孔顺锥 ≤ 0.005mm，表面粗糙度 Ra ≤ 0.3μm。图 25 是完成的精密微细倒锥孔加工的喷油嘴照片，该喷油嘴端头分布有不同角度的 10 个直径为 0.22mm 的孔。喷油嘴上微细倒锥孔外部孔径的最大为 0.228mm，最小为 0.222mm，孔径的散差范围满足精度指标要求。

4）微小群特征结构组合电加工专用装备。中国工程物理研究院机械制造工艺研究所与电子工程研究所针对介观尺度范围的“群特征结构”（在同一个零件上，特征尺寸相同或相近，数量巨大，并且呈一定规律分布）的精密高效加工需求，研制了一台微小群特征结构组合电加工专用装备 μEM-200CDS2[20]（见图 26）。

图 25 带倒锥孔的喷油嘴照片

图 26 微小群特征结构组合电加工专用装备 μEM-200CDS2

该装备突破并掌握了可并行实现工具电极在位制作与零件加工的双主轴三工位精密床身的设计与装调技术，能装夹多种规格群特征电极、使其自动进给且可高频振动的多功能复合电加工主轴设计与调试技术，可产生高频微能脉冲的两级限脉宽精密放电电源设计与调试技术，可在位加工多种规格群特征电极的多功能小型化线电极磨削装置设计与调试技术等。该装备共 16 个运动轴，任意四轴插补联动，精密加工轴采用了全闭环直驱控制及宏微结合运动控制技术。群特征电极的在位制作可通过超声电火花复合微细加工、超声电解复合微细加工或者两者组合加工等 3 种方式完成，并实现在位测量，用群特征电极即可实现群特征零件的高效加工。装备最大加工范围 200mm × 100mm × 100mm，最高定位精度 1.0μm，精细加工的微能脉冲放电频率可达 3MHz，群特征结构单次加工范围可达 15mm×15mm，主轴回转精度 <1.5μm。精密阵列微细群孔电火花加工工艺与装备。

哈尔滨工业大学承担的国家“863”项目“工业级精密微喷部件制造与应用”，针对纺织、印刷、医疗器械及微电子技术领域中，喷墨、过滤、喷丝、喷油以及相机测光系统、传感器和滤光器等部件上大量精密微细阵列群孔的批量高速高精密加工需求，开展了精密阵列微细群孔电火花加工工艺与装备制造技术的研究[21]。利用研制的精密微细阵列群孔电火花加工装备，成功地实现在线制作长径比大于 20 的微细电极，并利用在线制作的电极，在厚度为 50μm 的不锈钢微喷部件上加工出 256 个（128×2 排）群孔直径小于 50μm、孔径误差 ≤ ±1μm 的精密微细阵列群孔，图 27 为加工的 16×16 阵列孔示例的 SEM 照片，加工精度已满足精密微细阵列群孔微喷部件的工业化应用需求，实现了小批量生产示范应用。

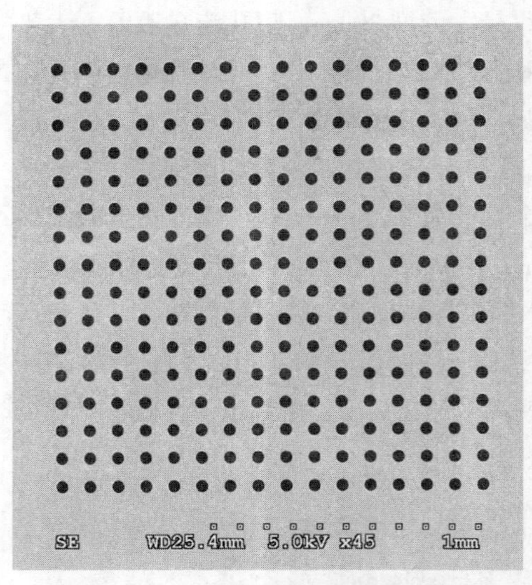

图 27　16×16 微喷阵列孔扫描电镜图
（平均孔径 44.2μm，孔径偏差 1.1μm）

利用该装置在线制作的单根电极，可连续加工直径小于 50μm、孔径误差 ≤ ±1.5μm 的精密微细阵列群孔数量大于 1500，在完成了课题任务所要求的技术指标基础上，进行了更小尺寸微细阵列群孔加工的尝试，最小可加工出直径小于 20μm 的 8×8 微细阵列群孔，64 个微细阵列群孔的平均直径 18.3μm，孔径偏差小于 1μm。

（4）高效数字化小孔机脉冲电源及适应控制技术

电火花高速小孔加工高效脉冲电源除了要求窄脉冲、高峰值电流以实现低粗糙度、高效加工之外，为了保证高效加工的顺利进行，及被加工零件的表面质量（不烧伤），还必须对加工状况进行快速检测，实施防烧弧自适应控制策略，使加工效率、加工表面质量及电极损耗趋于更合理的协调。

苏州电加工研究所有限公司研发的数字化脉冲电源采用超大规模可编程逻辑芯片作为数字化的脉冲主振级，通过数控系统指令选择电源的电流、脉宽、停歇、电流波形组合等参数，实现根据加工状态的检测和控制策略的要求对数字化脉冲电源的适应控制。电源的检测单元采用高速器件检测加工间隙的放电状态，并将放电状态信号及时传送至主振电路和计算机，供主振电路产生正确有序的脉冲级适应控制的脉冲波形，计算机则据此及控制策略控制加工速度以及对主振电路作宏观自适应控制。

（5）数控高效电火花群孔加工扇形孔和腰形孔电火花铣削技术

航空发动机火箭筒等特殊零件有许多腰型孔的加工需求，此外，在航空发动机叶片气膜孔的加工中，有许多沿叶片表面以较大倾斜角度进入的扇形孔的加工，以往采用电火花成形加工工艺，同样存在加工效率低，加工成本高的问题。

苏州电加工研究所有限公司多轴数控电火花高速小孔机采用普通简单圆电极，通过数控铣方式，结合加工过程电极损耗在线补偿策略实施对电极损耗在线补偿，实现了腰型孔和扇形孔的加工，大大降低了加工成本，提高了加工效率。数控电火花小孔放电铣削过程中，由于电极损耗较大，但又要保证所加工腰型孔或扇形孔达到一定的加工精度，在加工中采取以电极的端面为主分层进行加工的方式，尽量避免当前加工层深以外电极侧面加工，导致当前加工层深以外的电极侧面明显损耗，使加工精度难以控制，根据腰型孔或扇形孔的特点，规划电极的加工路径，精心选择电极轴线与加工面的角度，尽量在当前加工面的法线方向，控制电极的损耗部位，配合电极损耗在线检测、补偿技术，保证了所加工形面达到所需的精度要求。

（6） **专用电火花群孔加工多轴数控系统**

由于电火花高速小孔加工过程具有放电过程与工具电极运动的强耦合特性，不能试图通过单独控制某一个因素来实现加工过程稳定进行。与典型的切削加工机床的数控系统有所不同，单一工具电极的轨迹运动功能只在完整的电火花小孔加工数控系统中占据较小的比重。数控系统更多地是通过适时检测放电状态，根据规划的策略适时调节或控制众多的可调参数，包括放电过程和工具相对于工件的运动来获得所希望的加工工艺指标。如电火花高速小孔加工的电极损耗很大，在扇形孔和腰形孔加工时，电极在 Z 轴方向就不能单纯的沿编程轨迹运动，而是要沿着一个以编程轨迹为基础，有机结合在线电极损耗补偿策略产生新的动态轨迹运动，还需适时检测加工间隙的放电状态，根据放电状态适时控制电极伺服进给速度、适时控制脉冲电源、工作液压力、流量等工艺参数，以满足稳定可靠的加工要求。图 28 为七轴数控电火花高速小孔加工机床，图 29 为对各种航空发动机零件小孔加工。

图 28　七轴数控电火花高速小孔加工机床

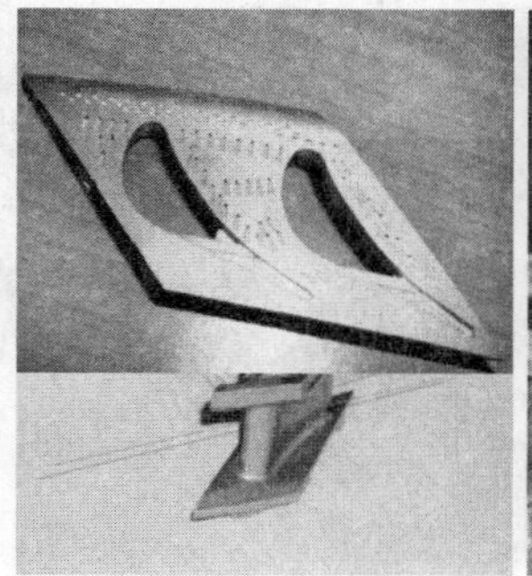

图 29　各种航空发动机零件小孔加工

（三）高效率电火花加工技术

电火花加工技术在具有精密成形能力的同时，也是一个加工速度相对较慢的工艺。与机械加工相比，电火花加工的材料去除率通常要低得多。如果能大幅提高火花放电的峰值电流或采用可控的电弧作为高能量的载体，电火花加工的效率就会明显提高。在高效率放电加工等新方向上，我国开创出了独树一帜的新方法。

1. 基于集束电极的电火花加工

上海交通大学针对传统电火花成形加工中电极制造成本高、加工效率低等问题，在国际上首次提出并实现了集束电极电火花加工方法[22]。设计并实现了用于快速组装制备集束电极的专用装置，通过采用中空棒状单元电极及开发的电极制备 CAD/CAM 软件，实现了具有三维形面的多种典型集束成形电极的快速、低成本制备并对电极表面制备精度进行了测量和分析，通过试验验证了其用于粗加工的可行性、经济性及高效性。所制备的集束电极具有多孔结构的特点，可实现充分、均匀的多孔内冲液，达到促进排屑、改善极间状态的显著效果。强化的冲液效果可有效克服难加工合金热物性对电加工带来的不良影响，使其加工稳定性和材料去除率得到显著提高，同时还可获得相对较低的电极损耗比。相对于传统实体成形电极而言，使用集束电极进行电火花加工可采用大的脉冲峰值电流，突破了使用传统电极加工时的峰值电流限制。在高峰值电流条件下加工碳素钢、钛合金及高温合金的材料去除率较使用普通成形电极可提高 3 倍以上。

在集束电极多孔内冲液的研究中，发现大强度冲液时会在工件型腔边缘表面出现尾状放电痕的现象。针对这一现象的成因进行的流体动力学仿真和分析结果表明，在较强的不

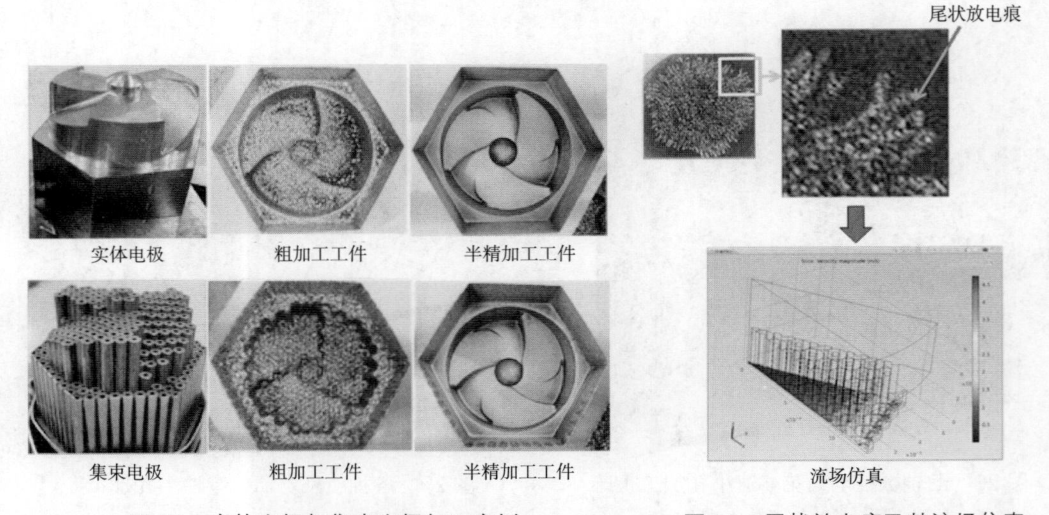

图 30　实体电极与集束电极加工实例

图 31　尾状放电痕及其流场仿真

均匀横向流体动力作用下，放电通道等离子体弧柱的动平衡被打破，从而沿工作液流动方向发生偏移，导致了尾状放电痕的形成。这一结论对于加深对放电等离子体弧柱的理解有很大作用。

2. 高速电弧放电加工技术

新一代高推重比航空航天发动机的热端关键部件如涡轮盘、机匣等均采用镍基高温合金制成。由于高温合金材料的热韧性，其切削加工难度极大，加工效率极低，而且刀具磨损极其严重。而电火花加工因其工艺性能几乎不受材料物理与力学性能的影响，可以用于高温合金的加工，但常规的电火花加工其加工效率偏低，远不能满足这一加工需求。以往提高电火花加工效率的研究局限于现有的加工技术体系，难以取得突破。由于电弧弧柱等离子体最高能量密度可达 $10^{10}W/m^2$，中心温度可达 10^5K，非常适合用于蚀除难切削材料。但电弧的高能量密度特性对加工而言又是把双刃剑：如果不能有效地使电弧在极间快速运动就会形成稳态电弧，进而导致材料的烧伤和损坏。上海交通大学在深入研究集束电极电火花加工中的发现的“尾状放电痕”现象基础上，提出了利用流体动力来实现断弧的“流体动力断弧机制”[23]。以此为核心，利用电弧放电取代火花放电以获得更强大的能量场，利用水基工作液取代煤油基工作液，发明了“高速电弧放电加工方法”。这一方法充分利用电弧放电可以较火花放电承载更高能量的特性，用高密度能场来解决难切削材料的高效去除难题。

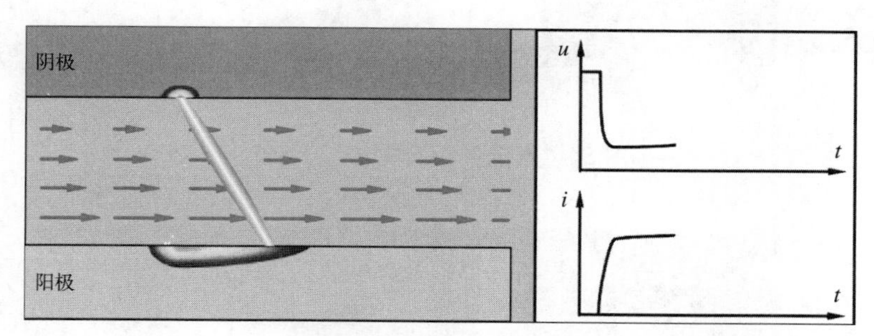

图 32　流体动力断弧

图 33　用于高速电弧加工的电极及加工照片

基于流体动力断弧机制的“高速电弧放电加工”方法采用集束电极或叠片电极，属于“面加工”模式。与采用棒状电极进行类铣削加工的“点加工”模式相比，可以施加更大的放电电流从而获得更高的材料去除率。强力的多孔内冲液不仅可以提供流体动力断弧机制所必需的高速工作液流动，而且可以带走大电流放电所产生的大量加工屑与热量。与采用机械运动断弧机制的方法相比，基于流体动力断弧机制的“高速电弧放电加工”其工具的主运动方向与工件表面垂直，可以实现“沉入式”成形加工。借助多轴联动的数控功能，还可衍生出多种不同类型的高速电弧放电加工方式，实现带有半封闭结构特征的复杂零部件的高效加工。因此，高速电弧放电加工在原理上具有更大的高效加工潜力。此外，这一加工方法的工具相对损耗率很低，可以控制在1%以内，与传统切削加工相比，其制造成本有望降低一个数量级。

3. 引弧微爆炸加工技术

针对于目前工程陶瓷的金刚砂轮磨削加工的方法效率低、成本高，而且磨削仅限于加工平面和回转曲面的局限性等问题，装甲兵工程学院提出引弧微爆炸的加工方法。该方法

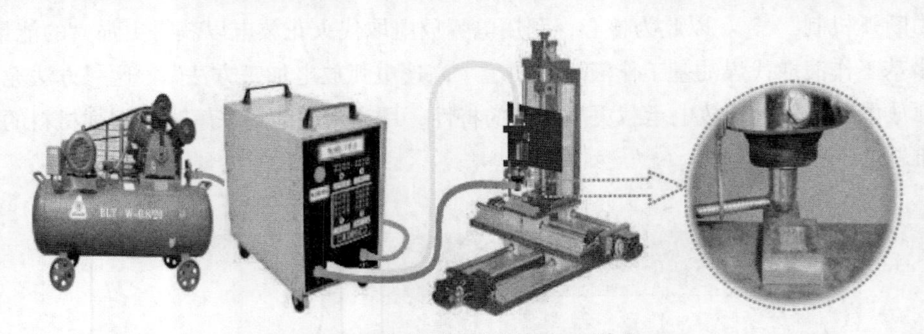

图 34　电极引弧微爆炸加工装置

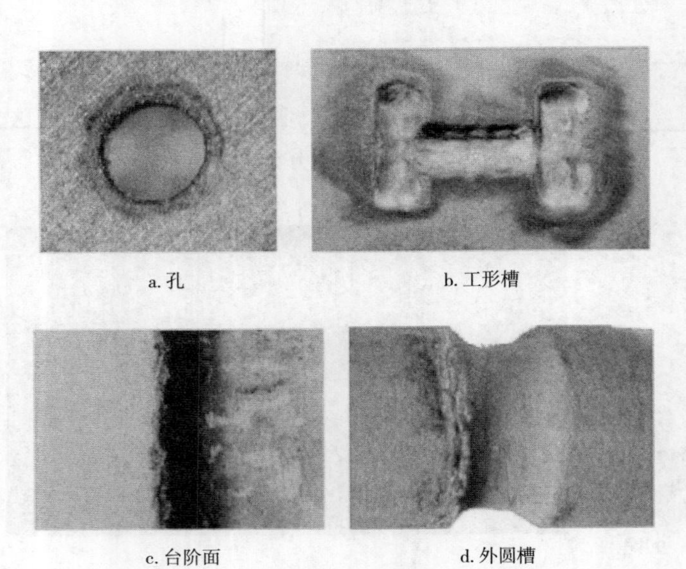

a. 孔　b. 工形槽

c. 台阶面　d. 外圆槽

图 35　加工工程陶瓷试件照片

利用在脉冲电源控制下生成的高频引弧，在极短的时间内使电极间产生微爆炸，对材料表面产生高温轰击作用，从而达到加工材料的目的。运用真空放电物理基本理论和高功率脉冲计数，研制出了性能稳定、经济性好的小功率脉冲电源和轰击波发射器。电极引弧微爆炸加工系统主要由空压机、专用脉冲电源、三位数控工作台和轰击波发射器等设备组成，实验证明引弧微爆炸方法能加工陶瓷孔、平面、槽、外圆表面等，工作稳定可靠，而且所需电源功率小、能耗低，设备投资和运行成本都很低，属于经济型加工方法[24]。

在机理研究方面，建立了高速摄影试验系统对微爆炸等离子体射流的产生过程、外观形态进行了观测，得到了微爆炸等离子体射流的产生原理。对氮化硅陶瓷和氧化铝陶瓷冲击蚀坑的形成过程进行了高速摄影观测，并利用扫描电镜观察了冲击蚀坑的截面形貌，得到了陶瓷加工的材料去除机理。等离子体射流的形成过程可分为火花放电和稳定等离子体射流两个阶段，等离子体射流的直径随着电流的增大而增大，冲击蚀坑直径随着加工时间逐渐扩展。在过程仿真研究方面，沿用传统的能量高斯分布热源，建立固体热传导模型，对引弧微爆炸加工的温度场分布进行了仿真。

4. 高效数控放电铣削加工

针对于航天航空发动机中大量特殊难加工材料零件复杂型面的高效低成本去余量加工，苏州电加工研究所在“863”项目（项目编号：2009AA044202）的支持下开发了高效数控放电铣削加工技术与装备[25]。

该技术采用简单的铜管作电极，由导向器导向，在电极与工件之间施加高效高频脉冲电源，主轴带动电极在伺服系统控制下作伺服进给，在电极与工件之间产生高频脉冲放电，有控制地蚀除工件。其控制轨迹由 UG 或其他软件生成数控代码，通过数控系统进行四轴联动三维曲面的高效放电加工。加工中不仅工件浸泡在工作液中，而且还使高压水质工作液从电极的内孔喷出，对加工区实施强迫排屑冷却，保证加工顺利进行。为保证加工精度，数控系统在加工过程中对电极进行在线检测补偿。

与采用金属切削机床加工比较，成本大大降低，工具电极的费用只有刀具费用的 1/10 甚至几十分之一，设备投资费用只有 1/10。

（四）电火花加工新工艺技术

传统的电火花加工是在煤油或去离子水中进行，加工也是从工件上去除不需要的材料。近年新发展的电火花加工技术，可放在雾、被液体包围的气体等新型介质中进行。国内外的研究结果表明，在气中电火花加工时，采用氧化性气体作为绝缘介质时有更高的材料去除率，且其放电现象利于提高加工效率。此外，在工件上通过放电来沉积材料也成为可能。绝缘陶瓷由于具有高强度、高硬度、耐高温、耐磨损、耐腐蚀、热膨胀系数低等优良性能，被日益广泛地应用于机械、电子、冶金、化工、航空、航天和核工业等各个领域中。但是由于绝缘陶瓷的高硬度和高脆性，使得绝缘陶瓷加工极为困难。现有的热压、烧结、真空热挤压等工艺仅能成形出几何形状较为简单和精度较低的工程陶瓷构件；对于精度要求较高或形状较复杂的陶瓷构件，则必须进行后处理加工，实际生产中采用的陶瓷材料精加工方法主要为机械磨削，适用范围仅限于加工平面和回转曲面，且加工周期长、成本高，从而极大地限制了绝缘陶瓷材料的应用。因此，提高绝缘陶瓷的加工精度和降低绝缘陶瓷的加工成本成为工业发达国家竞相研究的目标。我国最近在绝缘陶瓷电火花加工方面的研究主要包括绝缘陶瓷电火花成形加工、陶瓷涂层钛合金材料电火花小孔加工、绝缘陶瓷电火花磨削加工等。

1. 内喷雾式电火花加工及机理研究

针对传统的电火花加工存在效率偏低、使用的煤油基工作液存在环境污染和火灾隐患等问题，上海交通大学提出了采用水雾作为工作介质的电火花铣削加工方法，简称内喷雾式电火花加工[26]。通过以雾介质代替工作液，可以省去传统电火花加工所必需的工作液及其产物的处理环节，实现更绿色、安全的加工。该方法使用微量润滑装置（minimum quantity lubrication，MQL）来产生高压雾状气液两相流作为工作介质，采用管状电极旋转放电加工，进行类铣削的逐层进给方式可以获得比油中类铣削加工更高的效率及更优的表面质量，并且电极损耗率远远低于油中加工的电极损耗，与气中加工相接近，通过选取合适的参数，有望实现无损耗连续加工。由于雾中放电铣削加工的加工间隙大于气中放电加工，因而不容易发生短路，加工过程更加稳定、高效。该方法未来可与其他加工方法配合，在诸如钛合金、耐热高温合金等难加工材料的加工方面发挥独特的作用，实现绿色、高效的加工。此外，在机理研究方面，内喷雾式电火花加工也取得了一定进展。以喷雾电火花加工为研究对象提出了获得正、负极能量分配系数的改进方法，并首次建立用于描述电蚀坑形成的热—流耦合物理模型。通过试验得到不同脉宽、电流条件下的电蚀坑半径，并用最小二乘法拟合出电蚀坑半径随脉宽和电流变化的规律，完善了材料蚀除的热—流耦

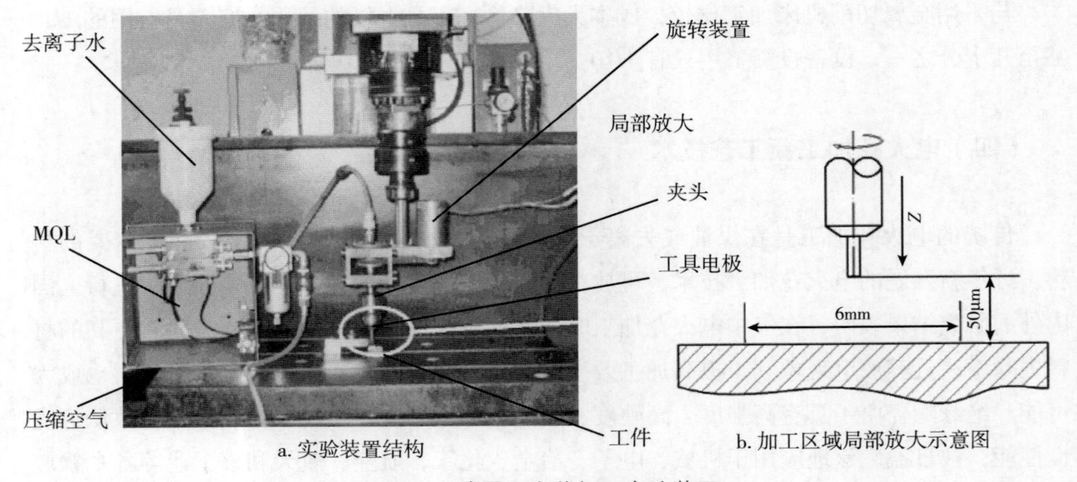

a. 实验装置结构　　b. 加工区域局部放大示意图

图 36　喷雾电火花加工实验装置

合二维模型参数表达模型，进而采用计算仿真和试验结果相比对的方法得到放电能量在正极和负极的分配系数。用所建立的模型和相关加工参数计算出内喷雾电火花加工所形成的电蚀坑尺寸，通过与试验测量结果对比验证了该模型的可靠性。试验和分析结果表明，喷雾电火花加工中正极的能量分配系数远大于负极，在加工过程中为获得较大的材料去除率应将工件接正极；通过建立合适的材料蚀除物理模型，预测不同加工参数下的材料去除率、表面粗糙度等，进而优化喷雾电火花加工的工艺参数并减少加工成本。该研究的思路和方法为其他工作介质中的 EDM 机理研究提供了新思路、新方法。

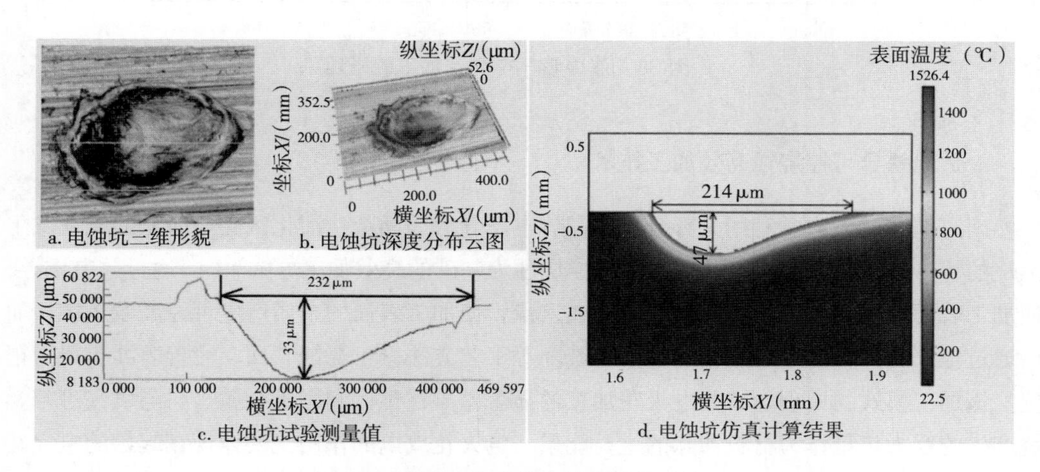

图 37　试验及仿真的电蚀坑形貌对比

2. 液中喷气电火花加工技术

上海交通大学提出了液中喷气电火花加工新方法[27]，该技术的核心可描述为：薄壁空心管状电极和工件浸没在水基工作液中，高压气体从管状电极中喷出，依靠气体的高压在加工间隙形成气体介质放电区，水基工作液不直接参与放电，但对加工过程产生有益的作用。采用数值模拟方法研究了放电区域的气体体积分数变化规律。结果表明，液中喷气电火花加工放电瞬间加工区域处于气体包围中；对加工试验后工件和电极表面的分析验证了放电是在气体介质中进行的结果。试验研究发现，液中喷气电火花加工比气体介质电火花加工的材料去除率高，二者的电极损耗相当。研究了电加工参数、加工介质对液中喷气电火花加工性能的影响，发现材料去除率随脉冲宽度、放电电流和气体压力的增大而增加；采用氧气为气体介质时，最高材料去除率可以达到 42.8mm^3/min。为提高液中喷气电火花加工的性能，自行设计了高速电极旋转系统，提出了超声辅助液中喷气加和基于高速运动平台的液中喷气电火花加工方法，明显提高了液中喷气电火花加工的稳定性和材料去除率。本项目的研究表明，液中喷气电火花加工是一种可行的、有潜力的加工方法，值得进一步深入研究。

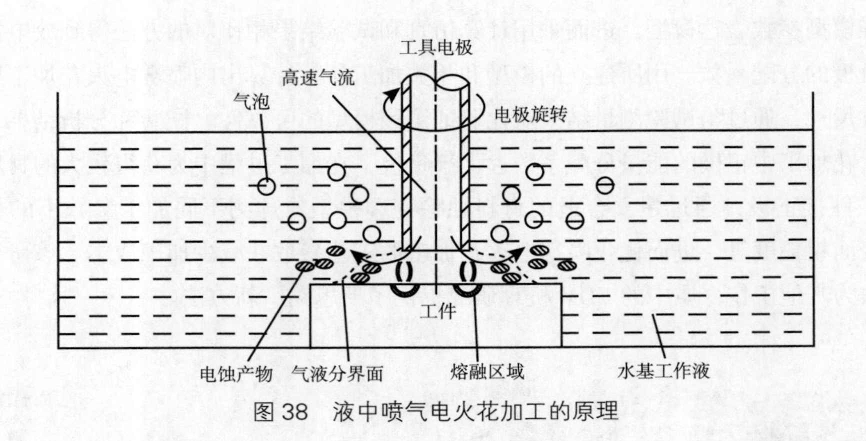

图 38　液中喷气电火花加工的原理

3. 放电诱导可控烧蚀高效加工技术

南京航空航天大学利用大部分金属在放电诱导后表面产生活化区会与通入的氧气发生燃烧的特点，提出了以放电诱导产生可控烧蚀为基础的高效加工方式[28]。通过放电诱导，使加工表面产生活化区，并控制氧气的通入量，使加工表面的金属产生可控高效烧蚀，而后通过电火花加工、电解加工、车削、铣削等工艺方法修正烧蚀表面，完善表面质量与精度。该加工模式的原理与以往电火花加工的显著差异在于：利用了金属材料与氧气可控燃烧产生的巨大热量作为材料蚀除的主要能量，电火花放电的作用主要体现在起始的电火花引燃和后面氧气关闭阶段对工件表面质量和精度的修整。放电诱导可控烧蚀高效加工需要两套高频脉冲电源来实现，一套为引燃电源，主要进行极间放电引燃作用，采用较高的脉冲能量，通过几个或几十个脉冲使工件表面产生气化蚀除，达到引燃目的；另一套脉冲电源主要进行电火花表面休整工作，通过极间能量的匹配计算，只要能达到修复烧蚀表面的作用即可。

这种加工方法特别适合于钛合金、高温合金、高强度钢等难加工金属材料的加工。通过实验证明，使用电火花诱导可控烧蚀磨削加工 TC4 较单纯电火花磨削的放电利用率大大提高，实际切深超过软化层厚度后，烧蚀区基本被磨平，加工表面平整，表面粗糙度接近于机械磨削表面，同时能有效抑制表面裂纹的产生。

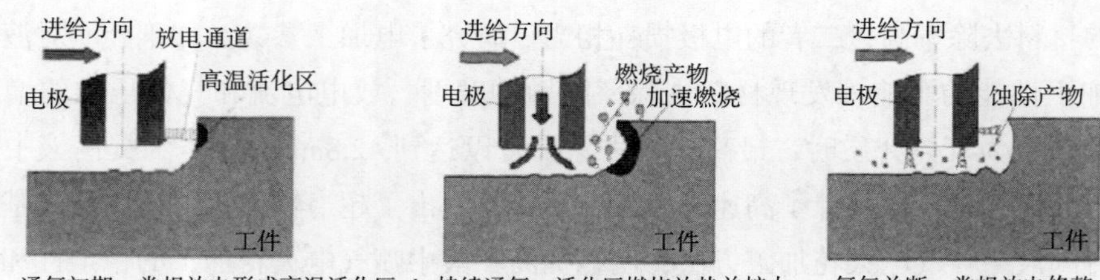

图 39　放电诱导可控烧蚀及电火花休整加工步骤

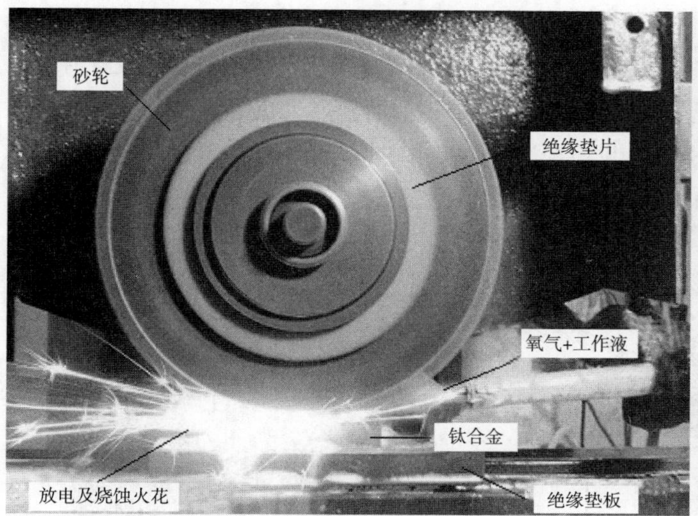

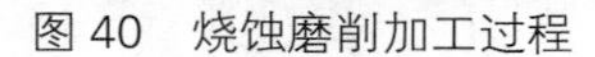
图 40　烧蚀磨削加工过程

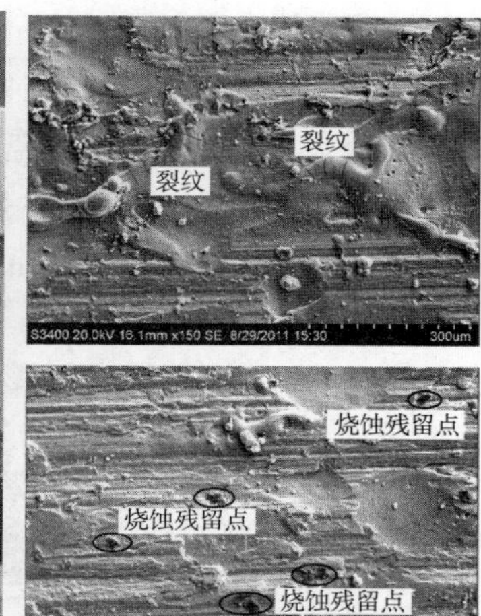

图 41　加工表面形貌扫描电子显微镜图

4. **绝缘陶瓷电火花成形和电火花磨削加工**

哈尔滨工业大学研究了绝缘陶瓷电火花加工工艺及其放电和材料蚀除机理，进一步揭示了加工过程的本质[29]。通过对辅助电极法绝缘陶瓷电火花加工的加工工艺及其放电和蚀除机理的深入研究，成功地在氧化锆和氮化硅等绝缘陶瓷材料上加工出了双弧形异形孔、通孔、盲孔、齿轮等样件，图 42 为绝缘陶瓷电火花成形加工样件。

哈尔滨工业大学最早对绝缘陶瓷电火花磨削原理及特点进行了研究。图 43 为绝缘陶瓷电火花磨削原理示意图。首先对绝缘陶瓷表面进行导电化处理，使表面具有导电性，然后将其装夹在回转主轴上，随主轴做旋转运动。主轴与脉冲电源正极相连，工具电极与脉冲电源负极相连。以煤油为工作液，电火花磨削加工时，将煤油浇注到工具电极与工件之间，工具电极可沿 X、Y 轴方向相对于工件电极作伺服进给运动。因被加工的绝缘陶瓷工

a. 氧化锆和氮化硅上加工出的齿轮

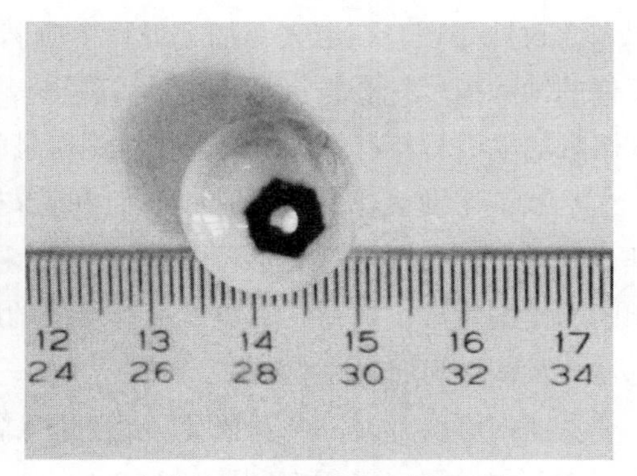

b. 氧化锆上加工出的六角螺母形孔

图 42　绝缘陶瓷电火花成形加工样件

件具有导电层，可直接作为工件电极进行电火花放电加工，在电火花磨削加工去除陶瓷和其表面的同时，电火花加工时瞬间局部高温使工作液热分解出来的碳、工具电极溅射出来的金属及其化合物在绝缘陶瓷表面形成新的导电层，从而使电火花磨削加工可以继续进行。用铜块作工具电极，工件是用辅助电极法加工出来的具有导电层的绝缘陶瓷 Si_3N_4 棒，电火花磨削加工得到的直径 1mm 的 Si_3N_4 轴如图 44 所示。

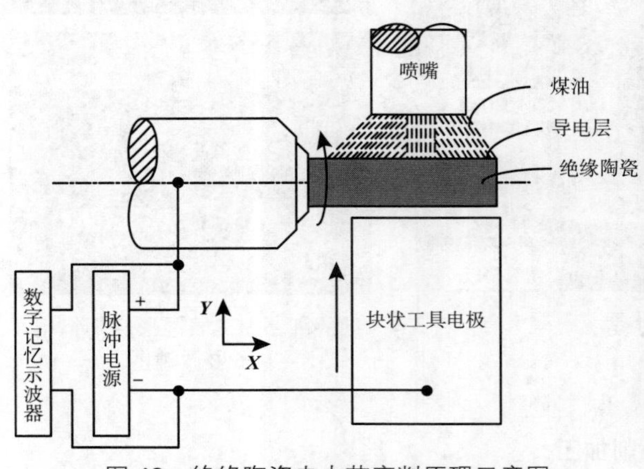

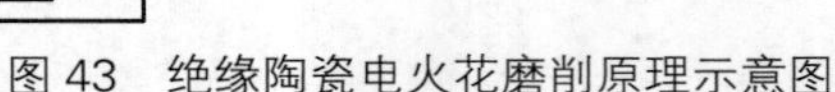

图 43　绝缘陶瓷电火花磨削原理示意图

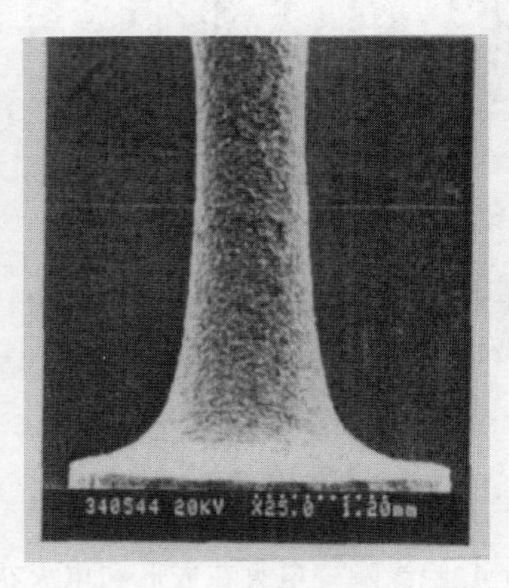

图 44　电火花磨削加工的直径为 1mm 的 Si_3N_4 轴

5. 金属表面陶瓷层的液中放电沉积生成方法

现行的 PVD、CVD、电子束强化等表面涂层与改性技术存在着诸如设备复杂、需用专用设备、加工面积和厚度的可控性差等缺陷，难以在工、模具车间现场得以广泛应用。在普通电火花成形机床上，利用新的放电沉积原理对导电工件材料沉积陶瓷层，必将成为一种极具应用潜力和经济价值的方法。

哈尔滨工业大学提出的液中放电沉积技术有别于常规电火花加工技术的一个显著特征是采用了液中放电沉积专用工具电极，工具电极由 TiC 精细粉末烧结而成。

图 45 为金属碳化物粉末烧结体工具电极的液中放电沉积原理图。要实现液中放电沉积表面改性处理，在电火花加工过程中应满足以下几点：①工具电极的损耗速度要高于工件的蚀除速度；②被沉积材料（工具电极材料）以熔融状态适时地供应到工件材料上；③熔融的电极材料有一定的时间扩散到熔融的基体材料中并最终结晶。

哈尔滨工业大学针对高速钢车刀和麻花钻头的前后刀面进行了放电沉积 TiC 涂层处理，并进行了同等切削条件下的涂层与不涂层刀具的切削性能试验。刀具的寿命判断以在相同的车削距离（或钻孔个数）下后刀面的磨损幅度为标准。图 46 为液中放电沉积处理的钻头及其切削加工性能照片。

从图中可以看出，当未涂层刀具已进入急剧磨损区、甚至已经破损时，涂层刀具仍处于正常磨损阶段。若以车削距离为 2.4m 和钻削孔数为 100 时的后刀面磨损带宽度 VB 作为刀具寿命的判定标准，则涂层刀具的寿命较未涂层刀提高 2 倍以上。金属表面陶瓷层的液中放电沉积，实现了一种可直接应用于车间现场环境下的、在通用电火花加工机床上进行金属表面陶瓷层处理的方法。该方法简便、实用、可操作性强，可在工模具表面的陶瓷化覆膜强化、高耐磨表面的修整等诸多领域得到应用。

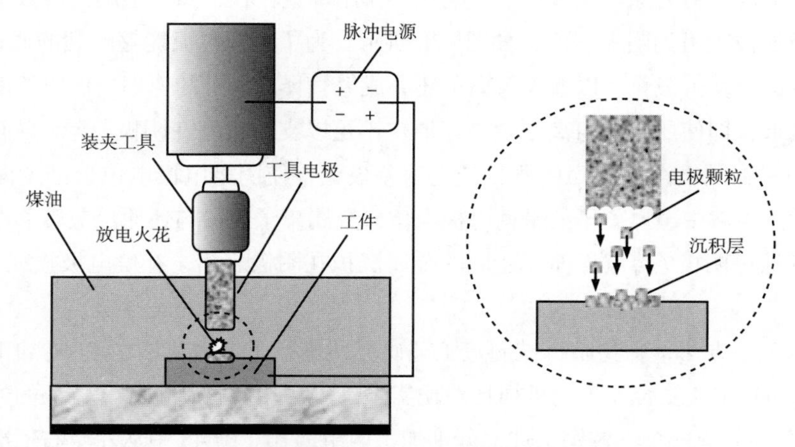

图 45　金属碳化物粉末烧结工具电极液中放电沉积原理图

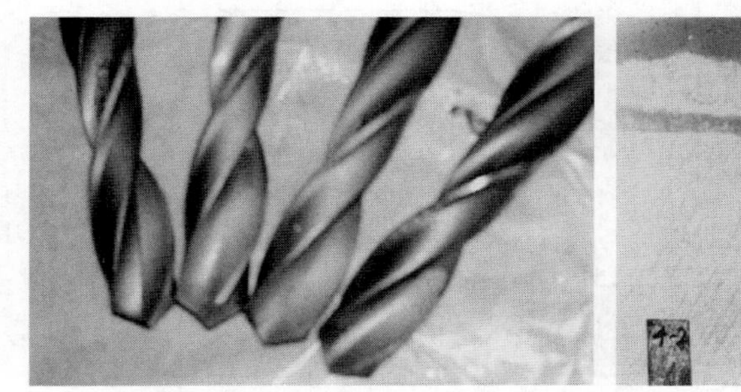

a. 液中放电沉积处理的钻头照片

b. 未涂层钻头后刀面磨损照片

c. 未涂层钻头后刀面磨损照片

图 46　液中放电沉积处理的钻头及其切削加工性能照片

6. 弱电解质溶液中 EDM/ECM 复合加工机理及工艺技术

中国工程物理研究院机械制造工艺研究所针对电火花加工过程中影响综合加工效率和精度的电极损耗问题，提出了弱电解质溶液中的 EDM/ECM 复合加工工艺技术[31]。即采用弱电解质水溶液作为工作液，使电火花放电和电化学作用同时进行，通过加工参数的合理选择，有效地利用电化学的沉积作用对工具电极的损耗进行动态补偿，实现低损耗的 EDM/ECM 复合加工。

弱电解质溶液中的 EDM/ECM 复合加工原理如图 47 所示。将电源加载到两电极上，工件接电源正极，工具电极接电源负极。接通电源后，阳极发生氧化反应，阳极金属溶解，以金属离子的形式进入工作液中，在电场力的驱动下，金属离子运动到阴极表面，被吸附；同时，阴极发生还原反应，弱电解质溶液中的氢离子被还原产生氢气，随着氢气气泡数量的增加，气泡从阴极表面脱落进入工作液中；此时，由于电极间隙距离还没达到电火花放电的临界值，电火花放电没有发生，如图 47a 所示。随着工具电极向工件电极靠近，电极间隙达到电火花放电击穿临界值，电火花放电在工具电极和工件电极表面局部形成高温，将电极材料去除。该过程中，电化学作用一直存在，阳极溶解到溶液中的金属离子源源不断地被吸附到阴极表面，如图 47b 所示。为了保证电流能够顺利的通过阴极 / 溶液界面，界面会发生极化，以增大氢离子还原成氢气释放电子的速率。但由于溶液中氢离子浓度非常低，即使所有的氢离子全被还原也不足以支持电流在阴极 / 溶液界面的顺利通过，电荷积累在阴极溶液界面两侧，产生浓差极化，使阴极电极电位会继续向负方向极化，直到达到溶液中金属离子的平衡电极电位，金属离子也参与还原反应转移电荷，使电流可以顺利通过阴极 / 溶液界面。还原的金属沉积在阴极表面，补偿电极损耗，如图 47c 所示。

基于该工艺方法，中物院机械制造工艺研究所进行了电火花油中 EDM 加工与弱电解质溶液中 EDM/ECM 复合加工电极损耗对比实验。采用相同材料和尺寸特征的方形紫铜工具电极在厚 1mm 的一个不锈钢工件上分别加工两组通孔。图 48 中从左至右依次为工具电

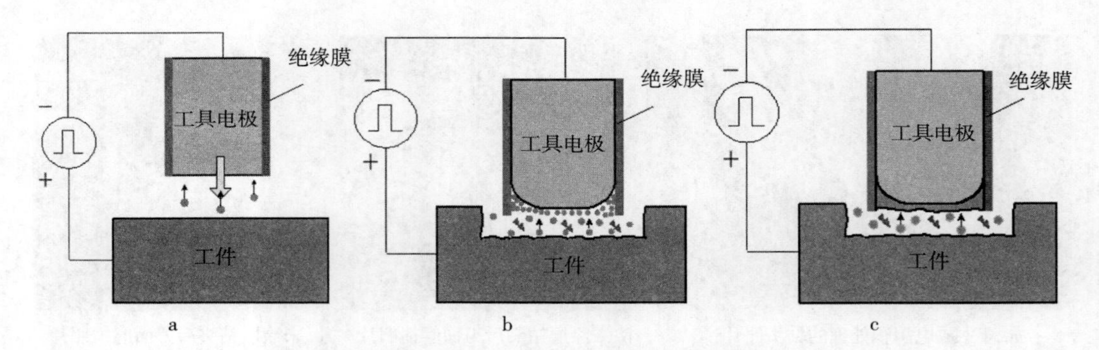

图 47　弱电解质溶液中 EDM/ECM 复合加工原理图

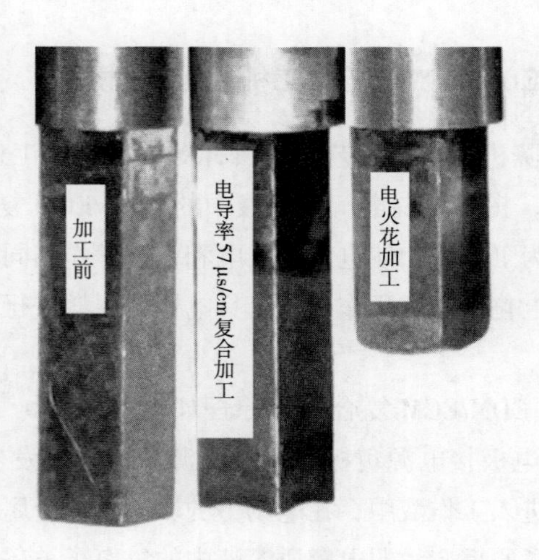

图 48　电极损耗对比实验

极原始形态、弱电解质溶液中 EDM/ECM 复合加工后的电极形态以及电火花加工后的电极形态。由此可以证实：弱电解质溶液中 EDM/ECM 复合加工工艺利用电化学阴极沉积作用可动态补偿工具电极的损耗，可显著减少工具电极的加工损耗。

7. 等离子体放电原位陶瓷膜生长技术

等离子体放电原位陶瓷膜生长技术是一种新型的绿色环保技术，它适用于处理铝合金、镁合金以及钛合金等金属表面，将被加工工件作阳极，在专用电源所提供的外加电场作用下，使工件表面在高于法拉第放电区外的微弧区电压作用下产生微弧放电，在高温高压和这些复杂的反应共同作用下，在基体表面形成性能优良的陶瓷化膜层，如图 49 和图 50 所示。哈尔滨工业大学基于等离子体放电原理研究并成功实现了全套等离子体放电原位陶瓷膜生长工艺、电源和设备，各项技术指标居国际领先水平[32]。该技术可形成的陶瓷化膜层具有以下优势。

1）高硬度、抗磨表层。生成的陶瓷薄层的硬度和抗磨性，可高于淬火钢、硬质合金，因此，在航天航空或要求重量轻而耐磨的产品中，可以用铝合金代替气动、液压伺服阀的

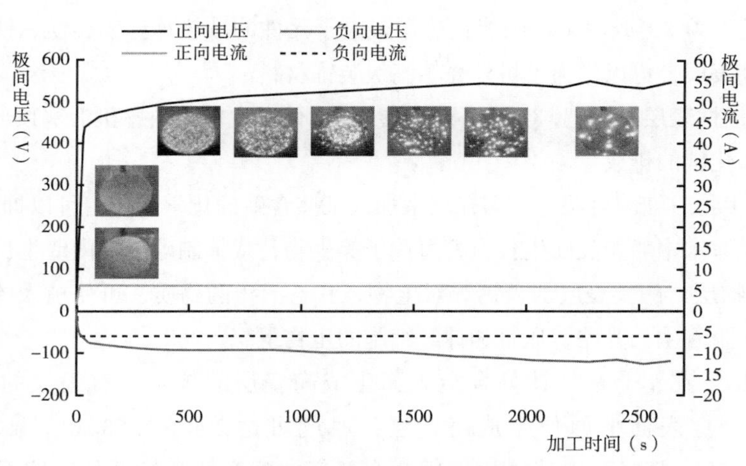

图 49 膜层生长过程示意图

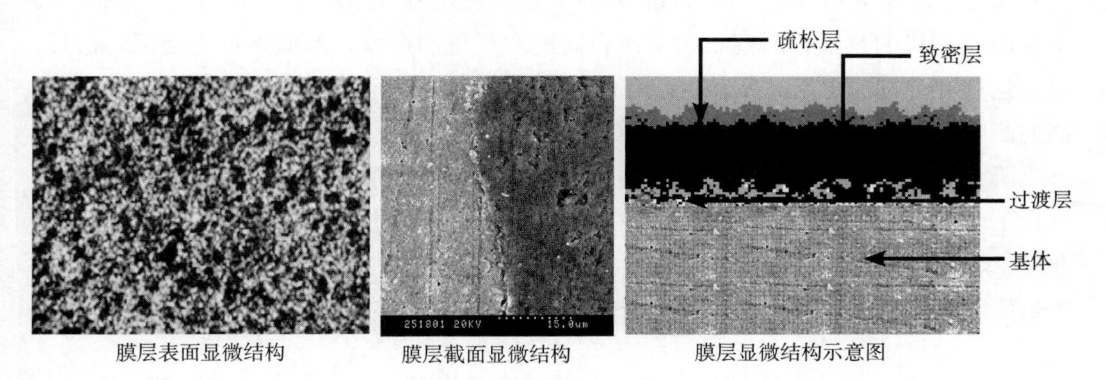

图 50 膜层显微结构

阀套、阀芯和气缸、油缸。在纺织机械高速运动的纱锭部件表面可在铝合金表面生成耐磨的陶瓷层。

2）减磨表面。由于处理后可以使之成为含有微孔隙的陶瓷表层，在使用传统润滑剂时摩擦系数可降至 0.12 ~ 0.06。如果在微孔隙中填充以二硫化钼或聚四氟乙烯等固体润滑剂，则更有独特的减摩擦、磨损效果，可用于汽车、摩托车活塞或其他需低摩擦系数的场合。

3）耐腐蚀表面。能耐酸、碱、海水、盐、雾等的腐蚀，可用作化工、船舶、潜水艇、深水器械等设备的防腐层。

4）电绝缘层。电阻率可达到 10^6 ~ $10^{12}\Omega\cdot cm$。很薄的陶瓷表层，其绝缘强度可达几十兆欧以上，耐高压 100 ~ 1000V。可以用于既要良好导电，又要良好绝缘性能的精密、微小、特殊机构中。

5）热稳定、绝热、隔热表层。由于表面覆盖有耐高温的陶瓷层，所以铝合金在短时间内可耐受 800℃ ~ 900℃，甚至 2000℃的高温，可以提高铝、镁、钛等合金部件的工作温度。可用于火箭、火炮等需瞬时耐高温的零部件。

6）光吸收与光反射表层。做成不同性能、不同颜色的陶瓷层，如黑色或白色，可吸收或反射光能 >80%，或用于太阳能吸热器或电子元件的散热片。铝、镁、钛及其合金做成彩色的陶瓷表层，可以作为手机外壳等高级装饰材料。

7）催化活性表层。可把 CO 催化氧化成 CO_2，使之生成在内燃机活塞顶部，可减少沉积炭黑和一氧化碳的排放量。

8）抑制生物、细菌表层。在陶瓷层中加入某些含磷的化学物质，可以抑制生物生长，可用于防止在海水中船舶表面生长附着海蛎子等生物，或抑制电冰箱内壁生长细菌。

9）亲生物层。陶瓷表层加入钙等对生物亲和、活化的物质，可使植入体内钛合金的假肢表面易于附着生长骨骼、血管和神经细胞的生物组织。

由此可见，在铝、镁、钛等合金表面生成陶瓷层的技术，有很大的应用及发展前途。在铝合金表面上原位生成陶瓷层，厚度可达 200 ~ 250μm，显微硬度可达 1500 ~ 2500HV，膜层可以获得较硬质合金还高的耐磨性和较低的摩擦系数。用带有这种陶瓷层结构的铝合金部件做成的滚珠，滚珠使用寿命能提高 10 倍以上；汽车、装甲车的发动机的汽缸，活塞长期工作在高温和严重的黏着、摩擦条件下使用寿命短，采用这种处理方法能提高发动机的寿命和效率，经处理后的卫星铝合金高速轴，有很高的耐磨性。

研究结果表明，300μm 厚的耐热层在一个大气压下可承受 3000℃的高温，在 100 大气压下的气体介质中，承受 6000℃的高温达 2s，得到的耐热层与基体结合牢固，不会因急冷急热在基体与覆层之间产生裂纹，这项技术可用于运载火箭、卫星姿控发动机上。在大量使用轻合金的国防工业及航空航天部门中，具有重要意义。

图 51　等离子体放电原位陶瓷膜生长技术的成功应用案例

三、本学科国内外研究进展比较

近年来，国外对电火花加工的研究越来越趋向于对放电现象中基础问题的探讨。随着微电子技术的迅速发展，高速摄影、光谱分析等现代观测手段的响应速度和精度进一步提高，物理理论及相应的分析工具也逐渐成熟，计算模拟能力日益增强，过去很难开展的基础研究问题逐渐成为国际研究的新一轮热点。日本、欧洲等国家的研究人员和机构先后开展了放电过程等离子通道观测、气泡形成过程观测及影响因素分析、电蚀产物的形成和排出过程观测等试验研究，并结合最新的物理学研究成果开展了加工过程的建模和仿真。这些研究成果的不断积累必将对更科学、更深刻地理解电火花加工机理、完善加工理论体系具有推动作用，并将从根本上促进电火花加工技术的进步。而国内在加工过程观测及机理分析方面还处于起步和跟随阶段，尚需进一步的加强。

在难加工材料的加工方面，日本、欧盟等发达国家先后开展了多种碳化硅陶瓷、硬质合金、高温合金以及碳纳米结构复合材料的加工工艺实验，并着眼于加工表面质量及加工精度的提高。目前国内在这方面的研究主要关注可加工性及效率的研究，尚没有成熟的产品推出。

在高效加工方面，美国的通用电气公司开发出了高速电蚀铣削加工技术。通过采用特制的电解液作为工作液，使用可控的电弧放电和火花放电来蚀除工件材料，其材料蚀除率可达普通电火花铣削的 20 倍以上，加工高温合金时，其效率是传统铣削加工的 3 倍以上。目前，该技术已经在通用电气公司的航空发动机类产品加工中得到应用。而国内近期发展的高效数控放电铣加工及高速电弧放电加工技术是具有自主知识产权的新型高效加工工艺，非常适合用于难切削材料的大余量加工，具有良好的应用前景。

在航空航天、精密模具及发电设备等行业的强烈需求牵引下，各发达国家均发展了五轴或六轴的电火花加工技术，并研制了相应的加工机床，如日本沙迪克公司的 AQ75L、瑞士阿奇夏米尔公司的 HYPERSPARK HS2 五轴联动数控电火花加工机床。德国 ZK 公司研制了 genius 系列六轴联动电火花加工机床，用于航空航天发动机整体叶盘类零件的制造；和 ZK 公司的 Chameleon 自动化下系统组合可实现无人化操作，用于小型精密模具、医疗、通讯等行业精密零件的快速生产与交付。针对小型精密模具加工，日本三菱公司研制了 EA8PVM Advance 小型高速高精度机床，加工精度 ±0.003mm，模具样件微细槽宽 0.2mm、深 0.3mm，清角稳定达到 0.01mm，甚至能达到 0.005mm 的清角；日本沙迪克公司研发的 C32 机床，电源仅为 15A，据称是“零损耗”；瑞士阿奇夏米尔公司的 F0350M 机床，宣称可加工 1mm^3 的小型腔。

在国家科技重大专项和“863”项目的支持下，以苏州电加工研究所和北京市电加工研究所分别牵头，联合国内多所高校和企业参加的两个研究团队攻克了五轴联动电火花加工关键技术难题，都研制出了自己的五轴联动电火花加工机床，突破了国外对我们的技术封锁。机床的部分指标如钛合金材料去除率达到很高的水平，针对闭式整体叶盘开发的 CAD/CAM 软件也很有特色，但就总体水平而言与国外还有一定差距。

要实现高质量的电火花中精加工，高速脉冲控制技术及高速主轴不可或缺。目前，各机床厂商都把目标瞄向高速信息流脉冲控制技术上，都在开发专用的高速芯片，如现场可编程阵列（FPGA），可达到 30MIPS。因检测速度大幅度提高，可以做到放电状态稍有恶化时就及时处理，把恶化趋势扭转过来。这种高速信息脉冲控制技术，与脉冲间隙、抬刀等信息，由模糊控制等进行处理组成了一个完整的脉冲控制体系。

电火花加工机床主轴的高速性能对加工深槽窄缝、小间隙高效高精度加工等具有重要作用，因为高速主轴性能能对放电间隙产生有效的抽吸作用，有效排出加工屑。日本沙迪克公司直线电机的数控电火花加工机床，Z 轴最高抬刀速度达 36m/min；日本牧野公司采用交流电机和软件技术实现最好抬刀 10m/min。苏州电加工研究所、上海交通大学等单位开发的电火花加工机床采用交流电机，通过构建全闭环速度指令模式的控制体系，最高抬刀速度也达到了 10m/min，是国内目前最好的水平，但与日本沙迪克公司直线电机机床尚有不小的距离。

随着科学技术的发展，对产品的小型化和精密化程度的要求越来越高，因此微细加工技术受到了世界各国的普遍重视。近几年来微细加工技术发展很快，国内外研究者众多，也是目前研究的热点之一。目前，发达国家的微细电火花机床有些已进入工业应用和商业销售阶段，如日本松下精机、瑞士夏米尔、美国麦威廉斯等公司都有较成熟的产品，其中以日本松下精机的MG-ED82W性能最优，该产品能稳定加工5μm的小孔，代表着这一领域的前沿。瑞士SARIX的SX系列微型电加工机床可用直径5μm到3mm的实心或中空电极进行微孔和型孔的高速加工，精度±2μm，孔的表面粗糙度可以达到Ra0.05；利用其附带的软件3D-μEDM-Milling CAM software可实现三维形面的微细电火花加工铣削。

我国微细电火花加工技术近年实现了较快的发展，基础研究取得进展，自行研制的微细电火花加工机床也逐渐走出实验室，实现了喷油孔加工等工业应用。与国外相比，微细电火花加工技术的原始创新较少、跟踪研究多；在加工精度、加工一致性和设备成熟度等方面均存在不小差距。

四、本学科发展趋势与展望

随着先进制造业的快速发展、新材料的不断开发应用，电加工技术应用越来越广泛。电加工适合于加工各种机械加工难于加工的高硬度、高强度、高熔点、高韧性、高脆性金属，并能进行精密、微细以及任意复杂形状的加工。随着各领域新工艺、新技术、新产品的不断发展，特别是随着航空航天、军工（包括高新技术武器、高新技术战略武器）、能源、汽车、模具、电子、冶金等应用领域的技术发展、各种新材料的高效加工，各种复杂空间形面零件的成形，各种微细零件的加工，传统的机械加工是难以完成的，而正是电加工技术的“用武之地”。电加工技术在先进的制造技术中发挥着不可或缺的重要作用。电火花加工的发展趋势主要表现在以下几个方面。

1. 微细、精密

随着金属切削机床技术水平的提升，对于大面积加工来说，数控铣加工效率高、表面粗糙度高，精度不低。但是在精密微细形状加工方面，由于存在刀具干涉、刀具半径等条件限制，金属切削机床就无法加工了，而电火花加工由于几乎没有切削力，属于拷贝加工，可以解决精密零件的微细加工难题，所以我国电火花成形加工机床应该在精密方面做功课，包括机床精度、加工精度、电极精度，以及精度保持性等，这方面国际上的一流公司作出了榜样，如瑞士的阿奇夏米尔、日本的三菱、SODICK、牧野等，都能提供高精度的高端设备，价格高、质量好、能解决问题。

2. 高效

电火花加工的效率与脉冲电源的性能、伺服控制性能、机床刚性等密切相关，脉冲电源技术和控制技术的发展影响着加工工艺指标，其性能的优劣直接影响了加工速度、精度等重要因素，甚至成为了产品更新换代的主要标志。

3. 更高的表面质量

数控电火花成形加工通过对微细精加工电源放电能量控制、混粉工作液、复合加工等技术进步，可以达到 Ra0.06μm 的镜面加工水平，加工出的模具可不需要进行抛光。

4. 难切削材料的加工

通过将自适应控制技术与电火花脉冲电源及伺服控制技术有机结合，可实现难加工材料的电火花高效、精密加工，解决航天航空领域使用的材料如高温耐热合金、钛合金等特殊材料的加工难题，降低加工表面重熔层。

5. 复合加工

在航天航空制造领域，对特殊材料、特殊形状零件的加工，可采用电火花—电解、电火花—超声复合加工等加工方法，完成特殊材料、特殊形状零件的加工。

6. 智能化

智能化主要包括：建立在大量工艺参数的工艺数据库基础上的专家系统、自适应控制技术、模糊控制技术、加工能量根据加工面积的自动调节技术、智能抬刀技术，以及与智能化密不可分的电量非电量检测技术等。

7. 自动化系统集成

由电火花成形加工设备、加工中心、数控铣等组合成一个集成系统，通过统一格式命令，进行通信，完成上下工序的转换，具有电极库及工件库，采用机械手或机器人进行工件和电极的自动交换（AWC/AEC），全自动完成整个加工过程，为用户提供成套机床设备及成套加工工艺技术。

8. 信息化

友好界面与网络服务越来越受到重视，通过 LAN（局域网）或互联网与计算机平台或 UNIX 网络终端进行连接，可进行数据交换、文件传递、培训、维修保养等服务，并发展为进行远程控制和检测，可在办公室通过在 PC 机上使用与机床一样的操作界面进行在线控制。

9. 绿色环保、安全、节能

随着生态环境的日益恶化，环保意识的不断增强和环保法律的逐渐健全，绿色产品逐渐成为未来产品市场的主旋律，绿色制造正成为一种新的制造战略。绿色电加工的内容包括：高效节能脉冲电源、提高脉冲电源的兼容性、处理“三废”。

1）绿色环保：国际上重视 EDM 的电磁兼容问题，有强制性标准。电磁辐射骚扰对工、科、医电气设备的影响属于环保的问题，所以都采取了相应的措施。对工作液的排放，国外都有明确要求，以保护环境不被污染。

2）安全：电磁兼容对人体电气植入物的影响也写入国际标准，以保障人身安全；国外重视工作液挥发性气体对操作人员的影响，对工作液的安全性进行了研究；国外 EDM 机床基本采用全封闭或半封闭措施，以保证机床运行时的人身安全。

3）节能：国际上数控电火花成形机床（NCSEDM）、单向走丝电火花线切割机床（WEDM-UT）都采用无电阻电源，与有电阻电源相比，可以节省 60% 以上的电能，并对相关产业带来重大的节能效果。例如，模具工业中 70% ~ 80% 的通用 EDM 用于模具加工，所以对该产业的节能降耗起到重要作用。

参考文献

[1] 史耀耀，段继豪，张军锋，等 . 整体叶盘制造工艺技术综述［J］. 航空制造技术，2012，3：26-31.

[2] 伍端阳 . 模具制造中电火花加工应用技术综述［J］. 模具制造，2008，10：24-27.

[3] 梁速，徐辉，陈默，等 . 基于 PMAC 的商用五轴联动电火花加工数控系统［J］. 电加工与模具，2012，S1：27-31.

[4] 吴强，卢智良，朱宁 . CPLD 器件在电火花加工脉冲电源中的应用［J］. 电加工与模具，2009，4：25-27.

[5] 杨大勇，伏金娟，郭妍 . 精密复杂零件加工的神来之笔［J］. 电加工与模具，2012，S1：60-62.

[6] 杨大勇，曹凤国，刘萍，等 . 电火花镜面加工电源研究［J］. 电加工与模具，2007，1：56-60.

[7] 梁速，徐辉，陈默，等 . 基于 PMAC 的商用五轴联动电火花加工数控系统［J］. 电加工与模具，2012，S1：27-31.

[8] 梁速，赵万生，康小明 . 基于可编程运动控制器的电火花加工高速抬刀控制系统［J］. 上海交通大学学报，2012，9：1476-1481.

[9] 王彬，杨建芳，郭妍，等 . 基于 RT-Linux 的开放式五轴联动电火花加工数控系统及其在带冠涡轮盘加工中的应用［J］. 电加工与模具，2012，5：16-20.

[10] 刘晓，康小明，赵万 . 闭式整体涡轮叶盘多轴联动电火花加工电极运动路径规划［J］. 电加工与模具，2012，1：11-14+50.

[11] 崔景芝. 微细电火花加工的基本规律及其仿真研究［D］. 哈尔滨：哈尔滨工业大学，2007.

[12] Yang X, Guo J, Chen X, et al. Molecular dynamics simulation of the material removal mechanism in micro-EDM［J］. Precision Engineering，2011，35（1）：51-57.

[13] 付秀琢. 压电自适应微细电火花加工技术及机理研究［D］. 山东：山东大学，2012.

[14] Fu XZ，Zhang Y，Zhang QH，et al. Research on piezoelectric self-adaptive micro-EDM［J］. Procedia CIRP，2013，6：303-308.

[15] Li Y，Tong H，Yu DW，et al. Servo Scanning Process of 3D Micro EDM［J］. Nanotechnology and Precision Engineering，2008，6（4）：307-311.

[16] Tong H，Wang Y，Li Y. Vibration-assisted Servo Scanning 3D Micro EDM［J］. Journal of Micromechanics and Microengineering，2008，18（2）：501-508.

[17] Yang XD，Xu CW，Kunieda M，et al. Miniaturization of WEDM using electrostatic induction feeding method［J］. Precision Engineering，2010，34（2）：279-285.

[18] 彭子龙. 微细电火花沉积与去除可逆加工关键技术研究［D］. 哈尔滨：哈尔滨工业大学. 2010.

[19] 刘立群. 苏州电加工所积极研制节能降耗的绿色产品［J］. 中国机床工具. 2008：3.

[20] 张勇斌，吉方，刘广民，等. 微细电火花加工的实验研究[J]. 电加工与模具. 2011，2：54–56.
[21] 黄永逸，白基成，朱国征，等. 微喷部件阵列孔电火花加工工艺试验研究 [J]. 电加工与模具. 2012，4：1–5.
[22] 李磊，顾琳，赵万生. 集束电极电火花加工工艺 [J]. 上海交通大学学报. 2009，43 (1)：30–37.
[23] 赵万生，顾琳，等. 基于流体动力断弧的高速电弧放电加工 [J]. 电加工与模具，2012，5：50–54.
[24] 田欣利，张保国. 工程陶瓷引弧微爆炸加工中等离子体射流的光学特性 [J]. 机械工程学报，2011，47 (15)：621–626.
[25] 叶军. 数控高效放电铣削加工技术 [J]. 电加工与模具，2010，4：60–63.
[26] 薛荣，顾琳，杨凯. 喷雾电火花加工中的能量分配与材料蚀除的研究 [J]. 机械工程学报，2012，48 (21)：175–182.
[27] 吴岐山，康小明，赵万生，等. 高速平动台辅助液中喷气电火花铣削试验探究 [J]. 电加工与模具，2011，4：14–18.
[28] 陈文安，刘志东，王祥志，等. 放电诱导可控烧蚀及电火花修整成形加工基础研究 [J]. 中国机械工程，2013，13：1777–1782.
[29] 郭永丰，白基成，刘海生. 绝缘陶瓷电火花磨削加工原理及其特点 [C] // 中国机械工程学会年会论文集第 11 届全国特种加工学术会议专辑. 2005：110–112.
[30] 方宇，赵万生，王振龙，等. 用 Ti 压粉体电极进行金属表面沉积陶瓷层的研究 [J]. 新技术新工艺，2004，7：40–42.
[31] 尹青峰，王宝瑞，李建原，等. 弱电解质中电解放电复合加工工艺技术 [J]. 航空制造技术，2012，16：54–57.
[32] 李宣东，吴晓宏. 微等离子体氧化法制备 TiO2 陶瓷膜的光催化活性研究 [J]. 稀有金属，2003，27 (6)：661–664.

撰稿人：赵万生　卢智良　杨大勇　李　勇
王振龙　康小明　顾　琳　徐均良

电火花线切割加工领域科学技术发展研究

一、引言

（一）电火花线切割加工的一般概念

电火花线切割加工（wire electrical discharge machining，WEDM）是机械工程学科领域的一个分支，是在电火花加工基础上发展起来的一种新工艺形式。电火花线切割加工是利用移动的细金属导线（铜丝或钼丝）作电极，利用数控技术对工件进行脉冲火花放电，“以不变应万变”切割成形，可以切割成形各种二维、三维、多维表面。电火花线切割加工时，脉冲电源的正极接工件，负极接电极丝，并在电极丝与工件切缝之间喷射液体介质；另一方面，安装工件的工作台，由控制装置根据预定的切割轨迹控制电机运动，从而加工出所需要的零件。由于加工中材料的去除是靠放电时的电、热作用实现的，材料的可加工性主要取决于材料的导电性及其热学特性，而且电极丝和工件不直接接触，没有机械加工的宏观切削力，因此电火花线切割加工适合于加工任何难切削导电材料以及低刚度、微细工件，是已获得广泛应用的先进制造技术。

电火花线切割加工是精密模具、航天航空、军工、汽车、半导体等制造领域的关键加工技术，在相关重要制造领域中发挥着难以替代的作用，得到了迅速发展，并逐步成为一种高精度和高自动化的加工方法。

（二）电火花线切割加工的分类

根据电极丝的运动方向和速度，电火花线切割加工通常分为两大类：一类是往复走丝（或称快走丝）线切割加工，一般使用直径 0.25mm 以下的钼丝作为电极，走丝速度为 8 ~ 10m/s，电极丝可重复利用，是我国生产和使用的主要机种，也是我国独创的电火花线切割加工模式；另一类是单向走丝线切割加工，一般使用直径 0.2mm 的铜丝作为电极，走丝速度一般在0.03 ~ 0.2m/s之间连续可调，单向走丝，电极丝不重复利用，是国外生产和使用的主要机种。另外，线切割机床按照加工尺寸范围可分为大、中、小型，也可分为普通型和专用型等。

1. 往复走丝电火花线切割加工

往复走丝电火花线切割加工是我国独创的电火花线切割加工模式，其工作液一般分为油基工作液、水基乳化液、复合工作液等，此类工作液能保证在一段时间内切割稳定，但往复走丝线切割机床中容易出现电极丝抖动和反向停顿的现象，电极丝空间位置精度保持性不高，因此切割精度受到制约，适用于中低档模具和零件的加工，但因其高速走丝的方式，在大厚度、变厚度加工中具有独特优势。近年来，随着制造业的快速发展，往复走丝电火花线切割机床的整机加工性能、加工范围、切割效率、表面加工质量、加工精度等方面取得了实质性进展。特别是多次切割技术在往复走丝中的应用，很大程度上提高了加工质量，扩大了往复走丝线切割加工的使用范围。

另外，业内俗称的“中走丝”实际上是具有多次切割功能的丝速可调的往复走丝线切割机床，其通过多次切割可以提高表面质量和切割精度：走丝原理是在粗加工时采用高速（8 ~ 12m/s）走丝，精加工时采用低速（1 ~ 3m/s）走丝，并通过多次切割减少材料变形及钼丝损耗带来的误差，使加工质量得以提高，加工质量介于高速往复走丝机与低速单向走丝机之间。往复走丝电火花线切割机床由于性价比高，在数量巨大的机械零件加工和中低端模具加工领域，市场潜力巨大，发展前景广阔。

2. 单向走丝电火花线切割加工

单向走丝电火花线切割加工是国外（欧洲、日本等）研究发展的主要方向，国内也有大量研究单位和相关企业对其进行研究、开发和生产。单向走丝电火花线切割加工主要采用闭环数字交（直）流伺服控制系统，能够确保运动系统优良的动态性能和高定位精度。其走丝速度较慢，电极丝损耗较小且不重复利用，在加工过程中，电极丝的直径能够保持一致，从而能保证很好的加工精度以及较高的加工效率。同时，单向走丝的工作液采用去离子水，工作液的电导率一般控制在1 ~ 10μS/m（微西门子/米）之间。单向走丝电火花线切割机床的自动化程度高，加工稳定性好，已向无人化加工发展。与往复走丝电火花线切割机床相比，单向走丝电火花线切割机床在加工精度及表面粗糙度等关键技术指标上依然具有较大的优势，但是其机床的价格要比往复走丝电火花线切割机床高出数倍以上。

随着科学技术的不断创新与发展，国内外的电火花线切割行业通过技术改革与攻关，无论在加工过程控制，还是在改进加工工艺方面都取得了大量新的进展。本文主要对近年来电火花线切割行业一些新的技术进展和应用进行总结和分析，并提出未来的发展趋势。

二、本学科近年来的最新研究进展

（一）往复走丝电火花线切割加工

往复走丝线切割加工的优点在于其经济性和实用性，即往复走丝线切割机床与单向走丝线切割机床相比，附加设备较少，生产成本较低，同时消耗品数量及种类较少，使用成本也较低。往复走丝线切割加工机床能够加工大厚度（1000mm 以上）工件，主要原因在于其丝速较高，工作液更容易被带入加工区域，较好排除蚀除物，使蚀除量和排屑量保持相对平衡的状态，保证加工的稳定性。另外，往复走丝线切割机床的切割速度已由过去的 20 ~ 40mm^2/min 普遍提高到 100mm^2/min 以上，最高甚至可达到 260mm^2/min，最大切割厚度能达到 1200mm 以上，机床的加工精度达到 ±0.01mm，工件的表面粗糙度 Ra 一般为 2.5μm，Ra 最佳可达 0.6 ~ 1μm。因此，在中低精度、表面质量要求不高或大型零部件加工中（如船舶的大型齿轮加工、军工大型特殊材料），往复走丝线切割加工具有较大的市场需求。

近年来，随着模具行业对加工要求的不断提高以及市场竞争的日趋激烈，国内生产往复走丝电火花线切割机床的厂家都将提升往复走丝机床的加工精度和加工表面质量作为产品发展的主攻目标，纷纷推出更高性能的往复走丝电火花线切割机床，并着重在脉冲电源电路结构、伺服进给控制策略、工作液性能以及多次切割工艺技术等方面加以提升。采用类似于单向走丝线切割的多次切割技术，使得往复走丝电火花线切割机床的加工精度及表面质量有了大幅度的提升，增强了往复走丝电火花线切割机床的竞争力。

下面主要从数控系统、脉冲电源、工作液、多次切割工艺等方面来介绍往复走丝线切割技术的最新研究进展。

1. 数控系统及自动化加工

数控系统及其自动化控制是电火花线切割加工机床的重要组成部分，控制系统的稳定性、可靠性、控制精度及自动化程度都直接影响到加工工艺指标和工人的劳动强度。我国对自动编程系统的研究起步较晚，主要的研究工作是从 20 世纪 70 年代后期开始的，随着微电子及计算机技术的飞速发展，电火花线切割编程控制技术也得到了很大的发展，出现了很多线切割编程软件。如近年来，国内主要使用的比较稳定的往复走丝线切割机床数控系统有 HL、HF、YH、CAXA、AutoCut、WinCut 等线切割控制系统。另外，近年来国内针对往复走丝线切割加工的特点，在控制系统以及相关自动化加工技术等方面也取得了突破性的进展，主要研究成果体现在：

1）基于扫描仪图像的线切割加工自动控制。山东大学机械工程学院开发了以图片或实物为尺寸依据，通过扫描仪获取图像，对图像进行矢量化，并完成了曲线拟合和加工程序的编制[1]。可以处理单色图和真彩图，既可以处理实心图像也可以处理空心图像，图像矢量化后生成的图形可以在规定的精度下拟合，依据用户给定的加工工艺条件，计算加工轨迹，并通过相应的模块得到线切割机床所用的3B格式或者G代码，传送到机床进行加工。具有图形文件的标准化接口，能读入、输出DXF（AutoCAD）格式文件。通过轮廓提取算法和轮廓追踪算法，简化了程序并提高位图矢量化的速度，通过曲线逼近和直线、圆弧拟合，减少加工程序段数目，实现曲线高效编程加工。

2）全闭环自适应AC伺服电极丝张力控制系统。该控制系统在电极丝张力的控制上更精确、人性化。采用双传感器实现了对高速运行电极丝的双向监测，以及运丝路径中加工区域张力的自适应修正，当电极丝运行出现保养性异常时，系统实现自动停机、报警提示，张力控制精度达到0.2N/0.5s。实现了变张力多次切割技术在进行多次切割时，系统根据数据库的指令，对每一次切割时的张力设定值进行切换，虽然每次的张力绝对值不一样，但每次切割运行中的电极丝张力保持精确恒定，一定程度上解决了工件在低表面粗糙度值下纵向尺寸误差的有效途径[2]。

3）五轴、多轴联动。往复走丝线切割机床的五轴联动不同于一般数控机床，它包括原有的X、Y、U、V、Z轴（X、Y、U、V轴必须实现联动），还有张力控制轴（F轴）。张力控制轴的结构为直线导轨、滚珠丝杠全闭环AC伺服控制，且在进行大锥度切割时，F轴与U、V轴的控制必须遥相呼应，于是F轴就形成与U、V轴的联动，所以这和传统意义上的联动不一样。五轴、多轴联动是解决大锥度工件无导丝器多次切割、改善表面粗糙度的有效途径。

4）线切割拐角加工控制策略。哈尔滨工业大学根据往复走丝线切割加工拐角时产生的切割形位误差，研究了横向进给补偿、纵向进给补偿、回形进给补偿3种不同的控制电极丝运动轨迹的策略方案[3]，通过大量试验分析表明，能够在保证工件形位精度的基础上，获得较高的加工效率。

5）智能专家控制。①高频参数智能化，系统根据选择的工件材料与工件厚度，自动选择高频参数；②切割次数智能化，系统根据所需的工件表面质量，提供切割所需的次数，指导用户编程；③加工余量智能化，多次切割时，为保证良好的表面粗糙度和工件尺寸，系统根据用户对工件的要求，将每次切割的加工余量列成表格，指导用户编程；④切割跟踪智能化，系统根据高频参数和加工余量，自动调节进给跟踪频率；短路判断智能化，系统可自动监测放电状态，根据放电状态控制工作台进给，避免发生实际上的短路；⑤丝速控制智能化，在切割过程中，系统可根据切割的高频参数自动切换走丝速度；⑥张力参数智能化，系统根据切割次数，自动切换张力值，并将张力值传送至张力控制系统；⑦专家数据库开放式设计，用户可根据经验对数据进行修改，形成个人专用数据库；⑧低能量、高速进给自动切换功能，高效断续加工功能，当钼丝与工件没有接触时（空切），系统自动将进给跟踪速度调至最快，一旦当钼丝与工件接触后，系统又自动将跟踪频率恢复正常设定，进行切割；⑨放电加工动态频谱显示。

2. **脉冲电源**

脉冲电源在电火花线切割加工中的作用是把工频交流电压和电流转化为一定频率的单向脉冲电压和电流，以供给电极和工件构成的放电间隙所需要的能量来蚀除金属，是电火花线切割机床的心脏，其性能直接影响机床的加工速度、加工精度、加工稳定性以及电能的利用率，因此脉冲电源技术一直是电火花线切割技术领域研究的热点。

近年来，各种新型的电火花线切割加工脉冲电源层出不穷，脉冲电源功能模式的扩展和性能的提高，使得电火花线切割加工应用领域范围更广，满足了不同的加工需求。国内相关研究机构及厂家对往复走丝电火花线切割脉冲电源技术的研究，主要从主振电路、脉冲电源主回路以及放电状态检测回路的创新着手，得到了较大的发展，下面分别介绍了往复走丝线切割脉冲电源的两大发展方向成果。

（1）精密脉冲电源技术

针对日益发展的精密加工技术的需要，在充分发挥往复走丝电火花线切割机床结构简单、生产和使用成本低的独特优势的基础上，为解决往复走丝电火花线切割机床脉冲电源加工表面质量和加工精度较低，一般只适用于粗加工的缺点。哈尔滨工业大学研发了一种基于单片机和双 CPLD 的电参数大范围可调的精密脉冲电源[4]，适合多次切割，实现半精加工和精加工的多种电加工模式。在该脉冲电源中，单片机和双 CPLD 构成高频脉冲信号发生器以及电源模式、电阻、电容、开路电压选择和放电状态数据处理单元；通过选择不同的功率开关管和电阻电容构成回路可选择不同的脉冲电源模式，包括 TR 模式、TC 模式、TRT 模式、TCT 模式和 TRC 模式，可输出脉宽、脉间均为 0.08 ～ 20.4μs 的脉冲波形。对所研制的脉冲电源进行了不同电源模式下的工艺试验，通过优化加工参数，三次切割后的最佳表面粗糙度 Ra 为 0.93μm，如图 1a 所示；5 次切割后的最佳表面粗糙度 Ra 为 0.68μm，如图 1b 所示。

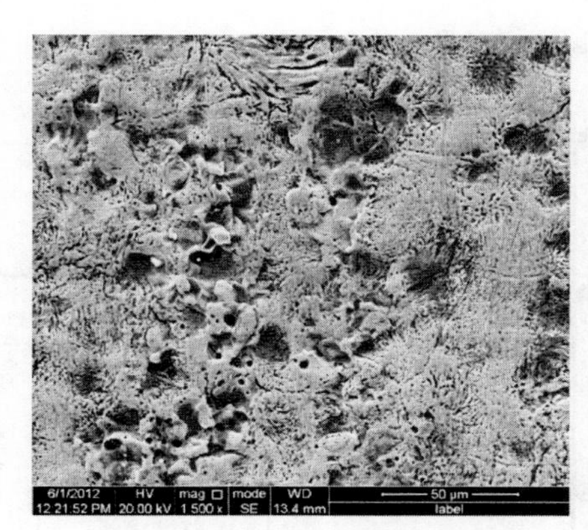

a. 三次切割后工件表面 SEM 图

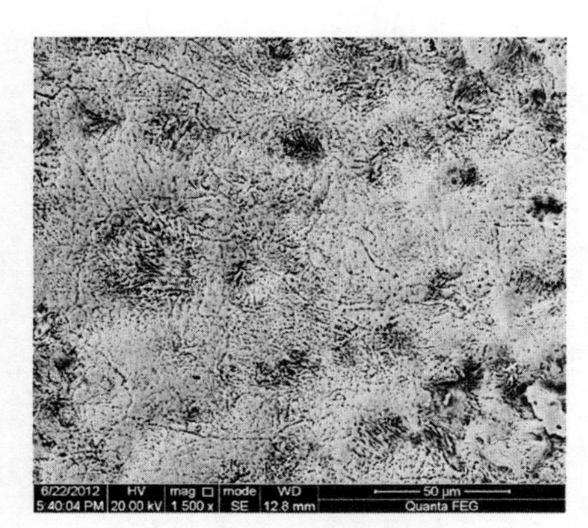

b. 五次切割后工件表面 SEM 图

图 1　精密脉冲电源下多次切割后工件表面

瑞士阿奇夏米尔公司的脉冲电源，采用数字控制技术，其最小脉宽可控制在 1μs、最大脉宽 32μs、最小脉间 5μs、最大脉间 160μs，从而保证精密加工需要小脉宽完成多次修切的不同放电需求，及高速加工要求的大脉宽、大电流、切割不断丝的需求。该部分由脉冲控制板、脉冲电源、功率放大 3 部分组成。脉冲控制板的主要功能是根据加工要求的参数条件产生所需的脉冲波形，控制加工管数，根据间隙的比较状态，反馈给 CNC 控制加工轴伺服的进给；并接收换向信号在丝筒换向时切断脉冲电源，防止工件出现换向痕、丝的烧伤以及集中放电造成的断丝。脉冲电源主要由 AC/DC 系统组成，为加工提供充足的电能。功率放大部分主要由限流电阻、功放板及前级放大组成，它的作用是用来将加工脉冲信号转化为具有足够加工的脉冲能量用于蚀除工件材料。

（2）节能脉冲电源技术

随着国际能源的紧张，绿色制造已经成为制造业发展的必然趋势，节能脉冲电源技术显得日益重要。哈尔滨工业大学进行了电火花线切割节能脉冲电源及其浮动阈值检测技术的研究。分析了电火花线切割节能脉冲电源的伏安特性（见图 2），节能脉冲电源的伏安

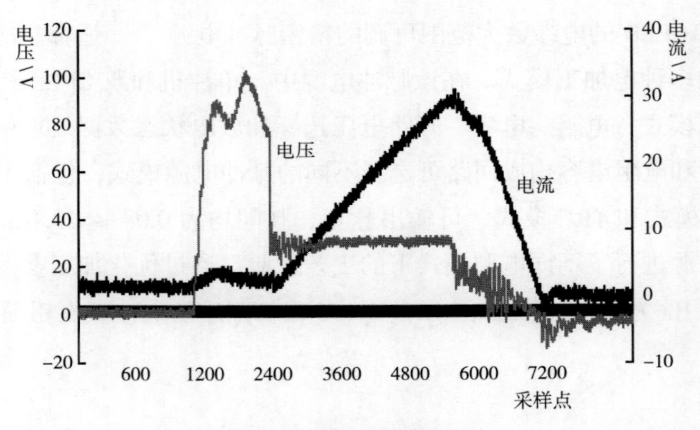

a. 示波器采集的电压电流波形

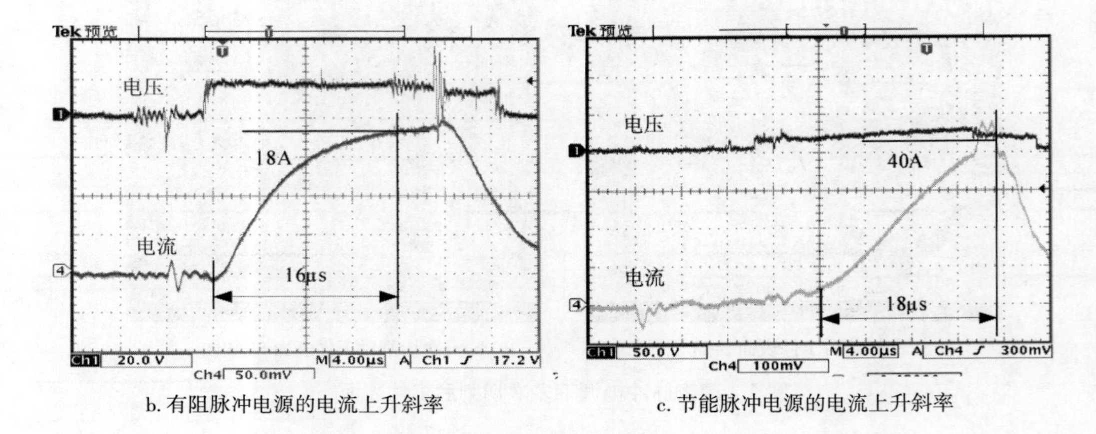

b. 有阻脉冲电源的电流上升斜率　　c. 节能脉冲电源的电流上升斜率

图 2　电火花线切割节能脉冲电源的伏安特性曲线

特性与有阻方波脉冲电源的伏安特性是不同的，特别在间隙击穿阶段和放电阶段，节能脉冲电源在间隙击穿阶段电压快速下降到23V左右，在放电阶段是电流沿一定的斜率上升，且间隙电压呈上升趋势，节能脉冲电源的电流上升斜率、电流密度大于有阻脉冲电源；提出并研究了浮动阈值放电状态检测技术，可以检测不同的间隙电压波形，扩大了检测范围，提高了检测精度，该检测方法是通过在线实时采样间隙电压和间隙电流，将间隙电流通过浮动阈值生成模块，产生浮动阈值电压，并将其与间隙电压在线比较，来判断间隙放电状态。节能利用率的试验表明，该节能脉冲电源比传统的脉冲电源的能量利用率由不足30%提高至80%，提高了67.6%[5]。

3. 工作液

长期以来，国内对往复走丝电火花线切割的机床结构、脉冲电源、数控系统、切割工艺等方面进行了大量的研究，但对其使用的工作液的研究却非常有限，与一般金属切削机床工作液不同的是电火花线切割加工属于放电加工，工作液除了完成冷却排屑等功能外，还作为放电介质直接参与加工，所以工作液的质量、性能对线切割加工工艺指标影响很大。目前，国内相关院校和厂家，如南京航空航天大学、北京东兴润滑剂有限公司、苏州宝玛数控设备有限公司和台湾模德石化集团有限公司，分别研发了具有环保、使用期长、加工稳定、加工效率高、符合多次切割的水溶性工作液，能够克服传统工作液难以适应多次切割加工的缺陷。

在工作液的基本组成中，功能化的添加剂占了较大的比例，且对于其实际应用效果的表现起着至关重要的作用。北京理工大学研究了线切割工作液添加剂对硬质合金的影响，结果表明，在线切割加工过程中，硬质合金与使用的工作液会发生相互扩散作用，工作液中的元素会渗入硬质合金的表面，使硬质合金发生扩散磨损，尤其是铁元素的扩散导致硬质合金的硬度、耐磨性明显降低，从而导致工作寿命降低，如图3至图6所示为加入不同添加剂后工作液加工的工件微观图[6]。

图3　切割前表面

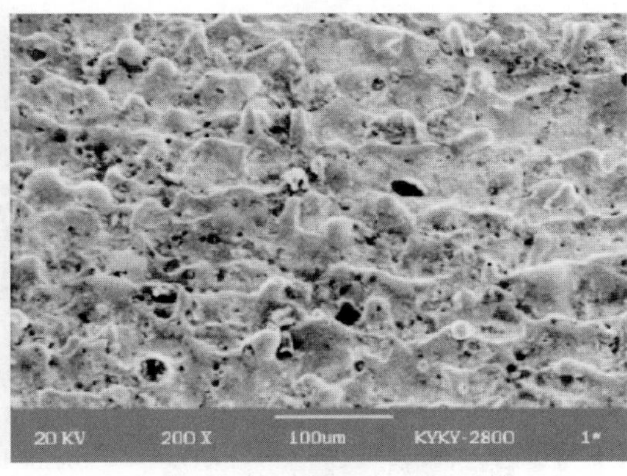

图4　切割后表面（工作液a）

图 5　切割后表面（工作液 b）

图 6　切割后表面（工作液 c）

南京航空航天大学采用复合工作液对模具钢 Cr12 进行了多次切割，研究其表面质量，并提出在最后一次切割中采用不含 OH^- 离子的煤油或压缩空气作为工作介质进行精修的方法，结果表明，采用复合工作液进行多次切割时，在 Cr12 的表面会产生高温电解微孔洞，当在最后一次切割采用煤油或压缩空气时，出现微裂纹与微孔洞的几率大为降低，且表面粗糙度明显降低，表面完整性得到显著改善，如图 7 ~ 图 9 所示[7]。

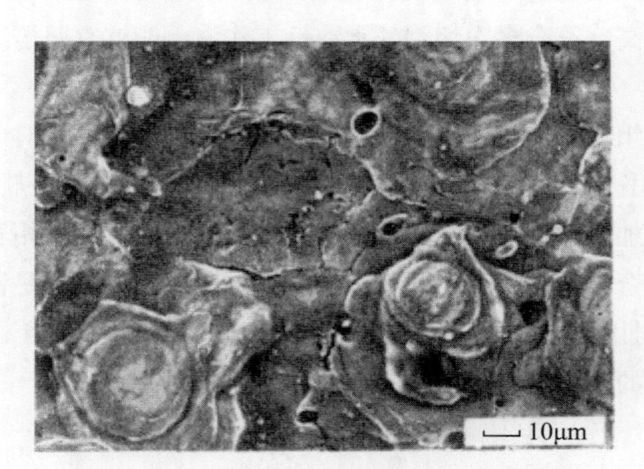

图 7　工作液切割表面微孔洞及微裂纹形貌

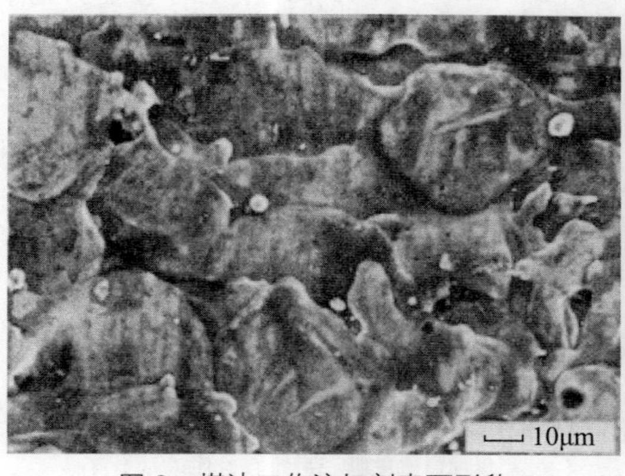

图 8　煤油工作液切割表面形貌

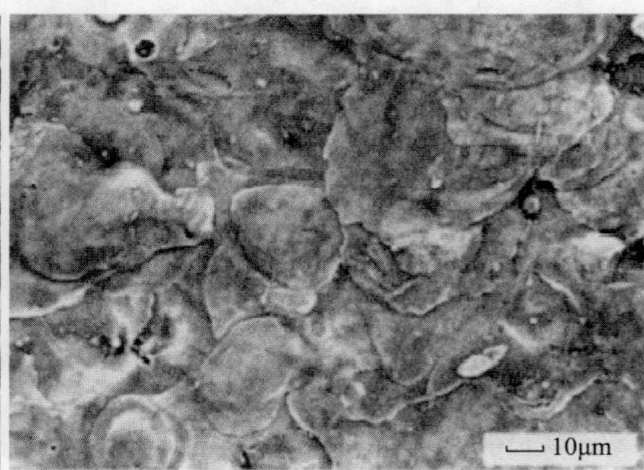

图 9　压缩空气冷却切割表面形貌

4. 多次切割

多次切割加工是在 1 次切割成形的基础上，通过 2 次切割提高加工精度，3 次以上切割提高表面质量完成的。其首先采用较大的电流和补偿量进行粗加工，然后逐步用小电流和小补偿量一步一步精修，从而得到较好的加工精度和光滑的加工表面，最后还可进行抛磨修光。由于在粗加工时可选用大的单个脉冲能量，而在精加工时所选用的单个脉冲能量很小，因此多次切割加工可获得较低的加工表面粗糙度和较高的加工效率。

哈尔滨工业大学根据多次切割工艺试验数据，采用遗传算法优化了多次切割参数的方法（见图 10），不仅为选择参数提供了一定依据，而且对提高工件表面质量和加工效率具有重要的实际意义[8]。

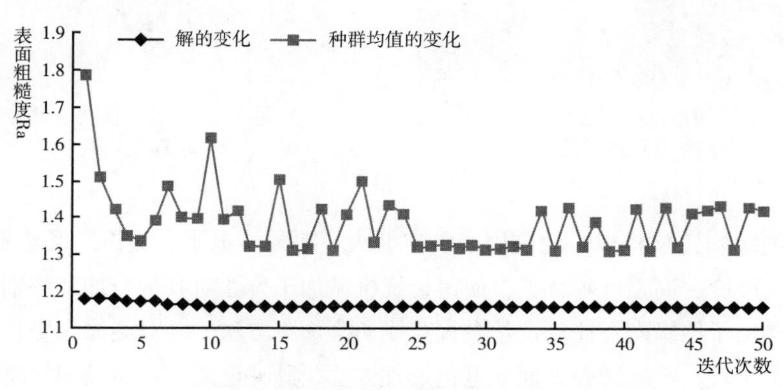

a. 50 次迭代后第一目标函数最优解及其跟踪性能

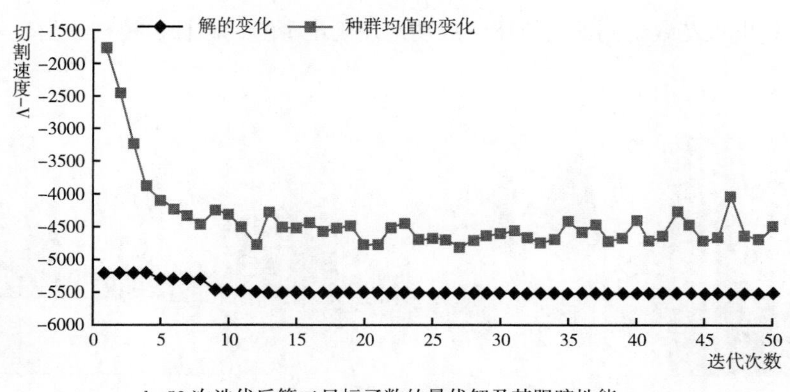

b. 50 次迭代后第二目标函数的最优解及其跟踪性能

图 10　遗传算法优化多次切割参数

5. 其他

在加工材料的研究方面，半导体材料的加工是往复走丝电火花线切割机床应用领域的重要拓展，由于半导体进电时接触势垒及体电阻的存在，使得采用目前传统的电火花加工伺服控制系统完全失效，无法准确判断正常加工和短路状态，只能以恒速进给，因此无法保障切割的轨迹精度。南京航空航天大学在深入研究半导体特殊的电特性的基础上，采用新型脉冲电源及全新的伺服控制系统，已实现了对电阻率 10Ω · cm 以内的半导体材料的稳定切割。图 11 为 P 型单晶硅（2.1Ω · cm）变厚度切割的样件，图 12 为该材料微小、复杂和非直线切割样件。

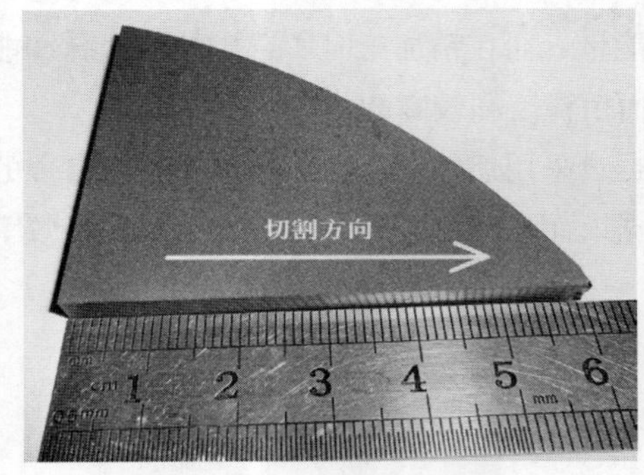

图 11　P 型单晶硅（2.1Ω · cm）变厚度切割的样件图

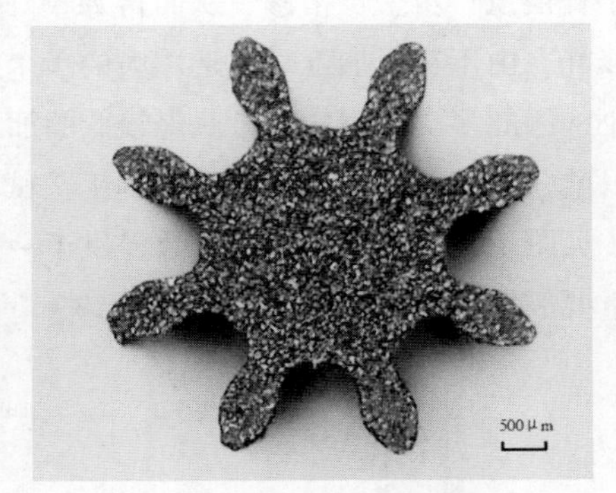

图 12　半导体微小、复杂和非直线切割件

另外，绝缘陶瓷材料被广泛应用于航空航天、机械、电子、通讯、医疗卫生等行业，但是由于其高硬度、高强度等特点，使得传统机械加工方法对其进行加工特别困难，哈尔滨工业大学提出了绝缘陶瓷往复走丝电火花线切割加工方法，并对绝缘陶瓷往复走丝电火花线切割加工机理、绝缘陶瓷表面导电化处理方法、脉冲电源及伺服控制策略、加工工艺等进行了深入的研究。研制了集高速往复走丝、低速单向走丝线切割工作模式于一体的浸液式绝缘陶瓷电火花线切割加工机床，成功地加工出窄缝、圆柱、棱柱、齿轮等样件（见图 13）。

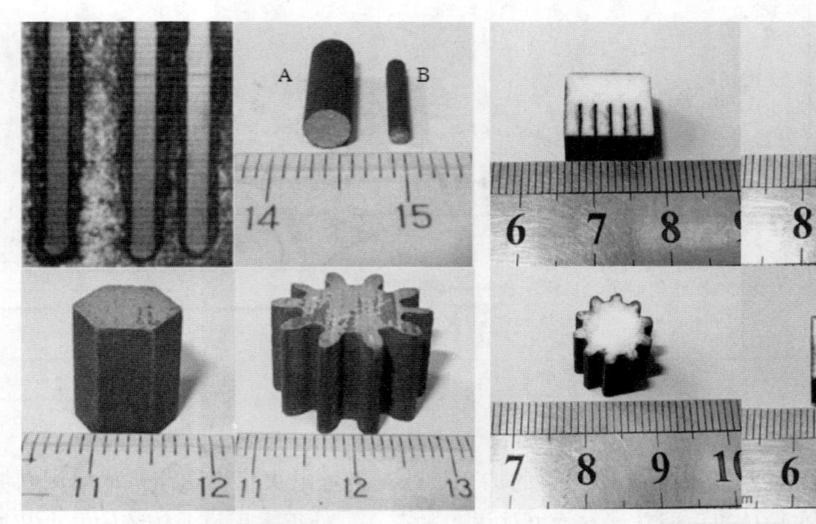

a. 绝缘陶瓷氮化硅样件　　b. 绝缘陶瓷氧化锆样件

图 13　绝缘陶瓷往复走丝电火花线切割加工样件

在大型零部件加工方面，国内四川深扬数控机床有限公司研制的回转式多单元电火花线切割组合机床，专用于加工超大型精密齿轮及齿轮轴的专用设备（见图 14）。本项目研制的机床结构布局是以一个重载回转工作台为中心、2 ~ 4 组对称设置的半闭环线架移动式电火花线切割机加工单元，再加冷却系统、电气柜、AC 伺服数控系统及附件等组成。该产品与传统的超大型齿轮加工设备（如超大型滚齿机）相比，在能耗及设备成本特别是加工刀具方面有着巨大的优势。

图 14　回转式多单元电火花线切割组合机床

回转式多单元电火花线切割组合机床的典型加工对象是模数大于 60，直径为 1200mm、齿轮轴总长为 3000mm 的超大型齿轮轴。该机床加工的重载超大型齿轮，精度等级为 8 级，不仅适应一定的转速，而且还有较高的噪声控制功能，满足了特定设备（如大型水面舰只）的严格要求。目前，该技术已成为我国重载超大型齿轮加工的一种重要工艺方法。

（二）单向走丝电火花线切割加工

单向走丝电火花线切割也称低速走丝（或称慢走丝），是国内外发展的主要对象，主要用于高精度和高效加工。与往复走丝线切割机床相比，单向走丝线切割机床具有高精度的工作台，精度达 0.001mm 级，并采用了闭环运动控制，能够实现快速的动态响应以及高精度定位功能。切割过程中自动实现多次切割功能，保证了工件切割后的高表面质量。同时，单向走丝线切割机床的电极丝一般使用导电性能较好的铜丝，电极丝直径较大，能够通过较大的加工电流，实现工件的高效加工。单向走丝线切割加工机床切割厚度一般在 300mm 以下，最高切割厚度可达 600mm，对形状复杂零件的加工尺寸精度可达到 ± 2 ~ 5μm，表面粗糙度可达到 Ra0.1 ~ 0.2μm（多次切割），最高切割速度（一次切割）可超过 500mm^2/min。下面主要从数控系统及其自动化控制、脉冲电源等方面来介绍其最新研究进展。

1. 数控系统

单向走丝线切割机床作为国内外研究的重点对象，其数控系统及其自动化加工的重要性不言而喻，近年来也取得了显著的成绩，典型代表为：上海交通大学在多年开发基于Linux 电火花成型机数控系统的基础上，与苏州三光科技有限公司、苏州电加工研究所合作，开发了全软 Linux 线切割机床数控系统 WEDM-CNC（见图 15）。该数控系统采用多任务实时操作系统为 Ubuntu10.04 加 RTAI 实时内核，硬件平台则由工控机、运动控制卡、I/O 卡和电源控制卡组建而成。运动控制卡接收 PC 机发出的进给脉冲和方向信号来驱动伺服电机，I/O 卡用来控制机床正常运行所需要的一些开关量，电源控制卡用来设置加工中所需要的电参数。另外，WEDM-CNC 数控系统采用了上海交通大学发明的单位弧长增量插补法，主要用于数控机床中对空间曲线进行插补。单位弧长增量插补法以弧长为自变量，在每个插补计算周期内的弧长增量均为一个单位长度，通过计算该增量在各个坐标轴上的投影，在各个坐标轴上分别对增量投影并使用四舍五入法来确定该轴是否应进给。该方法兼具脉冲增量插补法和数据采样插补法的优点，使得曲线插补既能拥有脉冲增量插补法精度高、计算简单的优点，又能使线速度和角速度保持均匀，可以对两个或两个以上的曲线运动进行同步插补，还可以实现多个以角度及位移为自变量的多轴联动复杂空间曲线插补[9]。

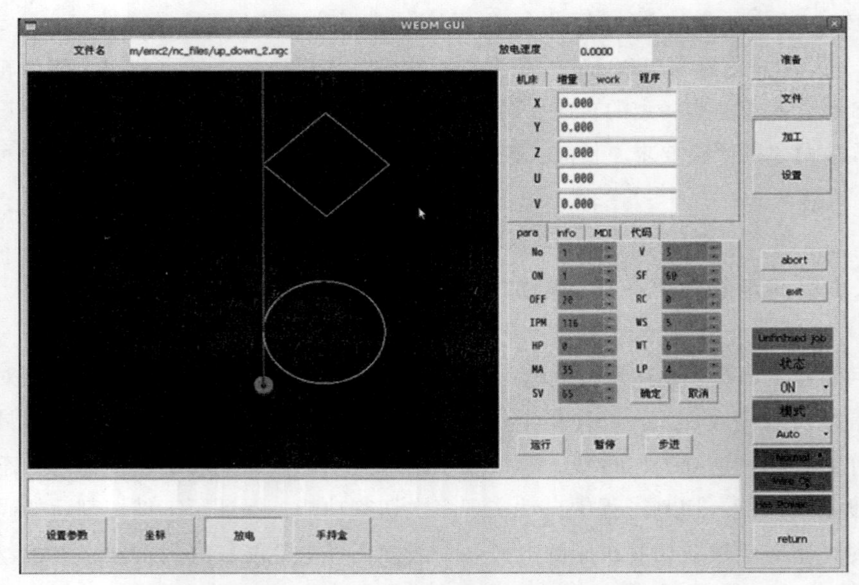

图 15　WEDM-CNC 数控系统图形用户界面

另外，随着数控线切割机床的广泛应用，与之相配套的自动编程系统也不断涌现。国外数控编程技术开发应用较早，其线切割自动编程系统较为先进，功能相当强大。国际上著名的电加工机床制造厂家都研制出自己的线切割加工自动编程系统，如瑞士 Charmilles

公司的 PPS、日本 Sodick 公司的 FAPT 系统，基本反映了这一领域的国际先进水平。目前，应用较为广泛的编程系统有 APT-IV/SS、EUKID、UGII、INTERRAPH、Pro/Engineering、MasterCAM、ESPRIT 等。其中，加工使用较多的软件为 Master CAM、UG 和 ESPRIT。Master CAM 属于中档的 CAD/CAM 一体化软件，它面向低速走丝电火花线切割机床，具有完善的画图功能和编程功能，但是其操作难度非常高。因此，国内针对以下几个技术方面做出了较大的研究，获得了大量的成果。

（1）变厚度识别及其自适应控制技术

近年来，电火花线切割加工领域研发出了可根据切除工件厚度变化而做出自动调整的控制策略。由于加工过程中工件厚度发生变化时电极丝上的热密度发生改变从而导致断丝，高度变化引起加工间隙的变化进而导致加工精度变化。国内专家学者纷纷针对该技术进行了大量攻关，并取得了比较明显的成果。

上海交通大学研究了支持向量机应用于工件厚度识别的技术。支持向量机（SVM）是基于统计学习理论的一种学习方法，是基于结构风险最小化原则，广泛应用于模式识别，系统辨识等方面。该技术被用来建立工件厚度与放电频率和加工速度之间的数学模型，该方法不需要预先求得工件厚度系数，这使得工件厚度的辨识过程更加直接。同时，工件厚度辨识模型具有很好的预测性，图 16 为切割阶梯形工件时辨识的工件高度和误差值，图 17 为切割具有斜面的工件时辨识的工件高度和误差值，辨识的工件高度误差小于 2mm。

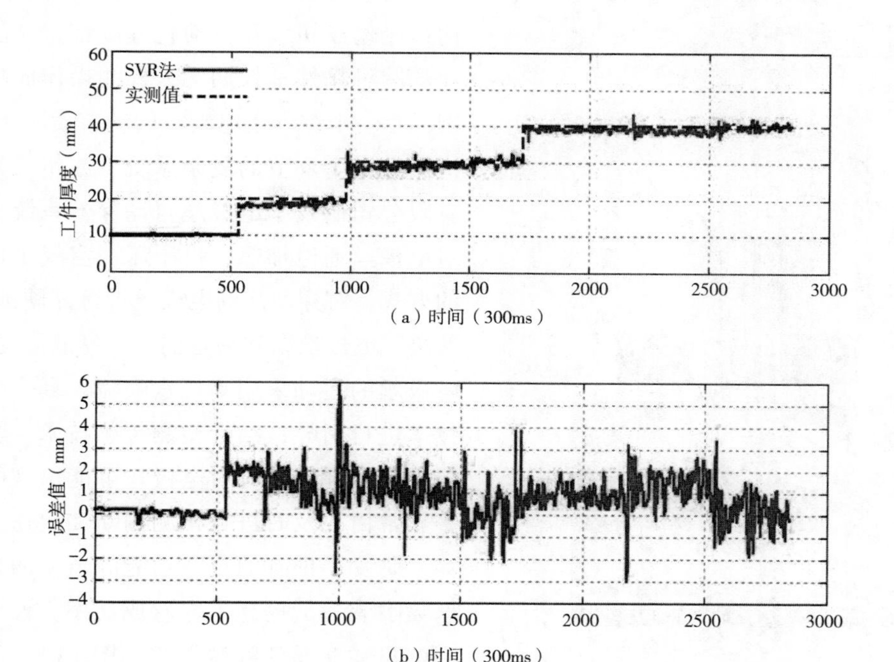

图 16　切割阶梯形工件时辨识的（a）工件厚度和（b）辨识误差

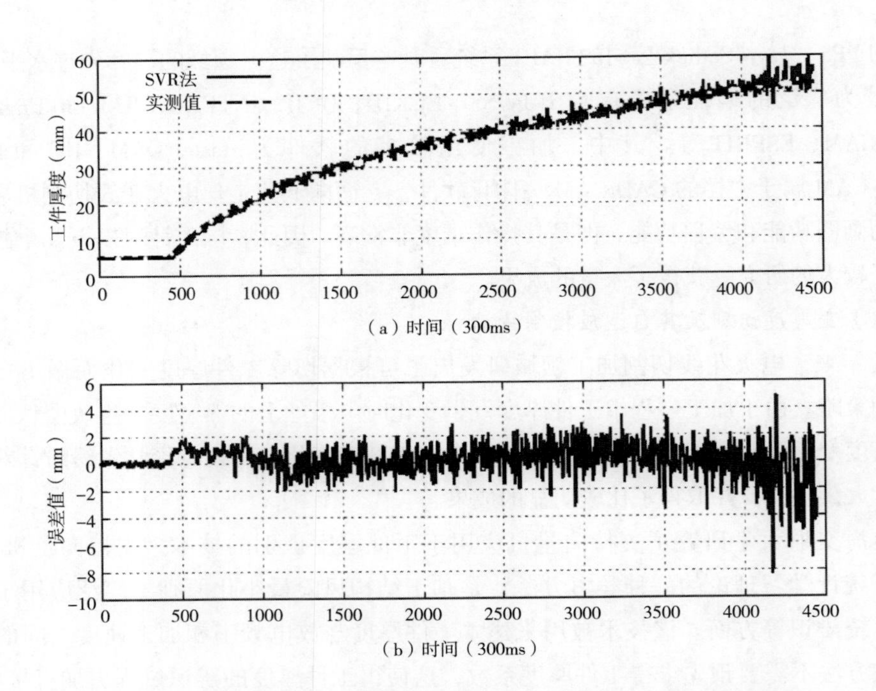

图 17 切割具有斜面工件时辨识的（a）工件厚度和（b）辨识误差

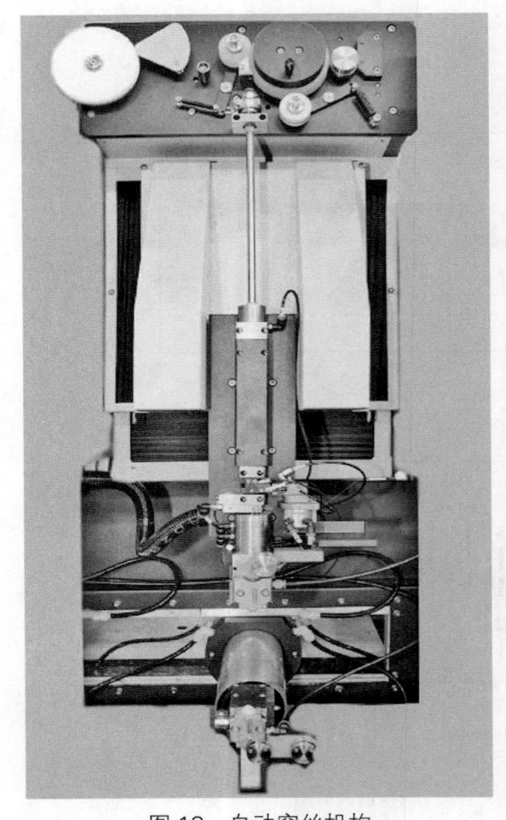

图 18 自动穿丝机构

（2）自动穿丝功能

国外线切割机床全部配置了自动穿丝机构，穿丝成功率和自动化程度都很高。自动穿丝的可靠性是长期无人检测操作成功的关键，是一个综合了电动、气动、喷流、控制、检测等多个环节的复杂系统。苏州三光科技有限公司研发了电极丝自动穿丝系统，通过对电极丝通电加热，再用压缩空气迅速冷却的方式，对穿丝前的电极丝进行淬硬预处理，解决了电极丝柔软易弯曲、不易成形的问题，电极丝的运动采用高压水喷流、真空吸气等技术进行引导，结合检测传感技术，及时判断穿丝状况，同时对电极丝可能出现的弯曲等异常情况及时进行检测判断和快速多次试穿，研发了带有抽真空功能的新型的自动穿丝喷嘴装置，提高了穿丝成功率。设计了新型的自动穿丝喷嘴装置（见图 18），电极丝通过在下喷流管路的进水端连接一个抽真空装置，在穿丝的时候能吸收上喷流水柱落下时溅出的水滴，减少对水流的干扰，有效地保证了水流的稳定性，使得穿丝的顺利自动进行。

（3）拐角加工精度控制技术

对于影响单向走丝线切割机床拐角加工精度的研究，国内外也做了大量的研究工作。包括国内外的许多专家对电极丝变形引起工件形状误差建立了数学模型，进行仿真分析；瑞士阿奇公司采用光学传感器在线观测电极丝受力时的变形量，通过控制算法来补偿电极丝引起的误差进而实现高速加工等。

苏州电加工机床研究所研究的具有切入、切出、拐角精度控制策略及变厚度切割策略，实现了加工过程的智能控制。在大量的工艺试验基础上，采用增加轨迹工艺延长线、拐角降速等待、放电适应控制等控制策略提高了拐角切割精度；通过对切割速度及其相关放电及运动参数进行理论建模，以实验数据回归出相应的模型系数，通过检测放电率、工作台进给速率及放电电流等参数，通过递推算法在线实时计算出切割厚度的预测值，然后根据计算得出的厚度实时调节放电电流的频率和伺服进给速度，确保放电截面的电流能量密度不超过断丝的临界值，在保证不断丝的前提下实现了变厚度切割时切割速度得到最大化。图 19、图 20 分别为工件在电火花线切割加工控制中有、无拐角控制技术时的加工形貌图[9]。

图 19　有拐角控制技术的工件

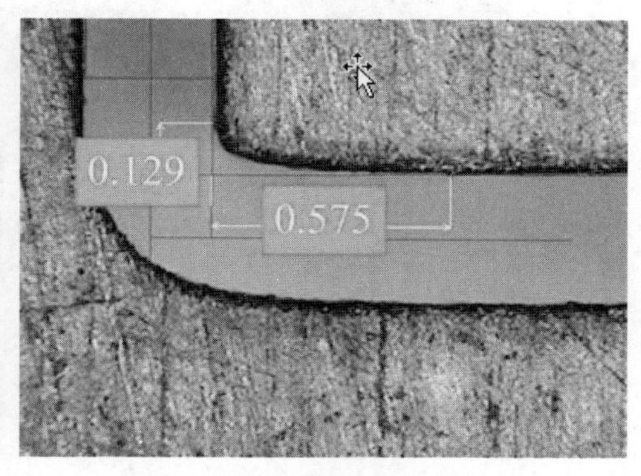

图 20　无拐角控制技术的工件

2. 脉冲电源

单向走丝线切割加工机床的加工性能在很大程度上取决于脉冲电源技术与加工放电过程的智能控制，而脉冲电源的又是其中最重要的决定因素。一般来说，衡量脉冲电源的重要指标是粗加工时的加工效率，精加工时的表面粗糙度及表面完整性，对于细丝加工还要具有很好的精密微细加工能力。另一方面，从电源能量利用率的角度出发，高效率还要求电源所消耗的能量尽可能多地转化为放电通道的加工能量，而不是损耗在电阻等耗能元件上变成热量。因此，近年来国内对单向走丝线切割机床所用的脉冲电源做了大量研究，并取得了较为显著的成果。

国内的苏州三光科技股份有限公司在国家科技重大专项“高档数控机床与基础制造装备”的资助下，研发了 LA500 单向走丝电火花线切割机床（见图 21a），该机床配有无电解粗加工电源，同时其研制的纳秒级微精加工电源实现了脉宽小于 50ns 的功率脉冲的放大及传输，实现了最佳加工表面粗糙度 Ra ≤ 0.2μm 的微细镜面加工。通过优化脉冲电源主振控制策略，强化功率回路的阻抗配置、能量传输效率，提高加工状态检测的精准度及快速性，较大幅度地提高了切割效率，最大加工速度可达 $350mm^2/min$[10]。北京安德建奇数字设备有限公司推出的 AW310T 带自动穿丝装置的浸水式高精密单向走丝电火花线切割机床（见图 21b），使用先进的脉冲电源和放电回路控制技术，实现了全数字化控制，能够精确检测和控制每一个放电脉冲，从而获得高的加工速度和好的表面质量，实现最佳表面粗糙度 Ra0.3μm 的微细镜面加工，尺寸精度 <±3μm；另外该机床内置了人造金刚石（PCB）加工电源，可以满足特殊需求的加工[11]。

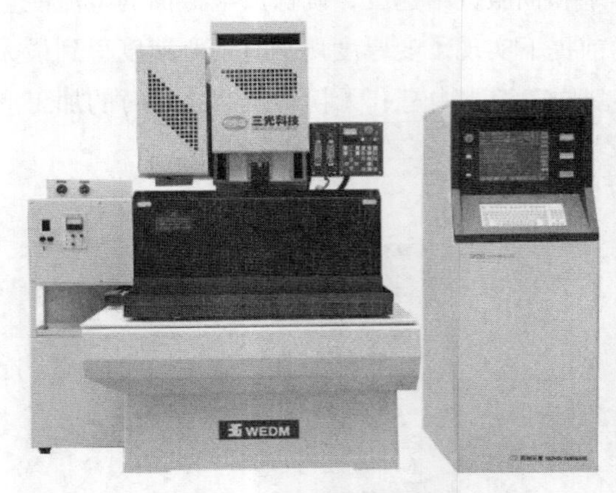

a.LA500 单向走丝电火花线切割机床

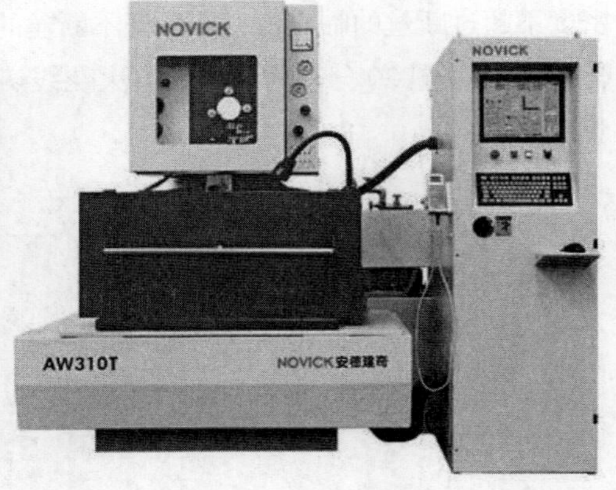

b.AW310T 单向走丝电火花线切割机床

图 21　国内单向走丝电火花线切割机床

3. 其他

在单向走丝线切割机床的研究中，电极丝走丝方案以及走丝机构的研究占据了非常重要的地位，其在很大程度上决定了加工工件的加工质量和稳定性，国内外的专家学者也对其进行了大量尝试，并取得了较大的成果。

苏州电加工机床研究所有限公司研发了配置 *A* 轴的六轴数控单向走丝电火花线切割机床，并开发了 *A* 轴旋转与直线轴联动控制的专用工艺软件及计算机适应控制数控软件，有效解决了回转零件的线切割加工难题（见图 22）[12]。

该机床配置的脉冲电源，具有放电状态高速检测电路和高效可控 ns 级主振技术及其波形控制策略，能够实现最高峰值电流近一千安培的 ns 级超窄高峰值电流无电阻放电加工，同时对 VMOS 功率器件的高速保护采用了 RC 快速吸收、快速能量回馈以及能耗吸收三重保护技术。加工效率可达 $350mm^2/min$ 高效节能加工，最佳加工表面粗糙度为

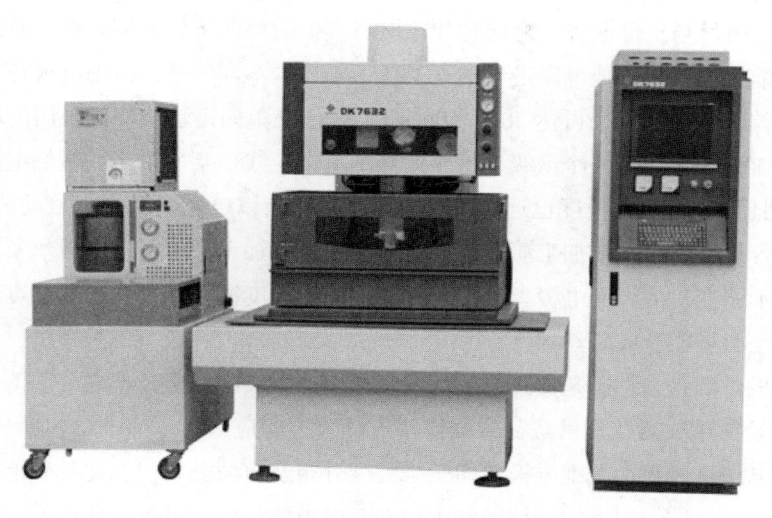

图 22　DK7632 单向走丝电火花线切割机床

Ra ≤ 0.2μm[11]。

该机床通过非对称环形端面切割机构配合旋转轴 A 轴，解决了现有普通单向走丝电火花线切割机床无法加工非对称环形端面的问题。工作台上设有可数控联动的旋转 *A* 轴，用于带动工件回转，该旋转轴的轴线与 *X* 轴平行，将现有直臂 *Z* 轴结构的下端改进为具有让位空间的拐弯臂，拐弯臂的臂身上沿拐弯路径间隔设有导轮，上导向器定位设置在拐弯臂的末端，电极丝自上而下在拐弯路径上绕经这些导轮通往上导向器，在上导向器与下导向器之间形成线切割区。在加工环形工件的非对称环形端面时，拐弯臂使得上导向器能够伸入环形工件中心区，避开环形工件与电极丝发生干涉，顺利加工环形工件的非对称环形端面。图 23 为具有端面凸轮结构的某一零件及其端面曲面展开示意图。

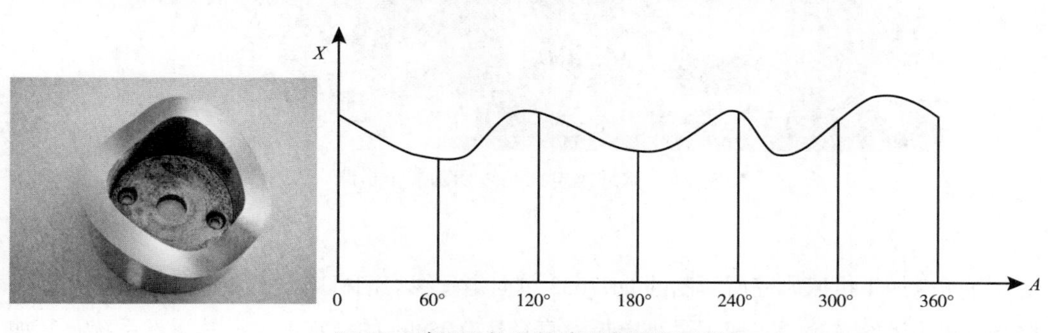

图 23　端面凸轮及其端面曲面展开图

（三）微细电火花线切割加工

微细电火花线切割是在传统单向走丝电火花线切割基础上发展起来的微细加工技术。微细电火花线切割与传统单向走丝电火花线切割的加工原理基本相同，即在一定介质中，利用两极（电极丝与工件电极）之间脉冲放电时产生的热能熔化工件材料，从而达到切割和去除材料的目的。与传统单向走丝电火花线切割技术不同的是，微细电火花线切割采用更细的电极丝（电极丝直径可达 20 ~ 50μm），比传统单向走丝线切割采用的电极丝（直径为 100 ~ 300μm）小了一个量级，这导致微细电火花线切割所采用的微细电极丝不仅刚度更小，而且材料的抗拉强度也远小于普通电极丝，所以电极丝对张力波动的敏感度高，加工过程中容易形成断丝或加工质量恶化；其次在放电加工过程中，电极丝及其周围介质的温度是在不断变化的，而电极丝材料的力学性能与温度密切相关，如果温度过高，即使张力很小，也有可能造成断丝。

微细电极丝的张力控制是微细电火花线切割机的重要的关键技术之一。清华大学研究了微细电极丝在热载荷及机械载荷共同作用下的瞬态响应，通过热—结构耦合分析方法，准确预测放电加工过程中微细电极丝的三维温度分布及应力分布，在此基础上研究微细电极丝在不同加工条件作用下的抗拉伸强度，并对电极丝的张力进行优化设计，最后以优化后的张力为目标值对微细电极丝走丝系统进行控制，实现了高精度的微细电火花线切割加工，其微细丝电火花线切割加工机床如图 24 所示。

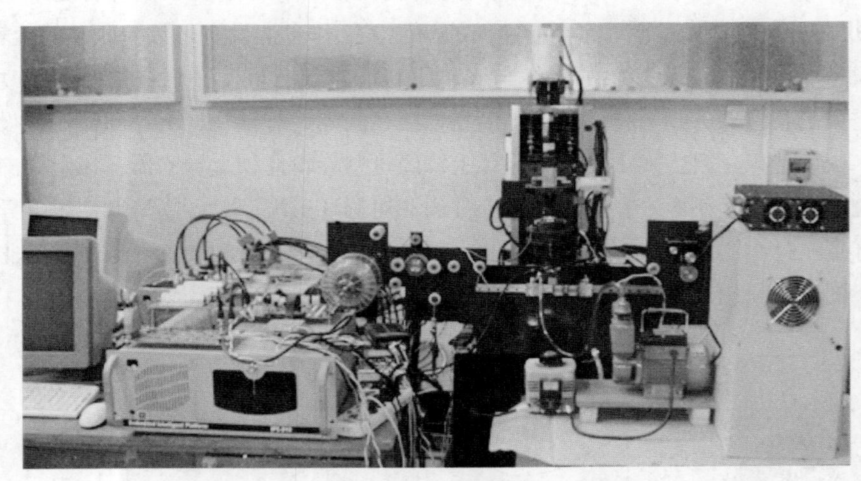

图 24　微细丝电火花线切割加工机床

苏州电加工机床研究所研制的 DK7632 单向走丝线切割机床，研发了微细丝恒速、恒张力控制的运丝系统，实现了最小电极丝直径达 0.05mm 的稳定加工，其运丝系统及其加工的部分工件如图 25 所示。

哈尔滨工业大学运用自研制的微细电火花线切割加工装置研究了微细电火花线切割中影响单边放电间隙的主要因素，通过降低开路电压等电源参数，可达到的最窄切缝宽度为 31μm，单边放电间隙仅为 0.5μm。选择合理的加工参数在厚度为 0.2mm 的工件上，得到了节圆直径为 450μm、齿数为 8 的微细齿轮（见图 26）。其齿轮轮廓与理论渐开线轮廓（阴影或斜线表示）基本相符（见图 27），其最大齿面粗糙度为 0.75μm[13]。

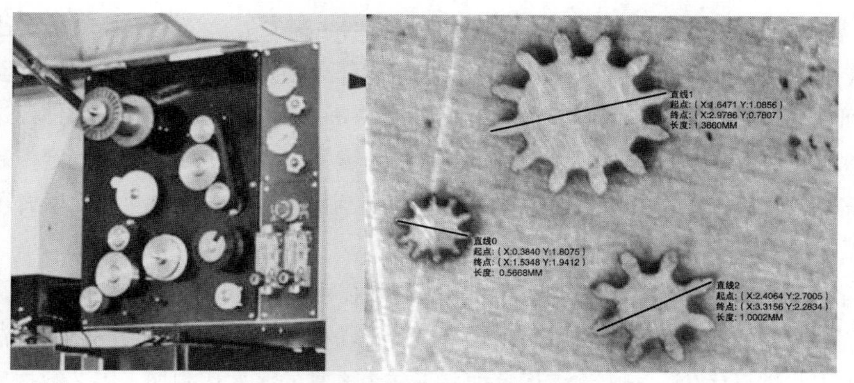

图 25　细丝运丝系统及微细丝加工工件

图 26　微细线切割加工的微细齿轮

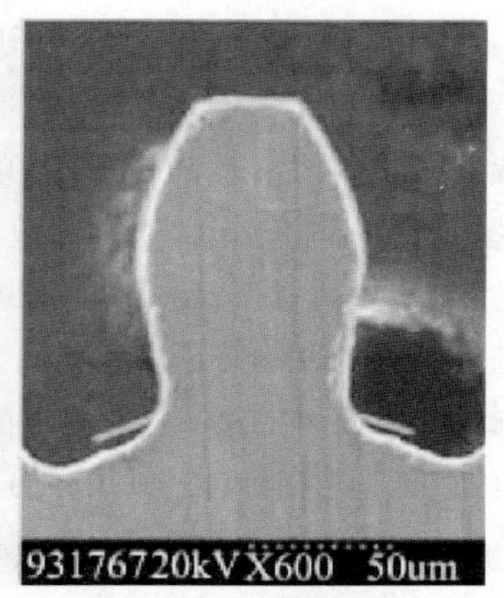

图 27　微细齿轮的轮廓

三、本学科国内外研究进展比较

改革开放以来，随着经济建设的不断发展，我国电火花线切割技术在相关学科的推动作用下，有了长足的发展与明显的进步，缩短了与发达国家之间的差距。但整体来说，我国与国外先进水平差距较大，仍然处于追赶先进水平的进程当中。

1. 往复走丝电火花线切割加工技术

往复走丝电火花线切割加工具有结构简单、价格低廉、加工成本低、可高效大厚度加工的特点，在国内取得了较大的进步和发展。针对往复走丝电火花线切割机床在平均生产率、切割精度及表面粗糙度等关键技术指标上与单向走丝电火花线切割机床还存在较大差距的情况，国内研究所、大专院校、生产企业的专家和广大科技工作者做了大量研究，共同寻找技术发展的突破口。经过多年的共同努力，各项技术指标有了明显提高，尤其在机床的整机加工性能、加工范围、切割效率、表面加工质量、加工精度等方面取得了以下实质性进展。

1）数控系统的发展。近几年来由于数字电路的飞速发展，工控机控制系统逐渐代替了单板（片）机控制系统，同时随着用户对机床多任务处理功能的需求，往复走丝也面临着进入到一个多任务实时操作环境中。HL、HF、WinCut、AutoCut 等编控软件经过大量实践及改进后，能够满足电火花线切割技术的快速发展需求，并实现机床的稳定控制与工件加工。同时，各机床生产厂家针对各自电火花线切割机床的特点，自主研发适合不同功用的控制系统。

2）往复走丝线切割机床成功运用了多次切割技术，使加工效率、表面质量，加工精度都有了一个质的飞跃。国内学者采用正交试验、遗传算法和人工神经网络等方法对多次切割加工工艺进行优化，国内许多厂家配备了较为丰富的多次切割加工工艺数据库，可以根据工件材料、厚度及加工要求自动调用脉冲参数、运丝速度、切割速度等工艺参数，自动化程度有较大提高，加工精度和表面质量有了较大幅度的提高，增强了国产电火花线切割机床的竞争力。

3）大厚度切割技术逐步完善。与单向走丝线切割机床相比，往复走丝线切割机床的大厚度切割具有一定的优势，随着新型工作液的研发以及相关电源技术的发展，大厚度切割件的精度有了较大提高，加工表面也有了很大的改善，可实现长时间稳定加工厚度为1000mm 左右的大厚度工件。

4）脉冲电源技术的进步。脉冲电源技术是往复走丝线切割机床的核心之一，它直接影响机床的加工工艺指标，其发展方向是数字化、自适应控制、模糊控制、节能、超低电极丝损耗、低表面粗糙度。例如，无损耗电源的研究开发应用，可使机床节约加工过程中耗电的 80%。

5）机床本体精度有了较大的提高。近年许多国内的品牌产品采用了步进、直流或交流伺服电机作为驱动单元直接驱动滚珠丝杠，同时采用了带螺距补偿功能的全闭环控制，可以利用数控系统对机床的定位精度误差进行补偿和修正。在保证精度的前提下，减小因长期使用而导致的加工精度下降，延长了机床的使用寿命。北京阿奇夏米尔公司，在FWXU 系列往复式走丝电火花线切割机床的研发过程中，为了保证机床精度，采用加厚床身铸件，三点支撑，导轨采用精密滚动导轨副以及精密滚珠丝杠副，在保证机床刚性的前提下，运用精密传动机构，以及数控补偿技术，使机床的坐标定位精度均保证在 10μm 以内，重复定位精度在 5μm 以内，机床的精度保持性非常好；为满足不同客户的需求，采用了步进驱动以及交流驱动两种配置。

6）工作液方面，国内针对往复走丝的特点对线切割使用的工作液进行了大量研究。获得了满足大厚度工件的稳定切割要求，满足环保要求的线切割工作液。并且针对电火花线切割加工特种材料的特点，研制了适合其稳定加工的专用线切割工作液，如加工陶瓷复合材料、铝及其合金、半导体材料等的专用工作液。

2. 单向走丝线切割加工技术

随着制造业的快速发展，单向走丝线切割机床越来越受到国内外生产厂家及研究机构的重视。下面将介绍几项有关单向走丝电火花线切割加工技术处于国际先进行列的研究成果。

1）变厚度识别及其自适应控制技术。日本三菱电机公司和瑞士阿奇夏米尔公司在机床的数控系统内装备有 CAD/CAM 系统，机床可方便读入 3D 和 2D 数据，同时通过 CAM 直接生成 NC 数据。在 CAD/CAM 系统的基础上，日本三菱电机公司开发出了 3D 自适应控制方法（3D–PM），该方法利用机床内的 CAD/CAM 系统解析三维数据，自动识别加工工件毛坯形状特征。机床可自动识别加工任意时刻电极丝在加工工件毛坯中的位置、毛坯工件的厚度以及周围毛坯的具体形状，并根据这些信息进行一系列的控制。3D 自适应控制方法在变断差加工方面的另一个功能就是变断差工件的精度控制。3D 自适应控制方法打破了传统方法的局限性，由于它可提前知道断差位置进而可在进入断差位置的任意时刻改变加工条件这样扩大了断差控制的自由度，可大幅度减小断差处出现的条纹，提高变断差加工的加工精度。大量实践证明，3D 自适应控制方法可将断差精度控制在 2μm 以内。

2）热变形控制技术。随着线切割机床加工精度越来越高，机床受环境温度影响而产生的精度变化越显重要。日本牧野公司在机床本体内部，控制机床内部温度与经过冷却的加工液的温度保持一致，以降低本体铸件的热变形对机床精度的影响。在外部增加机床热防护罩壳，以保证整个机床避免因环境温度影响而产生热变形，有利于长时间的加工以及高精度孔距加工。外部气温变化引起的机床轴偏移量能对 X 轴控制到 1.2μm/3℃，Y 轴控制到 2.4μm/3℃。瑞士阿奇夏米尔公司的 CUT 系列机床所有的散热元件均通过水循环进行冷却，使所有部件都得到热稳定性的保护，有助于保证机床极高的精度。

3）电极丝偏差测量技术。台湾 Accutex 技术有限公司对线切割加工过程中移动着的柔性电极丝在放电状态下的位置偏差测量技术进行了研究。该技术用两种方法来测量电极丝偏差。方法一称为摄像机图像分析法（camera picture analysis，CPA 法，见图 28），其过程为用一个数字摄像机获得切割工件边沿的加工录像，记录不同时间、不同高度的电火花放电，通过计算电火花首次出现在工件和在指定位置上的时间偏差值，就可得到电极

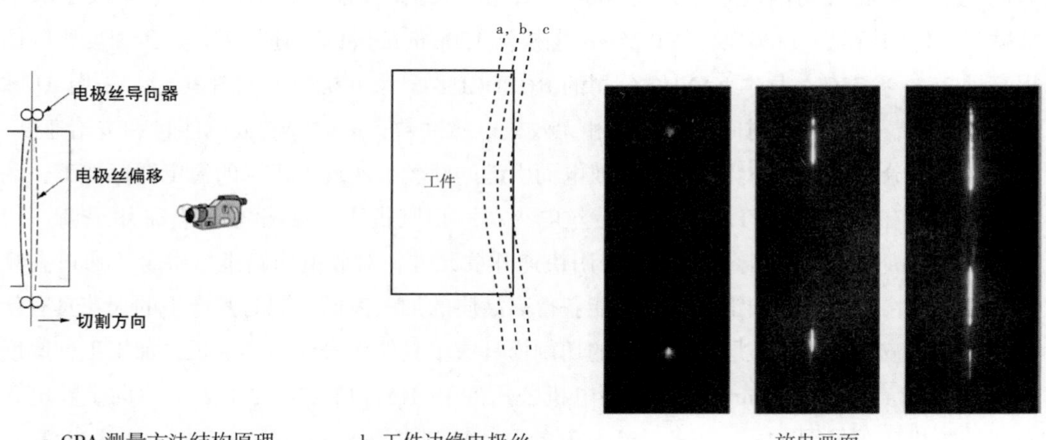

a. CPA 测量方法结构原理　　b. 工件边缘电极丝　　c. 放电画面

图 28　电极丝偏差 CPA 测量方法

丝的偏差值；分析选定位置，就可确定电极丝的偏差曲线。方法二称为截面测量法（cross section measurement，CSM 法，见图 29），其过程为在一个稳定状态下切割工件，然后突然关掉放电电源，确切的电极丝偏差就会保留在工件上；把工件放在高精度电子显微镜下，就可得到精确的电极丝偏差曲线[14]。

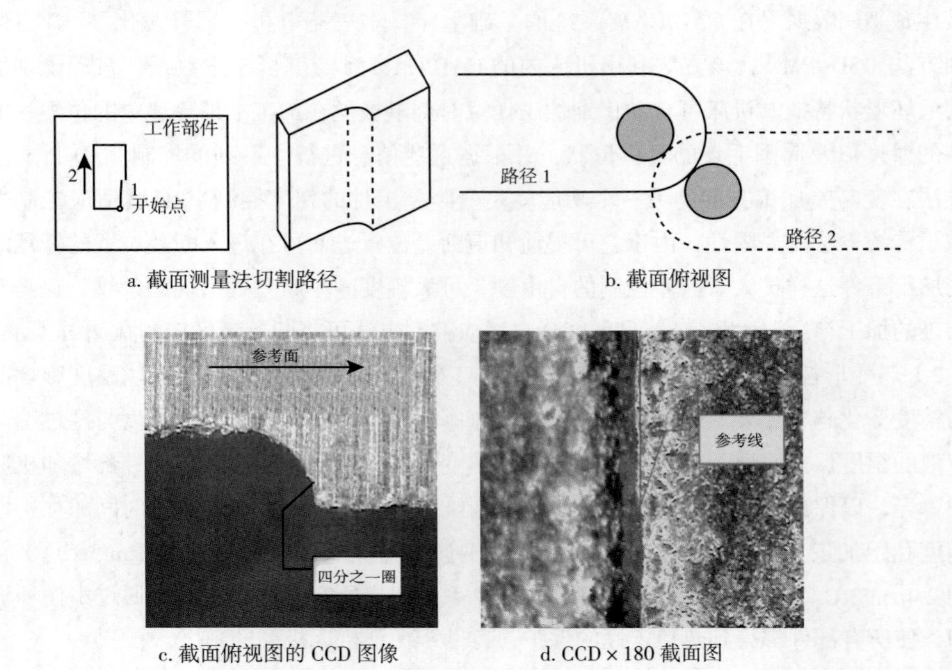

a. 截面测量法切割路径　　b. 截面俯视图

c. 截面俯视图的 CCD 图像　　d. CCD × 180 截面图

图 29　电极丝偏差 CSM 测量方法

4）高效、节能脉冲电源技术。日本三菱电机公司生产的 FA-V 系列单向走丝电火花线切割机床（见图 30a），采用高速 V500 电源，可实现最高 470mm^2/min 的加工速度，特别在厚板（100mm 以上）加工时，加工速度的优势尤其明显。日本牧野公司的 DUO64 型单向走丝电火花线切割机床（见图 30b），采用 H.E.A.T 高能量技术，在上、下喷水嘴不能贴紧工件的情况下，实现直径 0.25mm 电极丝 120mm^2/min 的高速加工，加工速度比以往提高了 25% ~ 75%。日本 FANUC 公司的 ROBOCUT α 系列机床（见图 30c），采用 AI 脉冲控制技术，统计单位时间内的有效和无效放电脉冲数，适时控制放电能量和进给速度，使放电能量分布均衡，防止由于集中放电而引起的断丝，实现了机床的稳定高速加工。瑞士阿奇夏米尔公司的 CUT200C 单向走丝电火花线切割机床（见图 30d），采用最新一代的 CC（Clean Cut）数字脉冲电源，采用快速开关元件，对放电回路进行整合，通过高频窄脉冲放电，既可提高加工效率，又能获得高品质的加工表面，同时其产生的火花具有新的形状，可减少加工变质层，使加工的切割模具或工具使用寿命明显延长，加工工件厚度 70mm 时，Ra 达到 0.05μm。日本三菱电机公司的 FA10S 和 FA20S Advance 单向走丝电火花线切割机床（见图 31），装备了新开发的形状控制电源（Digital-AE I、Digital-AE II），通过控制上下进电块进电能量的配比，对放电位置进行控制，可有效减小加工零件的鼓肚

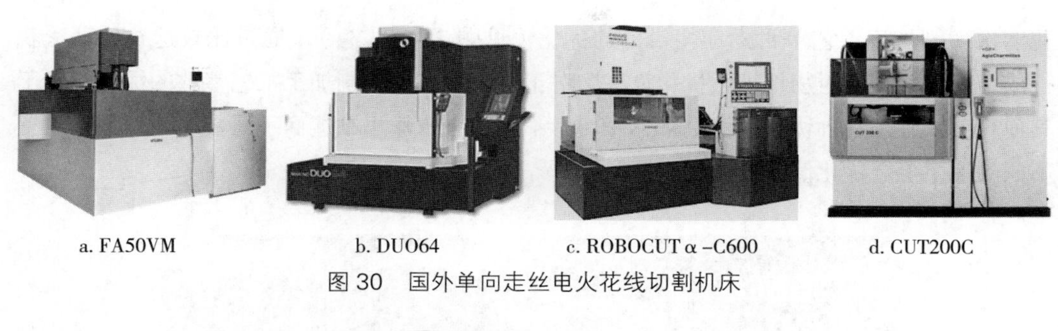

a. FA50VM　　b. DUO64　　c. ROBOCUT α -C600　　d. CUT200C

图 30　国外单向走丝电火花线切割机床

a. FA20S Advance 单向走丝电火花线切割机床

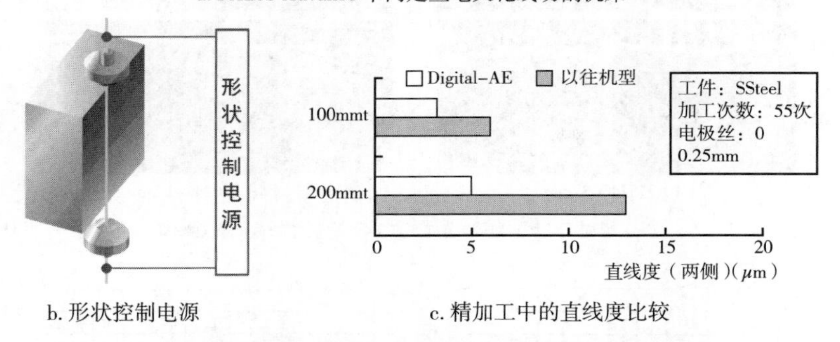

b. 形状控制电源　　c. 精加工中的直线度比较

图 31　FA20S Advance 单向走丝电火花线切割机床

或凹形，在粗、半精加工和精加工中实现零件的高直线度，该方法对提高大厚度工件直线度非常有效，它改变了以往通过试加工人工寻找合适的加工参数以及通过增加加工次数修正直线度的传统方法，利用该方法对 200mm 厚度的工件只进行一次粗加工，其加工直线度可控制在 5μm 以内，并由于粗加工精度的提高，使得后续精加工时间缩短了 20%[15]。

5）多次切割技术。英国伯明翰大学利用多次切割加工 Udimet720 和 Ti-6Al-2Sn-4Zr-6Mo 等先进航空发动机用合金材料。在单次切割情况下，两种合金加工后产生小于 10μm 的再铸层，然而第 3 次或者第 4 次精切后，再铸层将会减小到 3μm 以下甚至还出现了零厚度的再铸层，并具有最小的蚀坑，工件的表面粗糙度值大约为 Ra0.4μm；而且工件的表面残余应力大为降低或接近中性的残余应力，工件表面的凹坑也限制在再凝固层内（见图 32[16]）。印度学者 Rajarshi Mukherjee 等人将 6 种最常用的基于群体的非传统优化算法（遗传算法、粒子群算法、羊群算法、蚁群优化算法、人工蜂群算法和生物地理学优化算法）用于电火花多次切割加工工艺单目标和多目标的优化（见图 33、图 34）。通过比较这 6 种算法获得的结果，发现"生物地理学优化算法"对于电火花多次切割加工工艺参数的优化要优于其他算法。利用这种优化算法结果，操作者不用完全依赖于制造商手册数据，就可以设置不同的加工参数优化值来提高加工性能[17]。

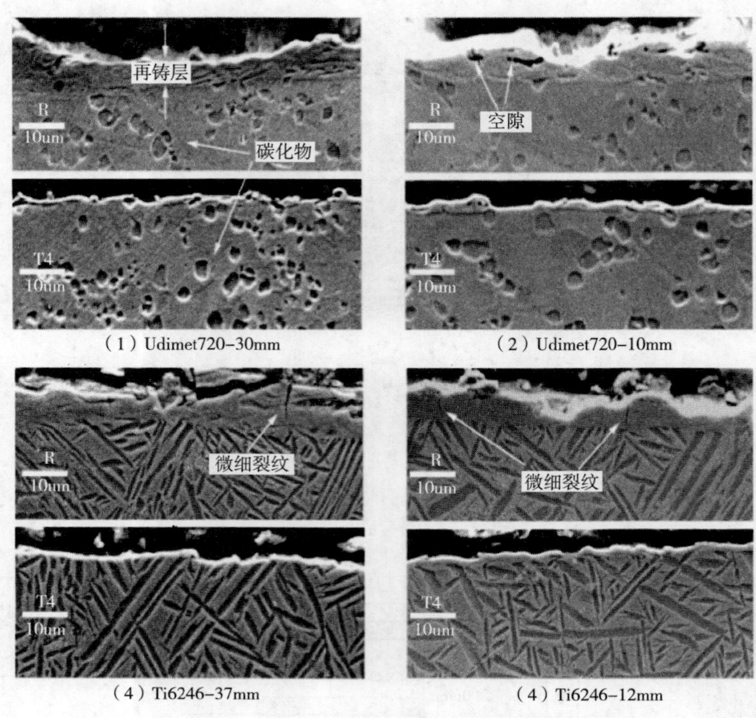

（1）Udimet720-30mm　（2）Udimet720-10mm

（4）Ti6246-37mm　（4）Ti6246-12mm

（a）粗加工（R）和第4次加工（T4）后工件的截面微观图像

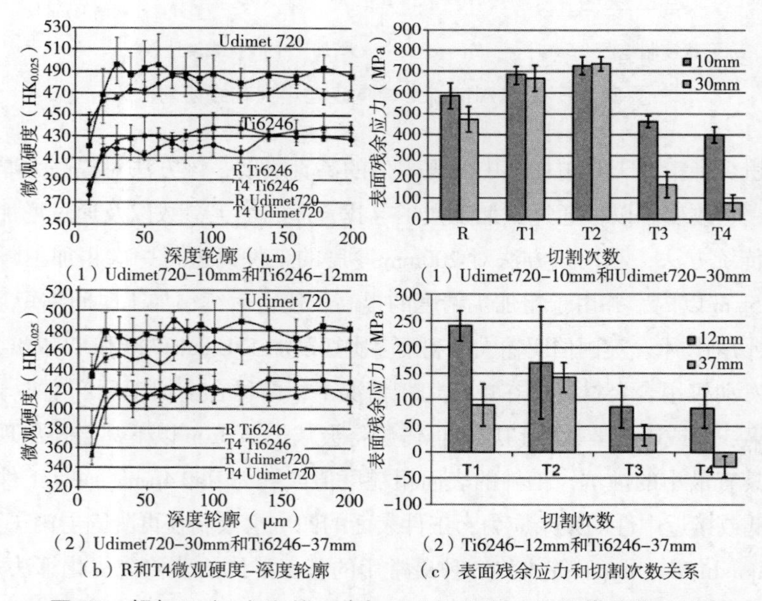

（1）Udimet720-10mm和Ti6246-12mm　（1）Udimet720-10mm和Udimet720-30mm

（2）Udimet720-30mm和Ti6246-37mm　（2）Ti6246-12mm和Ti6246-37mm

（b）R和T4微观硬度-深度轮廓　（c）表面残余应力和切割次数关系

图 32　粗加工（R）和第 4 次加工（T4）后工件的截面微观图像

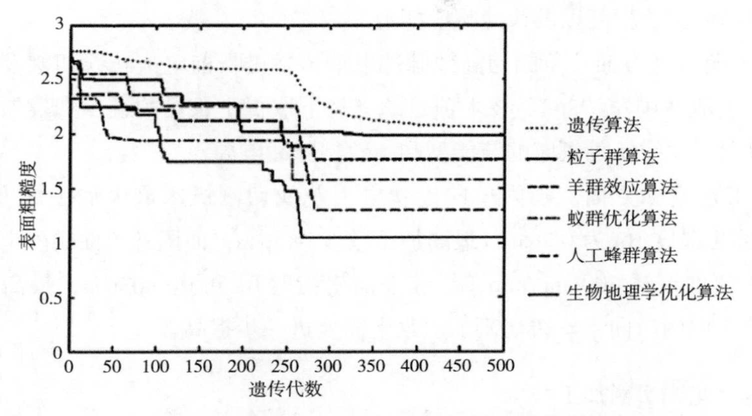

图 33　6 种算法对加工表面粗糙度的收敛性

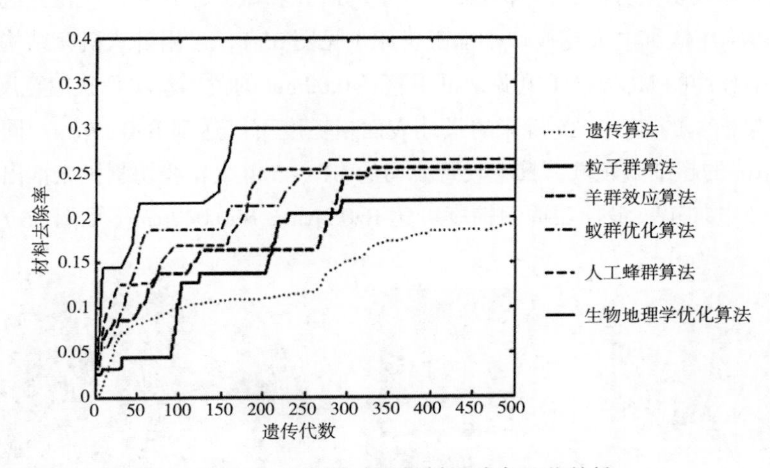

图 34　6 种算法对材料去除率的收敛性

我国的单向走丝电火花线切割加工技术起步较晚，但在国家科技重大项目以及相关政策的支持下，对单向走丝电火花线切割加工技术进行了大量的工作于相关的研究，并取得了一定的成果。但从整体上与国外发达国家相比，还存在较大的差距。

1）数控系统方面。国内外均投入了大量的人力物力，针对单项走丝线切割机床的特性进行了数控系统和自动化控制技术的开发相对国外先进技术水平而言，国内发展相对较慢，能够在单向走丝线切割机床上实现稳定控制的编程控制系统不多，同时针对单向走丝线切割加工的多次切割、拐角控制策略、节能脉冲电源、自动穿丝等方面的研究也相对较少。而欧美日等发达国家不仅对单向走丝线切割加工技术中国内研究的部分进行了更加深入的研究，而且针对变截面加工自适应控制、智能化控制、工艺参数库等方面做了深入的研究，并获得了理想的加工效果。

2）机床的加工定位方面。国内外基本采用的是伺服电机与光栅实现闭环控制，达到理想的定位精度，但是国内由于基础制造水平的差异，定位精度与国外依然有一定的差距。另外，部分发达国家生产的单向走丝线切割机床采用直线电机作为驱动电机，使线切割机床具有更高的定位精度以及快速响应能力。

3）脉冲电源研究方面。节能与高效脉冲电源依然是目前电火花线切割发展的重要方向，国内相关企业在国家“863”技术项目的支持下取得了长足的进步和发展，产生了一系列适用于单向走丝线切割机床的节能型和高效型脉冲电源。

4）加工工艺指标方面。国内单向走丝电火花线切割机床最大加工速度为 $350mm^2$/min，最佳表面粗糙度 Ra 为 0.2μm，最高加工精度为 5μm；而国外单向走丝电火花线切割机床最大加工速度可达 $500mm^2$/min，最佳表面粗糙度 Ra 可达 0.03μm，最高加工精度可达 1μm，因此国内的单向走丝线切割加工水平需要进一步提高。

3. 微细电火花线切割加工技术

在微细电火花线切割方面，国外也做了大量的研究和试验，其中，比较先进的如日本牧野公司的 UPN-01 微细电火花线切割加工机床（见图 35），采用卧式机床结构，装载了使之发生超微小脉冲的 MGW-V1 电源，可用直径 0.02mm 的黄铜丝实现狭缝宽度 32μm 的半导体引线框架模具的加工，此机床的最佳表面粗糙度可以达到 Rz0.17μm，同时加工精度也可达 ±0.5μm 的超细微领域。日本牧野公司的 UPV-5 电火花线切割机床推出 SPG II 电源，实现油基放电加工，最佳表面粗糙度可达 Rz0.2μm、Ra0.022μm（见图 36）。日本沙

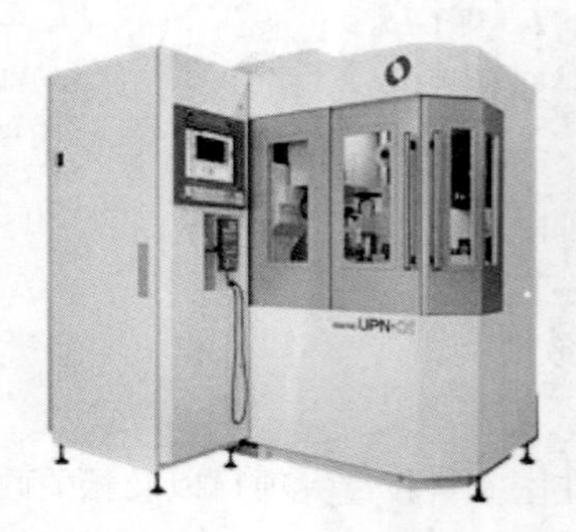

a. UPN-01 微细电火花线切割加工机床

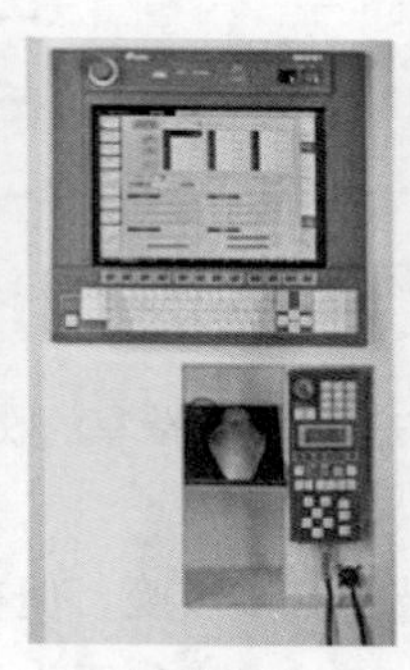

b. 脉冲电源

c. 自动穿梭机构

图 35　UPN-0I 微细电火花线切割加工机床

a. UPV-5 电火花线切割机床

工件材质：超硬（G5）
所用切割线直径：0.2mm
工件厚度：20mm
加工次数：10 次
表面粗糙度：Rz0.2μm

b. 加工实例

图 36　UPV-5 电火花线切割机床及加工实例

迪克公司的 EXC100L（见图 37a），以亚微米级加工为目标，机床配置气浮导轨和直线电机，在机床的 4 个轴（X、Y、U、V）又配有 10nm 的高精度、高分辨率的光栅尺，可实现针对微电子零件所需的精密齿轮、纤维喷嘴和螺旋状模具加工，如图 37b、c、d 所示[18]。

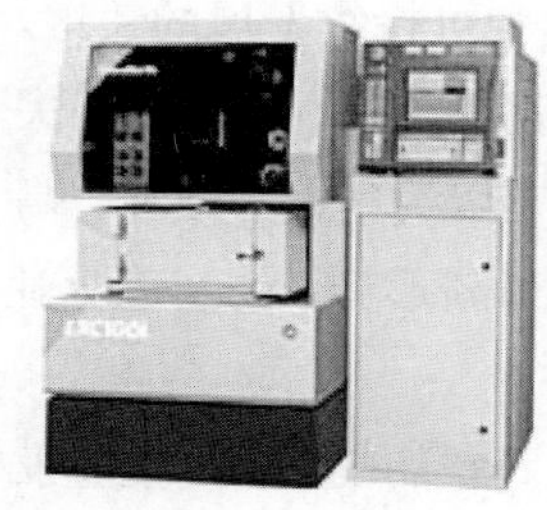

a. EXC100L 微细电火花线切割机床

b. 微细齿轮加工

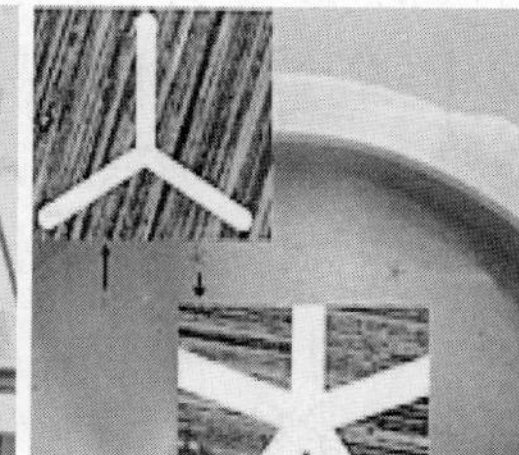

c. 纤维喷嘴加工

d. 螺旋状零件加工

图 37　EXC100L 微细电火花线切割加工机床

日本三菱电机公司推出的超微细精加工电源（Digital FS，见图 38 所示），不用专门卡具，工件直接装卡在工作台上，可实现直径 0.05mm 的细丝加工，可实现高精度凸模、接插件以及硬质合金多个凸模的加工，可达到最佳表面粗糙度 Rz0.4μm、Ra0.03μm 的镜面加工（硬质合金材料，10mm 厚）[15]。

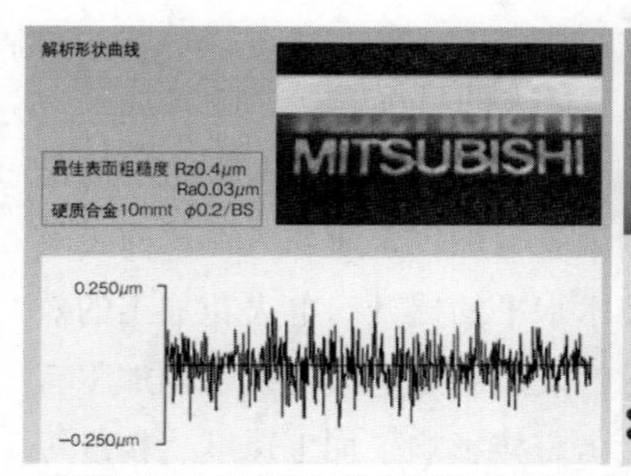

a. 电源 Digital FS 加工工件解析形状曲线

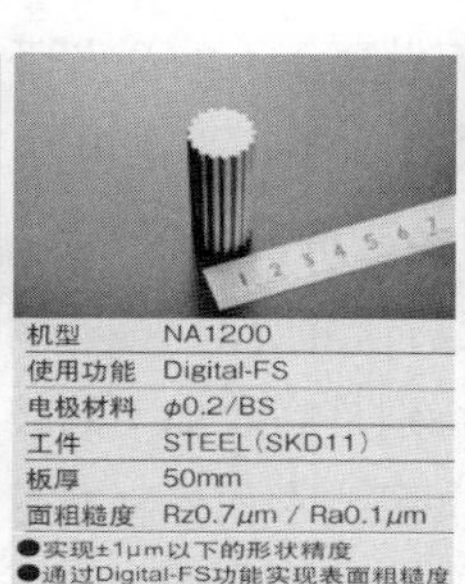

b. 高精度凸模加工

c. 高精度接插件加工

d. 超硬合金多凸模加工

图 38　超微细精加工电源 Digital FS 加工实例

对比国内外微细电火花线切割加工技术，国内关于这方面的研究虽然取得了较为明显的进步，但是从投入的力度以及取得的成就来看，目前依然与国外先进技术水平存在较大的差距。尤其是在微细电火花线切割加工技术的研究方面，国内针对其研究的全面性明显劣于国外先进制造水平，在微细脉冲电源、机床制造等方面，国内做的研究相对较少。另外，国内微细电火花线切割加工所能达到的工艺指标 Ra0.75μm 要差于国外的 Rz0.17μm、Ra0.022μm，需要国内的专家学者对微细电火花线切割加工做更大的努力，追赶国际先进生产水平的步伐。

四、本学科发展趋势与展望

《国家中长期科技发展规划纲要（2006—2020）》提出，先进制造技术将向信息化、极限化和绿色化的方向发展，其成为未来制造业赖以生存的基础和可持续发展的关键。《国民经济和社会发展第十二个五年规划纲要》也指出，重点发展高效节能、先进环保关键技术装备。“十二五”期间，特种加工行业技术和产品总的发展趋势为精密、微细、高效、复合、绿色、智能化、个性化和高可靠性、高稳定性等。因此，新形势下的制造业对电火花线切割加工技术研究和自主创新提出了更高的要求。

电火花线切割技术趋于多学科、系统化集成的发展方向，电火花线切割加工的能量发生系统、检测和控制系统、计算机软件技术、设备主体、工作液等与传统的金属切割加工技术有着本质的区别，它体现了先进制造技术的各学科和不同技术之间的渗透、融合以及现代设计技术、工业自动化技术及绿色制造技术的集成，是高新技术的重要组成部分。电火花线切割技术发展趋势和方向主要有以下 6 方面。

1）线切割加工的高精度研究。随着关键制造业零件精度，特别是精密模具的精度要求的不断提高，对数控单向走丝电火花线切割机床的要求也越来越高，除需保证较高加工表面质量，还需达到更精密的尺寸要求。这就需要研究人员不断提高对线切割机床的加工精度，主要包括主机机械结构、运丝系统、工作液系统、运动制、伺服控制系统、热平衡控制数控系统的自适应控制策略等方面做更深入的开发研究。

2）线切割加工的高速度研究。高效加工一直是电加工追求的目标之一，随着加工中心等加工性能的不断提高，它越来越多地挤占数控单向走丝电火花线切割机床的市场份额，同时电加工企业之间的同业竞争也日趋激烈，这就刺激着电加工企业加大对单向走丝电火花线切割机床性能的技术提升，特别是高效加工的技术水平的提升。电火花加工的效率与脉冲电源的性能密切相关，脉冲电源技术和控制技术的发展对于电火花线切割加工有着极为重要的意义，它影响着加工工艺指标，其性能的优劣直接影响了加工速度、精度等重要因素，甚至成为了产品更新换代的主要标志。因此，开发研究高效加工的脉冲电源和控制技术也是当务之急。

3）发展精细线切割加工技术。精细线切割加工是近些年发展起来的电火花线切割加工新技术，可采用直径 0.02 的电极丝，加工微细齿轮、集成电路框架脚等微细零件，且其加工性能是传统机械加工难以胜任的。集成电路框架级进模，目前可以达到的微细尺寸：0.03mm 窄缝，内角半径≤ 0.03mm，是线切割发展的一个重要方向。

4）发展特殊领域、特殊零件的线切割加工技术。在一些关键制造业，特别是航天航空领域，一些特殊零件的加工表面质量要求极高，除对电加工表面的平整度、粗糙度有很高的要求外，还对电加工表面重融层厚度有苛刻的要求。数控电火花线切割通过高效微能量脉冲电源性能的技术提升，切割表面可达 Ra ＜ 0.05μm，达到“以割代磨”的效果，加工表面重熔层可小于 0.003mm。

5）线切割智能化系统的开发。随着科技的不断发展，人工智能化逐渐成为机床发展的主流，而电火花线切割加工技术的智能化主要包括建立在大量工艺参数的工艺数据库基础上的专家系统、自适应控制技术、模糊控制技术、加工能量根据加工面积的自动调节技术、智能抬刀技术以及与智能化密不可分的电量非电量检测技术等。这些智能化技术的发展不仅能够帮助我们获得更好的加工质量和加工效率，解放操作人员的双手，同时也能降低线切割加工的成本和费用。

6）发展绿色、环保化的线切割加工技术。随着生态环境的日益恶化，环保意识的不断增强和环保法律的逐渐健全，绿色产品逐渐成为未来产品市场的主旋律，绿色、安全、节能制造正成为一种新的制造战略。特别是随着国家政策向环保、节能倾斜，我国线切割机工技术也应当适应时代的要求，适应节能化发展趋势，为保护生态环境做出贡献。

参考文献

[1] 徐国栋. 基于扫描仪图像的线切割自动编程研究与开发［D］. 济南：山东大学，2008：57-72.

[2] 李克君，刘康，刘祯明，等. 第四代中走丝电火花线切割机床的核心技术［J］. 电加工与模具，2012，(A01)：54-56.

[3] 李强，李政凯，白基成，等. 往复走丝电火花线切割拐角加工控制策略的研究［J］. 电加工与模具，2012 (04)：9-12.

[4] 凡银生. 往复走丝电火花线切割精密脉冲电源及工艺试验研究［D］. 哈尔滨：哈尔滨工业大学，2012：7.

[5] 李朝将. 电火花线切割节能脉冲电源及其浮动阈值检测技术的研究［D］. 哈尔滨：哈尔滨工业大学，2012：5.

[6] 于霞，张好强. 线切割工作液对硬质合金扩散磨损的影响研究［J］. 硬质合金，2011，28 (2)：111-115.

[7] 刘志东. 模具钢 Cr12 电火花线切割多次切割表面微观形貌研究［J］. 电加工与模具，2010 (3)：11-14.

[8] 李强，白基成，郭永丰，等. 基于遗传算法的往复走丝电火花多次切割加工参数优化［J］. 电加工与模具，2010 (5)：61-68.

[9] 豆尚成，陈成细，奚学程，等. 基于 Linux 的线切割加工全软数控系统［C］// 第 14 届全国特种加工学术会议论文集. 苏州，2011.

[10] 叶军. 精密高效电加工关键技术取得重大突破——国家 863 计划、数控机床重大专项电加工课题实施成果综述［C］// 第 14 届全国特种加工学术会议论文集. 苏州，2011：16-33.

[11] CIMT2011 特种加工机床评述专家组. 第十二届中国国际机床展览会特种加工机床评述［J］. 电加工与模具，2011 (3)：1-9.

[12] 朱宁，叶军. 单向走丝电火花线切割机床直线——旋转轴联动切割加工［J］. 电加工与模具，2010：56-58.

[13] 褚旭阳，狄士春，王振龙. 微齿轮轴的微细电火花加工［J］. 吉林大学学报（工学版），2010，40 (6)：1577-1582.

[14] Liang J F，Tsai C F，Lin M H，et al. Measurement of wire deflection in wire-cut EDM machining［C］// Proceedings of the 16th International Symposium on Electromachining. Shanghai，2010：223-226.

[15] 朱宁，叶军，韩福柱，等. 电火花线切割加工技术及其发展动向［J］. 电加工与模具，2010 增刊：53-63.

[16] Antar M T，Soo S L，Aspinwall D K，et al. WEDM of aerospace alloys using "Clean Cut" generator technology [C] // Proceedings of the 16th International Symposium on Electro machining. Shanghai，2010：285-290.
[17] Mukherjee R，Chakraborty S，Samanta S. Selection of wire electrical discharge machining process parameters using non-traditional optimization algorithms [J]. Applied Soft Computing，2012，12（8）：2506-2516.
[18] CIMT2009 特种加工机床评述专家组. 第十一届中国国际机床展览会特种加工机床评述 [J]. 电加工与模具，2009（3）：1-11.

撰稿人：白基成　刘志东　朱　宁　吴国兴　韩福柱　张建华　李立青　蒋文英
王玉魁　韦东波　奚学程　李克俊　张保华　周异明　王永娟

电化学加工领域科学技术发展研究

一、引言

电化学加工是基于氧化还原原理制造零件的一类特种加工技术，它包括基于阳极溶解原理的电解加工和基于阴极沉积原理的电铸。在 19 世纪末就已经建立了有关的基本原理，20 世纪 50 年代开始，电化学加工技术开始在工业中得到应用。

电解加工具有无工具损耗、不受被加工材料力学性能限制、加工质量好、无重铸层与内应力、加工效率高等突出优点，非常适合特殊材料复杂型面的制造需求，无论是在加工效率、加工成本、加工质量，还是材料的适应性等方面都体现出很大优势。随着航空航天等技术的发展，各种新材料及新结构层出不穷，给电解加工技术的发展提供了广阔的空间，欧美各国对电解加工技术非常重视，将其作为难切削材料复杂结构的主流制造技术，投入了大量的经费、人力进行研究，取得了很大进展，已用于航空航天领域叶片 / 整体叶盘、机匣等关键核心零部件的生产，有力支撑了航空航天技术的发展。

电解加工过程非常复杂，涉及电场、流场、温度场及电化学溶解场，属于典型的多场耦合过程。近年来，国内在电解加工方面的研究投入很大，已在加工模式创新、工具设计、流场优化、装备研制等方面取得已一系列进展，显著提高了电解加工的精度，并实现了航空发动机难加工材料叶片等复杂型面的精加工。

电铸具有制造精度高、材料性能可控等优点。电铸在成形零件的同时，可以通过调整电铸工艺参数来改变电铸层材料组织结构和性能。电铸过程是一个复杂的综合过程，包含了化学、物理、材料等多个学科的科学问题。提高沉积层机械性能和表面质量是电铸技术研究的热点，并已均取得了重要进展。

在电化学制造过程中，材料的转移是以离子尺度进行，金属离子的尺寸在 1/10nm 甚至更小，因此电化学加工技术在微细制造领域以及纳米制造领域有着很大的发展潜力。因此，世界各国研究人员纷纷开展基于电化学原理的微纳米制造的研究。近年来，在复杂三维微细结构电解加工、创新微细电化学加工方法、提高加工质量等方面均取得了重要进展。

二、本学科近年来的最新研究进展

（一）精密电解加工研究进展

1. 叶片电解加工技术

随着新一代发动机叶片几何结构的变化，特别是超精密、超薄、大扭角等特殊结构叶片的出现，电解加工技术也面临着新的挑战，目前在叶片电解加工技术领域的研究进展主要包括以下几方面。

（1）三面柔性进给叶片精密电解加工方法

南京航空航天大学提出了三面柔性进给叶片电解加工新模式。加工时，两工具电极相向进给，同时工件阳极与工具呈 90° 进给，在三面运动过程中完成电解加工（见图 1）。该方法依靠实时控制阴阳极的速度之比可实现不同轨迹进给，使得工具电极相对叶片缘板获得进给分量，可显著提高叶身、缘板的加工精度，保证叶身、缘板的一次成型，并可根据不同叶片型面的曲面变化情况，得到工具电极相对工件的最佳运动轨迹，满足不同形状叶片的加工需要。通过计算电极的运动路径来控制工具电极进给方向与叶片型面法线方向的夹角 θ 的大小和分布，保证叶片型面和缘板电解加工间隙的分布均匀性，从而提高叶片加工精度。

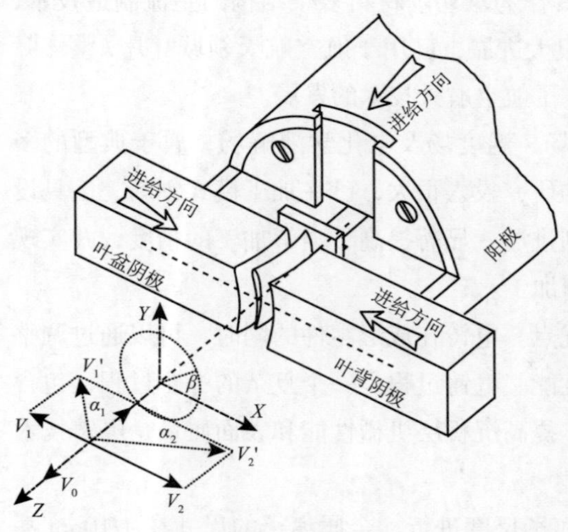

图 1　三面柔性进给叶片电解加工模型示意图

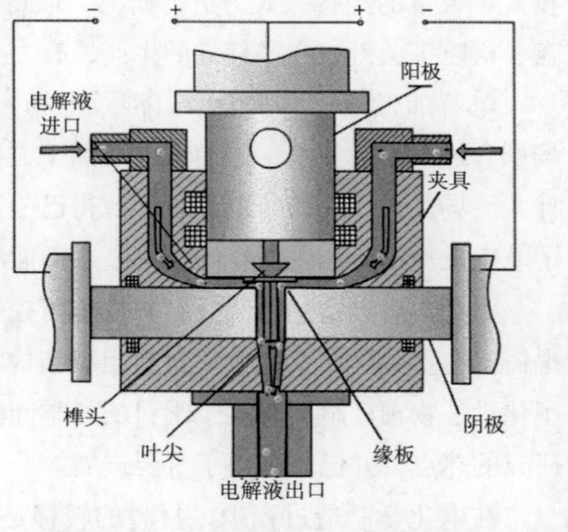

图 2　叶片加工主动分流电解液控制方法示意图

（2）主动分流的电解液流场控制方法

南京航空航天大学提出叶片主动分流电解液流场控制方法。其原理如图 2 所示，将叶盆、叶背的电解液主动分开，分别从叶片缘板两侧流入，从叶尖流出。该流动方式消除了传统侧流方式电解液对毛坯侧面的单向撞击，减少了流场杂乱现象，同时解决了传统侧流方式流量随机变化的弊端，均匀了叶身部分的流场，保证电解液电导率的稳定性。理论计算和试验表明，采用主动分流的流场，可以消除传统流动模式中可能存在的局部缺液、空穴、分离等现象，加工稳定性显著提高，叶片表面质量明显改善，表面粗糙度从Ra1.87μm下降到0.36μm（见图3）。

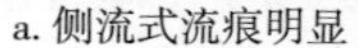
a. 侧流式流痕明显

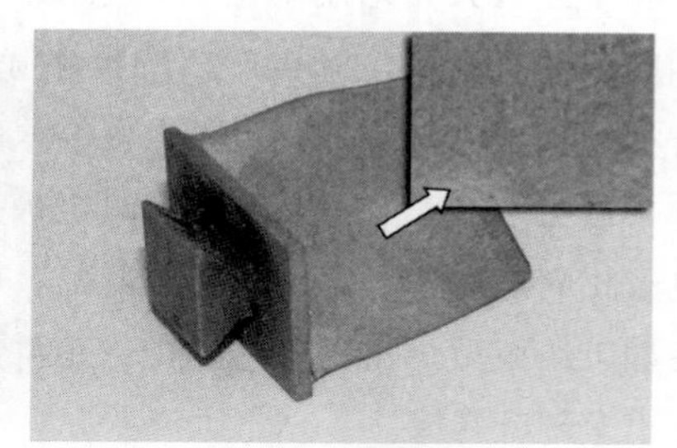
b. 主动分流式表面质量佳

图3　侧流式与主动控制方式的加工实物比较图

（3）装置及加工实例

脉冲电源是实现精密电解加工的重要部件，因此电解加工脉冲电源研制一直是电解加工研究的重要内容。华南理工大学采用多路并联的MOSFET斩波装置，将SCR调压、稳压电源输出的直流电流快速转换成高频、窄脉宽的直流脉冲电流，解决了矩形波畸变、反向电流影响、瞬时过压击穿、功率管过热烧毁、快速短路保护等技术难题。研制出脉冲电压20V（峰值），频率100～10Hz连续可调，脉冲宽度为25μs至5ms连续可调，脉冲输出电流为1000A与2000A两款矩形波电源样机。北京航空制造工程研究所采用逆变脉冲变压器组合技术，研制出了8000A电解脉冲电源。

南京航空航天大学采用精密电解加工技术为太行发动机研制了首批6台套发动机的第7、8、9级压气机叶片共2000余片，有效解决了叶片缘板易被二次腐蚀形成锥度的问题，加工精度大幅度提高，型面加工精度达到0.06mm。针对某航空发动机压气机叶片型面更加扭曲、加工精度要求更高的特点，利用多维轨迹优化方法得到最佳阴极进给路径，并通过主动分流的控制方法有效地均化叶盆、叶背电解加工流场，使得叶片型面加工精度达到0.05mm。

2. 整体叶盘电解加工技术

整体叶盘是航空发动机实现结构创新和技术跨越的核心部件，是最为复杂、最难制造的复杂整体结构件。电解加工技术因其突出优势，已成为难加工材料整体叶盘的主要制造方法。整体叶盘的叶片扭曲复杂、加工精度要求高，无法采用诸如套料电解加工的方式一次直接加工出叶片型面。因此目前国内外在整体叶盘电解加工中一般分为两道或三道工序来进行。以两道工序为例，首先进行的是整体叶盘叶栅通道的预加工，再进行叶片型面的精加工。

南京航空航天大学发明了整体叶盘多叶栅通道高效电解预加工方法，采用简单形状电极同时加工 3 ~ 6 个叶栅通道，可大幅度提高加工效率。为了提高叶栅通道加工余量均匀性，提出电极多维轨迹优化控制方法，设计出电极直线运动与摆动，同时复合轮盘转动的多维运动方式，给出了工具电极运动控制策略。

南京航空航天大学采用薄型工具电极双面进给电解加工方式进行叶片型面的精加工，研制出国内首台具有自主知识产权的整体叶盘型面电解加工机床（见图 4）。其加工原理如图 5 所示，利用叶盆、叶背工具电极伸入已经预加工好的叶栅通道中，为了适应狭窄通道的需要，避免干涉，叶盆、叶背工具电极设计成薄片状，待伸入加工区域后，叶盆、叶背工具电极相向运动，其运动方向与叶盆、叶背的型面法线方向基本一致，电解加工叶片型面，待加工结束后，工具电极退出，工件旋转给定的角度，加工下一片叶片，周而复始直至加工出全部叶片来。

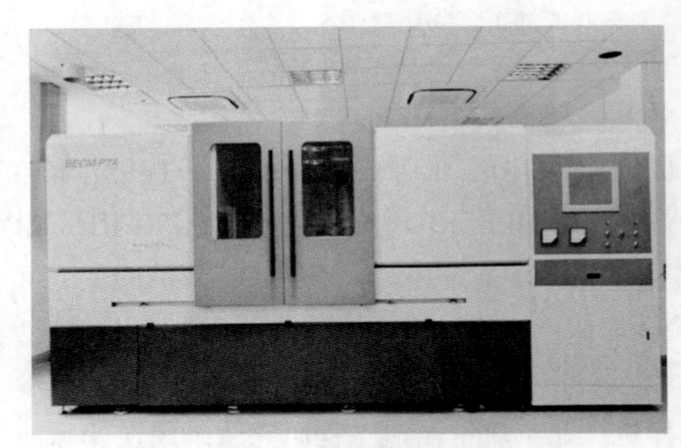
图 4 整体叶盘型面电解加工机床

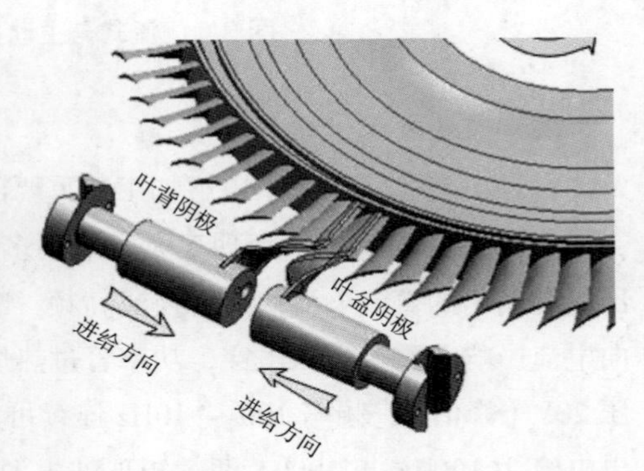

图 5 整体叶盘叶型加工方式示意图

北京航空制造工程研究所也开展了整体叶盘电解加工研究，他们采用高效电解套料预加工、精密振动电解终成型的工艺技术路线。采用带有侧向进给量的套料电极，利用旋转直线复合联动进给，电解套料加工出位置均布的整体叶盘多叶栅通道。精密振动电解加工由于采用电极振动，在每一个振动循环以最小间隙实现加工，因此可以实现微米级的成形加工。研究过程中，重点针对双极性施加、电解液、脉冲振动参数等进行了特征分析与优化试验，验证了精密振动电解加工在整体叶盘等结构上的应用可行性。该项技术在航空发动机整体叶盘、叶片加工中具有重大的应用价值。

3. 拉瓦尔式小喷管电解加工技术

小推力火箭发动机是空间轨道飞行器实施姿态控制、对接、交汇等活动的重要推进装置，拉瓦尔小喷管是该装置的核心部件。由于内型面加工空间局限、加工精度与表面质量要求高，使该类零件加工非常困难。首都航天机械公司针对该类零件采用混气—定间隙间歇进给电解加工方法成功加工出拉瓦尔小喷管。定间隙间歇进给是指通过对刀装置使阴极工具处于小间隙进行电解加工，切断电源后，拉大阴极与阳极的间隙，电解液冲刷，再进行对刀保持恒定小间隙加工。在加工的同时，在电解液中通入压缩空气，通过混气腔把电解液与压缩空气形成液体雾化物，改善了加工区流场的均匀性，提高了电解加工的加工精度。

4. 炮管膛线电解加工技术

枪、炮管膛线是我国工业生产中首次采用电解加工工艺的零件，中小口径炮管膛线电解加工已成为定型的加工工艺，但大口径变缠角混合膛线电解加工工艺还不成熟。西安工业大学针对大口径变缠角混合膛线电解加工提出了分立式随动阴极，有效避免了阳线过切，该阴极可适用于各种变缠角膛线。该电极将工作齿与阴极体独立，工作齿由 10 个轮形工作齿盘组成，每个工作轮齿与具有不同模数和齿数的齿轮啮合。当阴极按弹道方程运动时，轮齿形工作齿盘受嵌入阴极体中微电机驱动的减速装置的带动作相对于阴极体的转动，每个工作轮齿相对于阴极体形成不同的角度，通过数控可实现工作齿始终保持与加工位置的缠角一致。他们通过 UG 二次开发、数控仿真软件 VERICUT 等计算机辅助设计方法设计出膛线阴极工作齿，缩短了设计周期。北京航空制造工程研究所研制出炮管膛线电解加工机床及全套加工工艺，已在兵工企业中示范应用。

北京航空制造工程研究所开展了螺杆钻具等壁厚定子的电解加工技术研究，该螺杆钻具整体长度达到 4 ~ 8m，定子内表面均布梅花状截面的螺旋型槽，结构复杂，制造难度大。如采用机械拉削的方法，要采用多次换刀拉削，刀具耗费惊人、工时长、成本高。他们采用与壳体身管内型槽导程分布相同的多头螺旋金属凸条、呈锥结构的金属体作为电解加工工具电极，研制出相应的电解加工机床装备以及成套工艺。他们还提出了电解加工设备低压大电流旋转导电方法，采用石墨和铜粉组合的导电电刷，通过电刷与电刷鼓的精确配合，稳定可靠地将万安培级的电流导入旋转轴上，代替了传统结构中浸汞的导电方式，消除了汞蒸气带来的不利影响。

大连理工大学提出研究非均匀机械作用电化学机械加工新方法，在电化学机械加工过程中，采用非均匀机械作用方式，使阳极表面钝化膜产生非均匀去除，进而调控电化学作用效果，在完成工件表面光整加工的同时实现工件表面成形。在优选的加工条件下，3min 内可获得需要凸度形状的光亮表面，表面粗糙度值由 Ra0.087μm 降低至 Ra0.023μm，圆度误差由 RoNt0.93μm 降低至 RoNt0.39μm，表面质量大幅提升。

（二）精密电铸研究进展

1. 游离粒子摩擦辅助电铸技术

南京航空航天大学提出摩擦辅助电铸技术。该技术是将不导电的陶瓷颗粒加入到阴极与阳极之间，通过电极运动促使陶瓷颗粒运动，在金属电沉积的同时陶瓷颗粒不断摩擦电铸层表面（见图 6）。该方法能够及时驱赶吸附在阴极表面的氢气泡，消除针孔、麻点、结瘤等缺陷，并通过陶瓷颗粒的摩擦和扰动，提高阴极表面附近金属离子的传质速度，从而提高电沉积速度。另外，通过陶瓷颗粒的挤压和碰撞作用，使得电铸层更加致密。摩擦辅助电铸技术可以通过阴极旋转和阴极平动两种方式来实现，其作用原理图如图 7 所示。

1）阴极旋转。适用于回转体零件的电铸成形，原理如图 7a 所示。通过阴极的旋转运动带动附近陶瓷颗粒，使陶瓷颗粒与阴极表面产生相对运动，进而摩擦电铸层表面，驱赶吸附在阴极表面的氢气泡，抑制结瘤。该方法制备的镍电铸层表面平整光亮，接近“镜面”效果（见图 8）；微观形貌呈现明显的磨削痕迹，晶粒显著细化，小于 80nm；显微硬度明显提高，电铸速度提高 1 倍以上。电铸层的拉伸强度较传统电铸有较大幅度提高，而且阴极回转速度对电铸层的性能也有很大的影响。

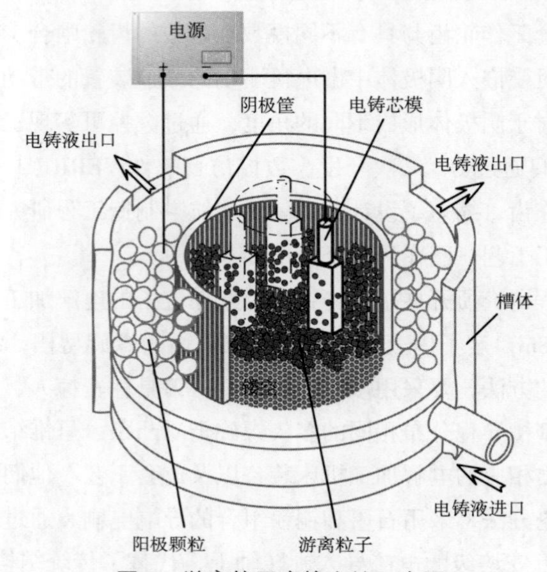

图 6　游离粒子摩擦电铸示意图

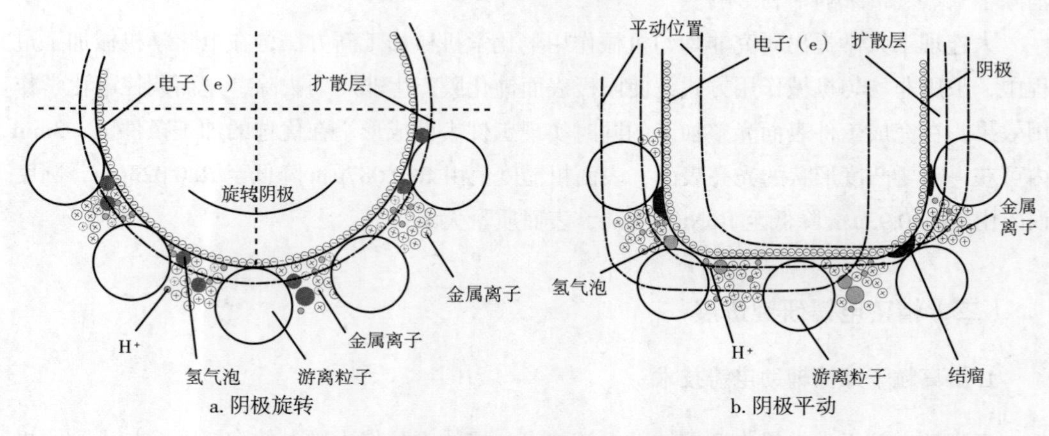

图 7　游离粒子摩擦电铸技术的实现方式示意图

2）阴极平动。适用任何形状零件的电铸成形，尤其适用于非回转体零件的电铸成形，原理如图 7b 所示。阴极平动推动游离粒子在阴阳极间运动，运动的游离粒子周期性的摩擦和挤压电铸层表面，可以驱赶吸附在电铸层表面的氢气泡，抑制结瘤。用传统电铸技术

图 8　圆柱形电铸样件的表面效果：（左）游离粒子摩擦电铸；（右）传统电铸

所制备电铸层表面灰暗，且布满凹坑和麻点，其端部有明显的起皮现象，而采用摩擦辅助电铸技术所制备各种异型零件电铸层表面光亮平整，没有任何针孔或结瘤，接近镜面效果。传统电铸制备的电铸层抗拉强度都在 700MPa 以下，屈服强度在 200MPa 左右，而阴极平动摩擦辅助电铸技术所制备电铸层的拉伸性能得到了明显提高，抗拉强度在 1100MPa 以上，屈服强度在 400MPa 以上。平动速度对电铸层的拉伸性能也有很大影响。

南京航空航天大学研制出国内外独有的摩擦辅助高性能电铸机床（见图 9），可进行于小型复杂结构件和大型回转体结构件的高效高质量电铸。摩擦辅助电铸技术已被用于大推力液体火箭发动机推力室身部样件研制，消除了传统电铸因停机除瘤而出现的分层现象，首次实现了火箭发动机推力室身部无结瘤、无针孔、无分层制造，质量和效率显著提高。在国内首次研制出纳米晶镍破甲弹药型罩。

2. 在提高电铸制备工具 / 模具性能及效率方面的进展

工具及模具的制备是电铸的重要应用，提高工具及模具的使用寿命是电铸关注的重要内容。近年来，人们研究发现采用复合电铸技术制造的金属—粒子复合电极具有较金属电极更好的耐电蚀能力，因此采用复合电铸技术加工的耐电蚀工具电极可提高加工精度。大

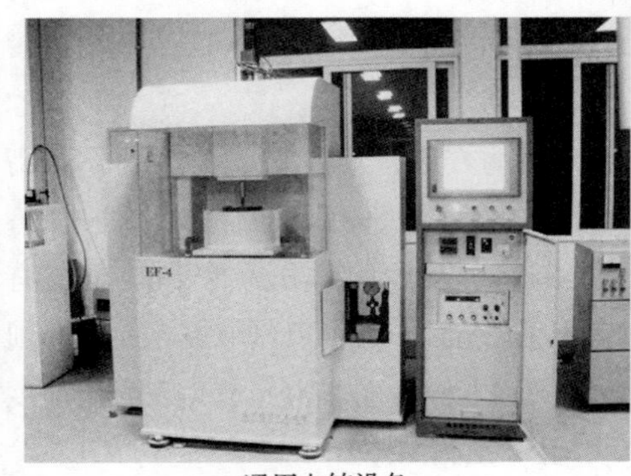

a. 通用电铸设备

b. 推力室身部专用电铸装备

图 9　高性能精密电铸机床

连理工大学电铸制造的铜—纳米 ZrB_2 电火花加工用工具电极，其进行的电火花加工电极损耗试验表明，复合电铸制备的工具电极具有较好的耐电蚀能力。南京航空航天大学采用复合电铸制备了 Cu—石墨电火花加工用工具电极，进行的电火花加工电极损耗对比试验结果表明，Cu—石墨工具电极具有更好的耐电蚀能力。内蒙古工业大学采用复合电铸制造出 Cu-CeO_2 吸塑模具，与纯金属模具相比 Cu-CeO_2 吸塑模具显微硬度和耐磨损性能得到了提高，从而提高了模具的性能。

提高电铸生产效率是近年来电铸研究的一个重要方向。西安交通大学等提出电铸/电弧喷涂组合加工技术，即首先进行电铸进行精确复制，然后在电铸层表面采用电弧喷涂，使金属型壳快速增厚。该方法可显著缩短模具制造周期，他们采用该技术制造出叶片 EDM 电极，与传统的电铸工艺相比，制造成本节省了 90%，生产周期缩短了约 75%。华中科技大学采用电铸与电弧喷涂相结合的快速制模技术制造了 EQ140-2 汽车的雾灯灯罩注塑模与泵体发泡模模具。

（三）微细电化学加工研究进展

1. 微细工具制备技术

微细工具是实现微细电化学加工的前提，目前微细电极的制作方法有精密车削、离子束铣削、电火花磨削、电解加工等。南京航空航天大学建立了电化学腐蚀微细电极尺寸控制模型，研究了不同的实验参数，如加工电压、钨丝浸入深度、溶液浓度、钨丝的初始半径等对微圆柱体成形过程和规律的影响。通过改变相关参数，利用微细电解法得到直径小至数微米甚至数百纳米、大长径比、表面质量高的微细电极。他们还提出利用微细电解加工和单脉冲放电组合加工技术制作柱状微球头电极的方法。其具体过程如下：首先，利用微细电解加工技术制作数微米至数十微米的多阶柱状微电极，再利用单脉冲放电加工技术制备柱状电极前端的微球头。通过优化过程参数，最小可制备球头直径为 10μm 的球头微电极（见图 10）。

哈尔滨工业大学研制出用于电火花磨削技术加工的 40mm × 35mm × 25mm 微小型装置，驱动频率达 250Hz，进给分辨率几十纳米，采用该装置可以制作直径 15μm 的微细轴，接近当前国际先进水平。

上海交通大学研究了刃口电极电火花磨削微细电极的方法，其原理如图 11 所示。高速旋转的工件在 Z 轴的驱动下上下往复运动，并沿垂直刃口电极侧面的方向间歇性进给，利用电极的刃口磨削工件。刃口电极最薄的部分仅 10μm，最厚的部分为 50μm，能够有效减小电极与微细电极之间的放电面积，获得良好的加工表面。采用刃口电极电火花磨削方法，可以加工出最小直径 3.5μm 的微细电极，而且微细电极表面非常光滑，表面粗糙度极低；直径为 4μm 时，微细电极的长径比可达 30 以上（见图 12）。

UV-LIGA 与微细电火花加工组合加工是制造阵列微细电极的一种有效手段。该方法先通过 UV-LIGA 技术制作出微细电火花加工中使用的微细群孔工具电极，然后通过电火

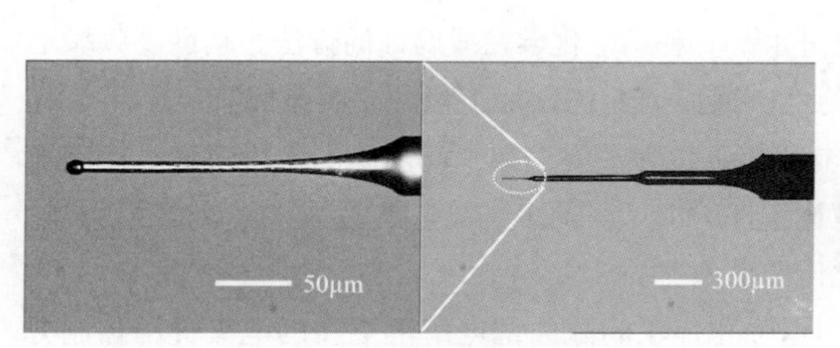

图 10　球头直径 10μm 的电极

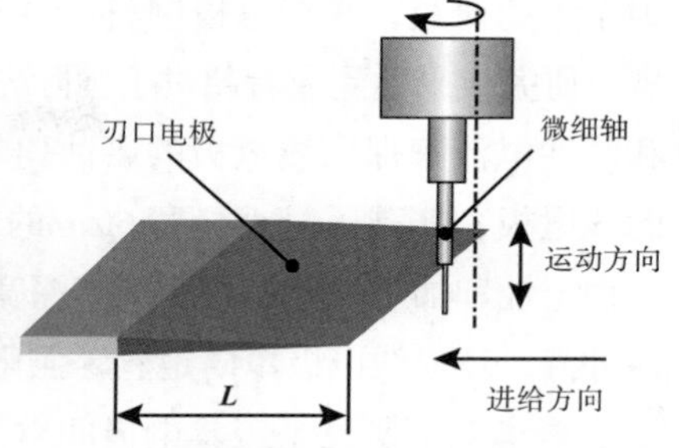

图 11　刃口电极电火花磨削微细电极示意图

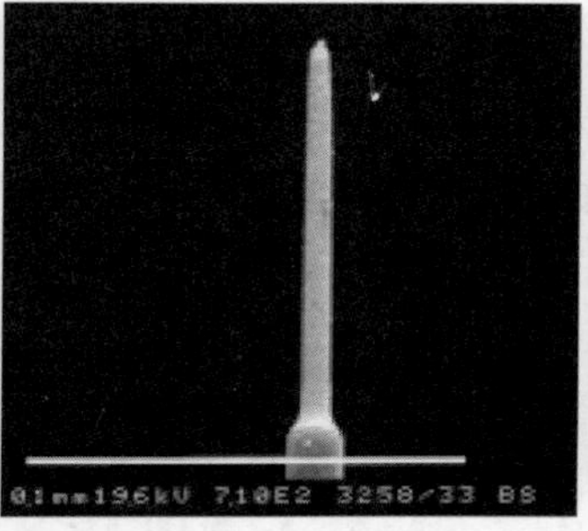

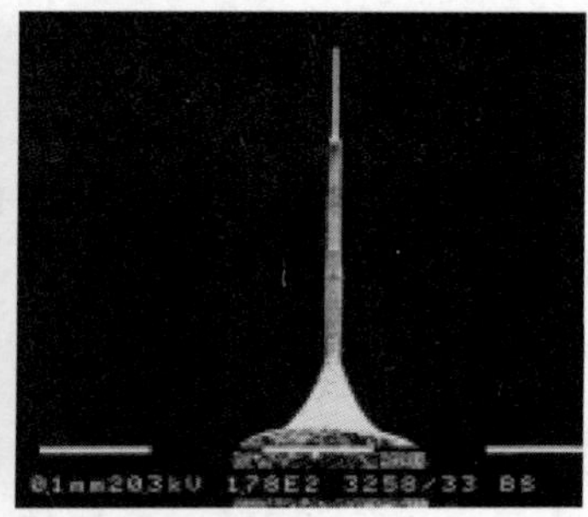

图 12　微细电极加工实例（直径：5.5μm；长度：90μm）

花套料加工制作大长径比微细阵列电极。这种组合式的加工制作方法解决了 UV-LIGA 技术制作凸起金属结构时去胶困难、只能获得几种特定材料电极以及难以制作大高径比柱状电极的缺点。通过优化加工参数，南京航空航天大学利用 UV-LIGA 与微细电火花组合加工阵列电极法制作出高径比接近 20 的微细阵列电极。

哈尔滨工业大学研究了微细群电极的电火花超声复合反拷加工技术。分析了超声波对加工产物强化排出机制，通过试验系统地研究超声振动对微细群电极反拷电加工的影响。采用电火花超声复合反拷加工技术可以加工出单电极直径小于 30μm，长径比大于 10，表面光洁的微细群电极。

为了减少电化学加工杂散腐蚀，提高加工精度，清华大学研究了微细电极绝缘。提出一种借助离心力甩胶的旋涂环氧树脂绝缘薄膜对高深宽比微细工具电极进行侧壁绝缘的方法。其原理是使微细电极高速旋转产生离心力，在环氧树脂液表面张力和旋转离心力的共同作用下，使滴于电极表面上的胶液展成厚度均匀的绝缘薄膜。用机械磨削法去除电极端部的绝缘膜，使电极端面导电。采用该方法制得了膜厚为 5 ~ 10μm 的侧壁绝缘电极。

2. 微细电解加工

微细电解线切割是利用微米尺度的金属丝作为工具，结合高精度的多轴数控运动，对金属材料进行加工的一种微细电化学加工方法。我国对微细电解线切割加工技术进行了较为系统的研究，在线电极制备、设备研发、过程控制、工艺优化等方面都取得了很大进展，研究成果达到或者超过了国际先进水平。利用电化学在线腐蚀的方法，辅助高频振动和脉冲电流来保证线电极的腐蚀均匀性，通过试验优化加工参数，制备出直径小至 2μm 的线电极，实现了最小缝宽 6μm 的电解加工。为了促进加工间隙中的传质速度，提高加工稳定性和加工效率，并实现高深宽比零件的加工，提出了线电极叠加轴向微幅振动、轴向冲液、环形线电极单向走丝等强化传质措施。

清华大学研究了工具电极间歇回退强化加工间隙内部电解液更新的电极进给控制方法。控制电极快速回退，加工区域内部的压力骤然降低，形成强烈的抽吸作用，一方面可以将加工区内的气泡等反应产物带出到工件表面之外；另一方面可迫使周围新的电解液被吸入到加工区内。哈尔滨工业大学研究了旋转电极微细电解电铣削加工；南京航空航天大学建立了分层电解铣削加工分步控制数学模型，研究了铣削层厚度对形状精度、加工稳定性及加工效率的影响，揭示纳秒脉冲电流条件下定域性增强的机理和脉冲参数对定域性的影响规律。应用优化后的参数，加工出特征尺寸为 5mm 的复杂三维结构（见图 14）。

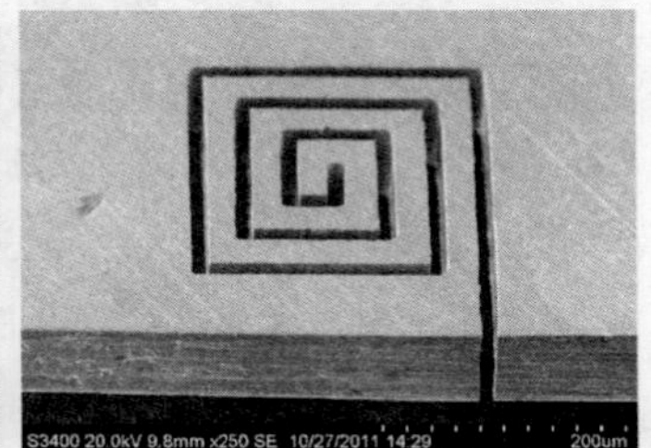

图 13　微细电解线切割样件

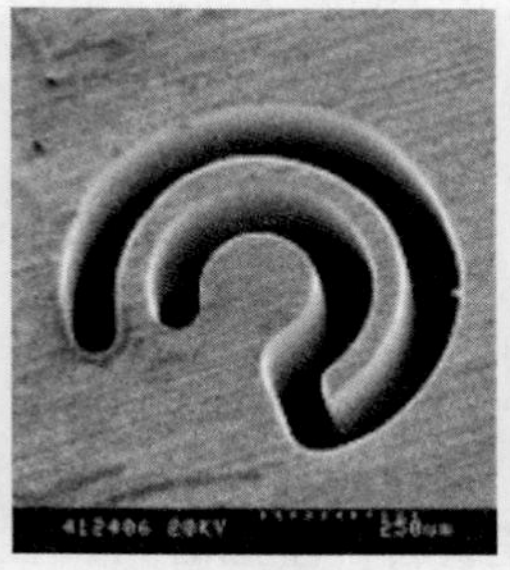
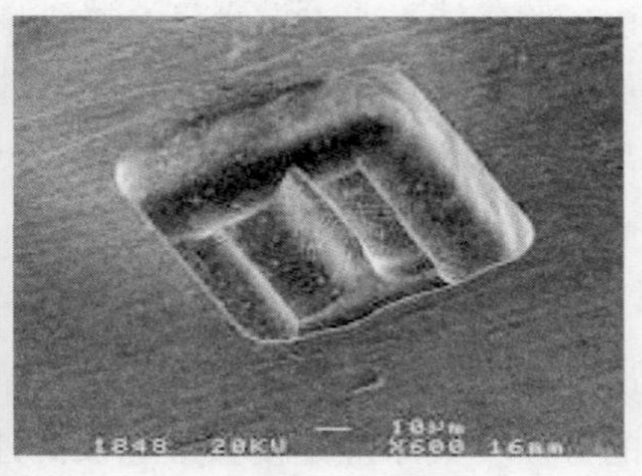

图 14　微细电解线铣削加工样件

3. 微细电解复合 / 组合加工

电火花—电解复合加工是利用这两种加工方法的各自优点，将二者有机地复合在一起，同时作用在一个加工表面上进行加工的一种复合加工技术。该技术具有加工精度高、表面质量好、生产率高的优点。哈尔滨工业大学对非导电陶瓷材料电火花—电解复合加工，南京航空航天大学对太阳能硅片电火花—电解复合制绒机理与工艺等进行了相关研究。

为了提高加工效率，去除微细电火加工在工件表面形成的变质层，改善微细电火加工表面的表面粗糙度，清华大学和哈尔滨工业大学研究了微细电火花—微细电解组合工艺。利用三维伺服扫描微细电火花加工快速去除三维型腔材料和微细电解铣削加工形成高精度和高质量三维型腔轮廓表面的互补优势，实现三维微结构的高效率和高精度加工，得到了较好的加工效率和加工精度的优化组合结果。

激光—微细电解复合加工是采用功率相对低的激光束激光加工与电解加工相结合进行加工的一种复合加工方法。与单独的激光加工和电解加工相比，激光—微细电解复合加工能够提高微细电化学的效率。华中科技大学对准分子激光电化学刻蚀硅，南京航空航天大学对喷射液束电解辅助激光加工，江苏大学对纳秒激光电化学复合掩模加工进行了较为系统的研究。采用纳秒激光电化学复合掩模加工，在阳极钝化区内，纳秒脉冲激光电化学复合加工能够显著提高加工速率和加工表面质量，可以实现线宽约为 130μm、热影响区小的微细刻蚀加工。

清华大学结合高压共轨柴油发动机燃油喷射用倒锥形微细喷孔加工应用，提出一种微细倒锥喷孔的电火花电解组合加工新工艺。在采用电火花加工直圆底孔之后，进行微细电解加工倒锥形喷孔和倒内圆角并达到表面抛光效果。该组合工艺对提升燃油喷孔的制造水平，减少机动车废气污染具有重要作用。

4. 表面织构的微细电解加工

西安交通大学利用传统掩膜电解加工技术，对回转体表面进行涂胶、曝光、显影，并进行表面织构电解加工，在回转体表面加工出直径为 30μm、深度为 20μm 的微坑和宽度为 10μm 的微槽。南京航空航天大学提出活动模板织构电解加工方法。该方法与传统掩模电解加工的最大不同之处在于采用了可重复使用的活动模板，从而使得加工时间大幅缩短。另外，采用柔性活动模板，可以实现回转体外表面和内表面织构的加工。采用该加工方法获得了直径为 240μm、深度为 10μm 的微坑阵。

5. 微细电铸技术

南京航空航天大学采用交变真空压力容器作为电铸槽进行电铸，提高了微细电铸速度和电铸件质量。溶液槽内压力的交替变化使得微细电铸产生的氢气泡体积出现周期性变化，促使氢气泡脱离沉积层表面飘浮逸出，气泡的运动促进了电铸区域内液体的对流，提高了微细电铸的极限电流密度。实验证明，采用交变真空进行微细电铸，在保证镀层质量的前提下，允许的最大电流密度也相应提高（常规电铸电流密度为 $1A/dm^2$，交变真空电铸电流密度为 $3A/dm^2$），从而缩短了电铸时间。

采用 UV–LIGA 技术制造超厚微细结构器件时，由于交联后的 SU–8 胶去除困难，去胶时产生的应力会损坏微结构甚至导致微结构彻底脱落。南京航空航天大学采用电解辅助 UV–LIGA 法，即在电铸前先通过掩膜电解的方法在基底上制作桩基微坑，这些微坑可以有效增强电铸金属与金属基底的结合力，从而保证去胶时电铸金属微结构不被剥离。该技术可以有效的提高高径比最大为 4 的微细结构器件的制造成品率。

三、本学科国内外研究进展比较

（一）精密电解

由于电解加工技术所具有的高效率、低成本特点，可显著降低复杂关键部件制造成本，因此受到了特别的重视。各国在电解加工的基础理论和技术应用等方面开展了大量研究工作，取得了显著的进展。

在基础理论研究方面，美国开展了电解加工间隙变化过程的研究，分析了加工间隙中阴阳极间的电位分布，对工件型面的二维演变过程进行了模拟。比利时致力于电化学反应理论、过程模拟研究，结合电极反应动力学，带电离子在溶液中的扩散、对流和迁移过程，提出多离子传输反应模型（multi-ion transport and reaction model，MITReM）进行电解加工过程的多物理场协同仿真，探讨了加工间隙内温度分布、电极热传导、电极 / 溶液界面水分子消耗对阳极电化学溶解规律的影响[1-3]。俄罗斯等建立了叶片电解加工模型，进行了电解加工过程的计算和仿真。波兰通过计算流体力学仿真分析了超声辅助电解加工间隙内的空化现象、气泡率和压力分布，阐明了电极超声振动促进电解产物排出、提高加工精度的机理[4]。南京航空航天大学对群孔管电极电解加工的分配腔流场进行了建模分析，结果表明，减小管电极数量、增大腔体直径、减小管电极内径、增加总阻力系数均能使腔体内流场分布更加均匀[5]。

在工艺研究方面，德国研制出适合聚变用零件的电解加工工艺[6]。英国对双极性电流管电极电解加工的常见孔型缺陷进行了归纳，通过析因试验方法分析出进给速度、正向加工电压、电解液压力、电解液浓度是影响孔径和孔锥度的重要因素，并建立了加工参数优选机制[7]。日本开发了能够加工弯孔的电解加工工具及工艺[8]。印度通过阶段性改变加工电压、进给速度实现了难加工材料竹节形冷却孔的加工[9]，还提出了电化学磨粒流加工不锈钢管道内壁工艺。哈尔滨工业大学开发出适合特殊用途的 s-03 不锈钢的电解加工工艺[10]；大连理工大学采用脉冲电解抛光技术在 4 分钟内使得零件表面粗糙度从 Rz3μm 降低到 Rz1.22μm[11]；南京航空航天大学研制出叶片、整体叶盘电解加工工艺；北京航空制造工程研究所研制出相应螺杆钻具等壁厚定子的电解加工成套工艺。

在装备方面，由于电解加工技术的特殊性，其机床装备的专用性很强，通常一类零部件就需要与之配套的机床装备。美国 GE 公司与 Lehr-Precision Inc 公司合作研制出整体叶盘电解加工机床及相应加工工艺，首先采用套料加工方法进行叶盘型面的预加工，然后采用开窗式工具电极进行叶片型面的精密成形，在此基础上加工了镍基高温合金整体叶盘。美国 Sermatech 公司设计了多电极加工形式，并优化了流场分布，实现了机匣的电解加工，已用于 F414、F100 等发动机机匣的生产。德国 MTU 研制了多坐标精密电解加工机床和 20 000A 大功率电源用于整体叶盘的精密、高效加工等。南京航空航天大学研制出国内首台整体叶盘型面电解加工机床；北京航空制造工程研究所研制出螺杆钻具等壁厚定子电解加工机床装备。

（二）精密电铸

电铸技术由于其独特的加工原理和优势特点，受到国内外科研院所和生产机构的广泛关注，逐渐成为大型、复杂、精密结构件的重要制造方法。欧洲宇航防务集团（EADS）制造的维希（VINCI）火箭发动机推力室外壁和美国制造的航天飞机主发动机推力室外壁均采用了电铸技术。中国航天科技集团公司一院在在氢氧火箭发动机推力室外壁以及风洞喷管内壁的制造中也采用了电铸技术。电铸技术还被用于大型复合材料构件模具、直升机桨叶防护片、大型压力容器、光学器件等金属零部件制造。

目前，国内外研究主要集中在有效改善电铸层表面质量和厚度均匀性，提高电铸材料性能和电铸速度的技术创新方面。德国针对航空和汽车业模具电铸制造，提出磁场辅助电铸，通过施加磁场能有效提高沉积速率和改善材料性能[12]。西班牙等将电铸技术与快速成形相结合，并开发专门设备和软件来提高电铸层厚度均匀性和电铸速度[13]。中国台湾地区开发出一种新型添加剂用于 Ni-Co-Mn 合金电铸，以提高材料性能[14]。华侨大学李洪友等开展了双脉冲电铸试验研究，有效提高了镍以及纳米粒子复合电铸层质量和电铸材料性能[15]；南京航空航天大学朱荻教授提出了摩擦辅助电铸技术，在提高电铸材料机械性能的同时，彻底消除电铸层表面缺陷，实现大壁厚零件的一次性电铸成型，电铸周期大幅度缩短[16]。并在建立电铸电场数模的基础上，开展电铸阳极轮廓的优化设计，有效提高了电铸层厚度均匀性，实现了复杂轮廓结构件的不间断电铸成形[17]。

（三）微细电化学加工

与国外相比，微细电解加工在极限加工能力、纳秒 / 皮秒脉冲电源研制、加工机理研究等方面存在差距。哈尔滨工业大学、上海交通大学、清华大学、大连理工大学、南京航空航天大学等单位在微细电化学加工方面进行了卓有成效的探索。在纳秒脉冲提高加工定域性机理、工具制备、过程控制、产物强化排出、平台研制等方面取得了重要进展。

加工机理研究方面。比利时和罗马尼亚的研究人员建立了加工间隙内与时间相关的电场分布模型，并通过有限元方法研究了双电层、电参数以及加工间隙对微细电化学加工的影响，完善了微细电化学加工的基础理论[18]。中国台湾地区等对微细电铸过程中的离子浓度分布进行了二维数值模拟，结果表明，电流密度和微观结构的深宽比影响最为显著[19]。南京航空航天大学建立了分层微细电解铣削的理论模型，通过控制加工厚度提高了加工稳定性[20]。

提高微细电化学加工的效率和加工精度方面。韩国研究人员采用了阵列电极、圆盘电极、电极侧壁绝缘、削边电极以及电解液超声振动等措施[21]。印度学者采用工具振动（150 ~ 200Hz）来提高微细电化学加工的效率和精度。清华大学研究了电极回退对微细电化学加工的影[22]；南京航空航天大学研究了线电极叠加轴向微幅振动、轴向冲液、环形线电极单向走丝等强化传质方案。通过线电极和工件单独或同时进行低频振动，来加快加工间隙中产物的排出，实现了特征尺寸为6μm的微缝加工，加工速度达到0.5μm/s；通过环形线电极单向走丝，实现了深宽比为57的缝结构，加工速度达到1.0μm/s[23]。瑞士采用激光破除金属钛表面的氧化膜层形成掩膜后进行电解加工，在工件表面形成微观形貌。英国提出电解转印工艺，将表面带有镂空图案的工具作为阴极进行电解加工，在工件表面加工出宽度为70μm、深度为1.5μm的微槽和边长为120μm、深度为1.5μm的方坑结构[24]。南京航空航天大学提出活动模板微细电解加工方法，实现直径为240μm，深度为10μm的微坑阵列[25]；西安交通大学研究了回转体表面掩膜电解加工微织构技术，可加工出直径为30μm、深度为20μm的微坑和宽度为10μm的微槽[26]。韩国采用微细电铸工艺制备出Fe–Ni和Fe–Ni–W合金微型齿轮模具，用于粉末注射成型[27]。台湾地区微细电铸出NiCo/Al_2O_3复合材料微型透镜阵列模具，提高了模具机械性能[28]。中国科学技术大学采用飞秒双光子聚合和微细电铸相结合工艺制备微细模具，制得了直径为10μm的2×2的微镜头阵列模具和直径为15μm的微齿轮模具[29]；大连理工大学提出稳定镀液pH、增加搅拌和过渡循环、添加润湿剂以及采用脉冲电流等措施可解决析氢对铸层质量的影响；西安微电子技术研究所通过选择性电铸制备出结构完整、侧壁陡直、表面平整的敏感芯片。

四、本学科发展趋势与展望

（一）精密电解加工

在精密高效电解加工技术领域，未来的发展趋势与展望如下。

1）提高电解加工精度。研究将围绕电场、流场、温度场以及随电流密度变化的极化电位等耦合作用下电解加工间隙的演变过程，液、固、气3相流作用下间隙中电导率的分布，建立多场耦合作用下的电解加工间隙模型，揭示电解加工平衡状态和非平衡态过程中加工间隙分布的变化规律，为工具电极精确设计及流场设计提供理论支持，从而提高电解加工精度。

2）创新电解加工工艺方法。仅靠发展多场耦合的电化学制造技术理论，还无法彻底解决工程实际中某些特殊结构关键部件的电解精加工问题，必须开展创新电化学制造方法研究，并建立与新方法相应的新理论。

3）新型材料的电化学溶解机理和规律。电解加工的可加工性虽然与材料的机械性能无关，但是与材料的元素成分和组织结构密切相关。针对未来重大装备研制中所采用的新型材料，如高温钛合金、阻燃钛合金、钛铝基金属间化合物等新型高温合金材料，需要研究这些新型材料的溶解机理和规律。

（二）精密电铸

在精密电铸技术领域，未来的发展趋势与展望如下。

1）高质量电铸。包括两方面含义，一方面是高表面质量，彻底消除表面结瘤、麻点等缺陷；另一方面是高厚度均匀性，通过完善电铸阳极优化设计方法，实现电铸零件壁厚的预测和控制。

2）高材料性能电铸。针对特定零件的性能要求，通过合理制定电铸工艺过程，结合合金电铸、复合电铸等，调整电铸材料性能，使其满足使用要求。

3）高速度电铸。电铸速度低一直是制约电铸技术发展的重要因素，研究新型电铸实现方式，提高电铸速度，或者在薄层电铸基础上，通过其他快速成型技术添加背衬来缩短制造周期。

（三）微细电化学加工

在微细电化学加工技术领域，未来的发展趋势与展望如下。

1）提高极限加工能力。目前，微细电化学加工所达到的最小尺寸远小于其理论极限，因此，需要通过深入研究以取得新的理论和技术方面的突破，进一步提高加工定域性，挖掘微细电化学加工的潜能。

2）提高加工速度及加工稳定性。目前，阻碍微细电化学加工技术进一步发展和应用的主要障碍是其加工效率低，加工速度仅为每秒零点几微米。需要通过深入的理论和实验研究，阐明微尺度间隙内物质运输过程和电场、流场等对产物运输过程的影响机理，探索有效的产物输运技术措施。

3）复杂结构和难加工材料的加工。高新产品发展所迫切需求的窄缝、复杂直纹可展曲面和三维曲面的微细电解加工技术还需要完善，高温合金、耐蚀合金等难加工材料微结构的微细电解加工也是微细电解加工研究的发展趋势。

参考文献

[1] Deconinck D，Van Damme S，Deconinck J.A temperature dependent multi-ion model for time accurate numerical simulation of the electrochemical machining process [J]. Part I：theoretical basis，Electrochimica Acta，2012，60：321-326.

[2] Deconinck D，Van Damme S，Deconinck J. A temperature dependent multi-ion model for time accurate numerical simulation of the electrochemical machining process [J]. Part II：numerical simulation，Electrochimica Acta，

2012，69：120–127.

[3] Deconinck D，Hoogsteen W，Deconinck J. A temperature dependent multi–ion model for time accurate numerical simulation of the electrochemical machining process [J]. Part III：experimental validation，Electrochimica Acta，2013，103：161–173.

[4] Sebastian Skoczypiec. Research on ultrasonically assisted electrochemical machining process [J]. International Journal of Advanced Manufacture Technology，2010 (52)：565–574.

[5] 王维，朱荻，曲宁松，等，群孔管电极电解加工均流设计及其试验研究 [J]. 航空学报，2010，31 (8)：1667–1673.

[6] Nils Holstein，Wolfgang Krauss，Jrgen Konys. Development of novel tungsten processing technologies for electro-chemical machining (ECM) of plasma facing components [J]. Fusion Engineering and Design ，2011，86：1611–1615

[7] Ali S，Hinduja S，Atkinson J，et al. Shaped tube electrochemical drilling of good quality holes [J]. CIRP Annals–Manufacturing Technology，2009，58：185–188.

[8] Mitsuo Uchiyama，Masanori Kunieda. Application of large deflection analysis for tool design optimization in an electrochemical curved hole machining method [J]. Precision Engineering，2013，37：765– 770.

[9] Pattavanitch J，Hinduja S. Machining of turbulated cooling channel holes in turbine blades [J]. CIRP Annals–Manufacturing Technology，2012，61：199–202.

[10] Tang L，Guo YF. Experimental Study of Special Purpose Stainless Steel on Electrochemical Machining of Electrolyte Composition [J]. Materials and Manufacturing Processes，2013，28：457–462.

[11] Ma N，Xu WJ，Wang XY，et al. Pulse electrochemical finishing：Modeling and experiment [J]. Journal of Materials Processing Technology，2010，210：852–857.

[12] Weinmann M，Jung A，Natter H. Magnetic field–assisted electroforming of complex geometries [J]. Journal of Solid State Electrochemistry，2013，DOI：10. 1007/s10008-013-2172-6.

[13] Monzón M，Hernández PM，Marrero et al. New development in computer aided electroforming for rapid prototyping applications [J]. 9th Biennial Conference on Engineering Systems Design and Analysis，2009，1：179–184.

[14] Chen TY，Wang DC. An experimental study on the electroforming of ternary Ni–Co–Mn alloy [J]. International Journal of Nuclear Desalination，2009，3 (3)：301–309 .

[15] Huang C，Li HY，Zeng HP，et al. An experimental study of bipolar pulse electroforming nickel [J]. Advanced Materials Research，2011，152–153：238–241.

[16] Zhu D，Zhu ZW，Qu NS. Abrasive polishing assisted nickel electroforming process [J]. CIRP Annals–Manufacturing Technology，2006，55 (1)：193–196.

[17] 章勇，朱增伟，高虹，等. 一种新的电铸阳极轮廓设计方法. 航空学报，2012，33 (1)：182–188.

[18] Hotoiu EL，Van Damme S，Albu C，et al. Simulation of nano–second pulsed phenomena in electrochemical micromachining processes–Effects of the signal and double layer properties [J].Electrochimica Acta，2013，93：8–16.

[19] Tsung–Hsun Tsai，Hsiharng Yang，Reiyu Chein，Mau–Shiun Yeh. Two–dimensional simulations of ion concentration distribution in microstructural electroforming [J]. The International Journal of Advanced Manufacturing Technology，2011 (57)：639–646.

[20] 刘勇，朱荻，曾永彬，微细电解铣削加工模型及实验研究 [J]. 航空学报，2010，31 (9)，1864–1871.

[21] Insoon Yang，Byung Jin Park，Chong Nam Chu. Micro ECM with Ultrasonic Vibrations Using a Semi–cylindrical Tool [J]. International Journal of Precision Engineering and Manufacturing，2009，10 (2)：5–10.

[22] 马晓宇，李勇. 间隙回退对微细电解加工的影响分析及实验研究 [J]. 航天制造技术，2009，(6)：6–11.

[23] Zeng YB，Yu Q，Wang SH，et al. Enhancement of mass transport in micro wire electrochemical machining [J]. CIRP Annals–Manufacturing Technology，2012，61 (1)：195–198.

[24] Nouraeiz S，Roy S. Electrochemical process for micropattern transfer without photolithography：a modeling analysis [J]. Journal of the Electrochemical Society，2008，155：97–103.

[25] Zhu D，Qu NS，Li HS，et al. Electrochemical micromachining of microstructures of micro hole and dimple array

[J]. CIRP Annals-Manufacturing Technology, 2009, 58 (1): 177-180.
[26] Hao XQ, Wang L, Wang QD, Surface micro-texturing of metallic cylindrical surface with proximityrolling-exposure lithography and electrochemical micromachining [J]. Applied Surface Science, 2011, 257: 8906-8911.
[27] Seong Ho SON, Sung Cheol PARK, Wonsik LEE.. Manufacture of μ-PIM gear mold by electroforming of Fe-Ni and Fe-Ni-W alloys [J]. Transactions of Nonferrous Metals Society of China, 2013, 23: 366-371.
[28] Shih-Yu Hung. Optimization on hardness and internal stress of micro-electroformed NiCo/nano-Al_2O_3 composites with the constraint of low surface roughness [J]. Journal of Micromechanics and Microengineering, 2009(19): 1-10.
[29] Ding JJ, Zhai ZP, He JJ. Micro Device Mould Fabrication Based on Two-Photon Polymerization and Electroforming [J]. 5th IEEE International Conference on Nano/Micro Engineered and Molecular Systems, 2010: 1074-1078.

撰稿人：曲宁松　张明崎　李　勇

激光加工领域科学技术发展研究

一、引言

激光加工是指以激光为主要工具，通过光与物质的相互作用引起材料物态、成分、组织结构或应力状态的变化，从而实现零件 / 构件成形与成性的加工方法。

按照光与物质的相互作用机理，激光加工可分为基于光热效应的“热加工”和基于光化学效应的“冷加工”两种。红外波段的激光，由于激光光子能量低（如波长 10.6μm 的 CO_2 激光，单光子能量仅 0.12eV；波光 1μm 左右的 YAG 激光，单光子能量也只有 1.2eV），加工过程主要以热的形式体现，即材料吸收激光能量引起温度升高、熔化或汽化，从而实现材料表面热处理、合金化、熔覆、焊接、打孔、切割等，是为激光热加工。紫外波长的激光，光子能量高（如 KrF 准分子激光器：波长 0.249μm，单光子能量 4.9eV），和一些高分子聚合物的分子结合能相当（高分子聚合物主要由 H、C、O、N 组成，其中 C–H 键的键能只有 3.5eV），依靠光化学效应实现对该类材料的剥蚀或聚合，是为激光冷加工。但是，高聚物中的 C–O、N–N、C–N 的键能均高于所有紫外光子的能量，紫外激光加工聚合物实际上是同时存在光解和热解两个过程。紫外激光加工金属和大多数的非金属则仍然是基于光热效应的热加工。飞秒（$1fs=10^{-15}s$）激光加工时，一方面由于激光脉冲持续时间远小于电子与晶格碰撞的热弛豫时间；另一方面由于超高强度的多光子效应，加工过程主要以非热形式体现，实现了相对意义上的“冷”加工，因此也划入激光冷加工的范畴。

激光是由大量原子（或分子）受激发发射形成的可以控制的振荡光波，具有高度的方向性、单色性、相干性、高亮度、可调谐性并可获得超短脉冲。具有极高单色性和空间相干性的激光束表现出良好的聚焦特性，可以获得 10^7 ~ 10^{23} W/cm^2 以上的能量密度，产生数千度乃至上万度的高温，使任何物质瞬间熔化、汽化甚至等离子体化，因此可应用于各种材料的加工制造。激光在能量、时间、空间方面的可选择性和可调控性前所未有，并可形成超快、超强、超短等极端物理条件，其制造过程所产生的物理化学效应、加工机理有许多不同于传统制造的独特之处，催生了种类繁多的激光加工技术，可满足宏观、微观乃至纳米尺度的制造要求，为制造学科提供了全新的生长点和新技术的突破点，成为最为活跃的制造技术领域之一。

1960年世界上第一台红宝石激光器问世之时，就演示了聚焦激光束烧穿刀片的效果。1962年就有关于激光加工应用的报道。在20世纪70年代之前，由于没有高功率的连续激光器件，研究侧重于激光打孔、脉冲激光焊接等。1971—1972年，随着商用千瓦级CO_2激光器的诞生，情况发生了根本性的变化。几毫米厚钢板能够采用激光一次性完全焊透或切断，显示出了高功率激光器在材料加工方面的巨大潜力。此后40多年，伴随着激光技术的飞速发展及激光与物质相互作用机理研究的不断深入，激光加工技术不断拓展，目前已经形成宏观加工和微纳加工两大技术领域。前者包括切割与制孔、焊接、熔覆与合金化、淬火与退火、冲击强化、快速成形、标记、清洗等系列工艺方法，在冶金、机械、造船、航空航天、汽车制造、能源等工业领域得到广泛应用；后者包括激光微/纳刻蚀、薄膜沉积、微/纳连接、微/纳熔覆等，主要应用于航空航天、能源、电子、生物、医疗等领域。

本报告主要就激光焊接、激光切割与制孔、激光表面强化与再制造、激光刻蚀等激光加工主要领域的最新开展进行总结和分析，并提出未来发展战略。激光快速成形方面的研究进展纳入“增材制造”专题。

二、激光加工学科近年来的最新研究进展

（一）激光焊接

根据激光辐照引起材料物态变化的不同，激光焊接表现出两种不同的焊接模式，即激光热导焊和激光深熔焊。激光热导焊类似于钨极氩弧（TIG）焊，工件表面吸收激光能量，通过热传导的方式向材料内部传递，焊接效率低，主要应用于薄、小、精密零件的焊接；激光深熔焊接与电子束焊接相似，高功率密度激光作用引起材料局部蒸发，在蒸汽压力作用下熔池表面下陷形成小孔，激光束通过“小孔”深入到熔池内部，焊接效率高，应用广泛。近年来，国内在激光焊接领域的研究主要集中在以下几个方面。

1. 轻质/高强金属材料的激光焊接

由于构件轻量化、高性能化的发展要求，铝合金、钛合金、镁合金、高强钢、高温合金等先进材料在不同工业领域的应用日益广泛，这类材料激光焊接技术的研究在我国日趋活跃，其中薄壁钛合金激光焊接技术最为成熟，北京工业大学、北京航空制造工程研究所、哈尔滨工业大学等单位各自独立开发的钛合金激光焊接技术已分别在航空航天、化工机械等工业领域应用。铝合金激光焊接则主要是面向民用飞机整体壁板的制造，开展T形接头构件高亮度双光束激光焊接工艺技术和装备研究。北京工业大学、北京航空制造工程研究所、哈尔滨工业大学等自主构建了高亮度双光束激光焊接实验平台，针对几种典型新型航空铝合金T形接头，如6056/6156、2524/7150、2060/2099等，开展了高亮度双光束

激光焊接工艺技术研究，基本解决了焊接过程稳定性、焊缝成形、焊接气孔、裂纹等问题，掌握了整体壁板激光焊接变形的基本规律。国内开展镁合金激光焊接研究的单位较多，研究主要侧重于不同牌号镁合金激光焊接工艺、气孔形成机理、接头组织性能、腐蚀行为等。在压铸镁合金激光焊接气孔形成规律及原因方面，清华大学单际国团队的研究成果最具代表性。他们研究发现，在低激光功率密度（1.6×10^6 W/ cm^2 以下）焊接时，随着热输入的升高气孔率持续升高；在高激光功率密度（3.2×10^6 W/ cm^2 以上）焊接时，在一定热输入下气孔率出现极小值，增加或减少热输入都会造成气孔率的升高，但当热输入非常低时气孔率又出现降低的趋势。进一步研究发现，获得低气孔率焊缝的关键是抑制压铸镁合金中原子氢的析出，使其以固溶形式继续存在于焊缝中。

2. 异种金属激光焊接

在异种金属的连接方面，激光熔钎焊接正在成为新的热点。激光熔钎焊接是通过激光能量、光斑大小、作用位置和作用时间的精确控制，利用两种母材熔点的差异，使低熔点母材熔化，而高熔点母材保持固态的一种连接方法，即在低熔点母材一侧为熔化焊，而在高熔点母材一侧则为钎焊。这种方法避免了熔焊时两种金属液相混合而生成大量脆性金属间化合物，因而可以获得优质的接头。国内在铝 / 钛、铝 / 钢异种合金激光或激光—电弧复合热源熔钎焊接技术方面开展了大量研究工作，但受热传导的限制，激光熔钎焊接仅限于薄板的连接，其激光能量的利用率也比较低。针对具有一定厚度的异种合金的连接，北京工业大学提出了一种激光深熔钎焊的方法，成功实现了 2 ~ 3mm 厚的铜—钢、铝—铜及铝—钛对接接头的高效连接。哈尔滨工程大学采用该方法也实现了 2.4mm 厚 AZ31 镁合金与 1.7mm 厚 Q235 低碳钢不等厚板的对接焊。由于激光深熔钎焊接头钎焊界面不同部位温度不受热传导的限制，能够获得组织性能相对均匀的钎焊接头。但是，在激光焊接高温、高速和大温度梯度条件下不同材料体系界面接合条件与机理、金属间化合物和焊接缺陷形成与控制、不同使用环境下接头服役性能等方面还缺乏深入研究。

3. 激光—电弧复合焊

激光—电弧复合热源焊接综合了激光和电弧各自的优点，可以获得单纯激光和电弧焊接难以达到的效果，既充分发挥了两种热源各自的优势，又相互弥补了各自的不足，因此引起了广泛关注。但是，由于光源和电弧特性、材料体系和焊接工艺参数的差异，电弧的引入并不总是能产生 1+1>2 的效果，有时还会带来非常严重的负面影响。国内的北京工业大学、哈尔滨工业大学、华中科技大学、上海交通大学、哈尔滨焊接研究所等单位在激光—电弧相互作用、复合热源能量耦合及复合焊接工艺技术方面取得了一定的研究积累。在激光—电弧相互作用方面，北京工业大学的研究团队采用先进测试仪器直接测量的方法，系统研究了复合焊接时激光—电弧相互作用后的激光特性及电弧特性。研究结果表明，影响激光—电弧相互作用的最主要的因素是电弧气氛、激光波长、激光功率密度。短波长的 YAG 激光与电弧相互作用效应很弱，可以忽略。而对于波长较长的 CO_2 激光，电弧气氛及激光功率密度对激光—电弧相互作用产生重要影响，激光穿过 Ar 电弧后的能量损失高达 70%，光束中心功率密度降低接近 90%，光束能量分布状态严重恶化，而 He 弧对入射激光基本没有影响。

（二）激光切割与制孔

自 20 世纪 70 年代末，大功率激光切割就开始进入我国钣金加工领域，至 90 年代，除传统的 CO_2 激光器之外，大功率固体激光器，特别是高光束质量光纤和碟片激光器也已逐步应用钣金加工。

1997 年起，北京工业大学通过国家自然科学基金委重点项目“大功率 CO_2 及 YAG 激光三维焊接和切割理论与技术”的资助，开始系统地研究三维激光切割技术，包括大功率混合模激光光束传输与聚集特性、空气热透镜效应、激光三维切割离线编程与轨迹优化技术、激光三维切割工艺及质量人工神经网络分析等，开发了具有自主知识产权的 CAM 三维加工软件 LaserCAM2000，研究成果成功应用于“大红旗”轿车车身覆盖件制造。目前，薄板及中厚板金属材料激光平面及维切割技术已相当成熟，从工艺到设备均可以满足许多实际工程需要，在航空航天、造船、汽车等行业获得广泛应用。低碳钢板激光切割厚度可达 30mm 左右，不锈钢、铝合金、钛合金切割厚度可达 10 ~ 15mm。近年来，激光切割研究的热点主要集中在硬脆性非金属材料方面。

以陶瓷、玻璃、硅片等为代表的硬脆性材料是制造微机电系统、光电子和光学元件以及医疗器械等的基本材料，对这些高硬度、高脆性和高熔点材料的切割加工需求正在不断增长，激光应力切割即是近些年针对此类硬脆性材料加工而提出的切割方式。该方式原则上只要保持均衡的加热梯度，激光束可引导裂缝在任何需要的方向产生。双光束切割、控制裂纹切割是激光应力切割方式中常见的形式，均处于实验室研究阶段。国内的哈尔滨工业大学、浙江工业大学等多家研究单位采用激光应力切割方法在钠钙玻璃、液晶玻璃基板等硬脆性材料的激光切割研究中取得了良好的切割效果，并研究了激光功率和光斑直径对切割过程中温度场的影响。激光应力切割往往采用非聚焦光斑，不可使用太高功率，否则会引起工件表面熔化，破坏切缝边缘质量。目前的应力切割方式仍然不适合角形切割，尤其是锐角切割，切割厚型材料及特大封闭外形也不容易获得成功。对于硬脆性材料自由路径的激光切割，北京工业大学采用离散通孔密排方式可在 10mm 厚陶瓷上实现包括直线、曲线、直角、锐角等自由路径（含内轮廓）的无损切割（见图 1）。切口形貌完好，切缝边缘垂直度高，尖角内、外轮廓切割件均没有裂纹和崩角等损伤。

以低密度碳纤维复合材料为代表的轻型材料及其结构制造越来越受到人们的高度关注。哈尔滨工业大学和美国东北大学合作，进行了采用激光切割技术通过对波纹碳纤维桁架夹心板的制造研究（见图 2），通过所制造的不同桁架结构夹心板机械性能的研究，验证了采用激光切割技术可以有效提高具有较高相对密度的金字塔形点阵芯子的剪切应力上限。碳纤维复合材料具有高热传导率，传统的机械加工技术极易造成切割和钻孔中的热损伤、碎屑、分层以及刀具磨损，而激光切割非接触式的高能量快速输入及高自由度的加工方式，在这类材料的高质量切割中有其独特优势，有利于提高材料的机械性能。

小尺寸尖角的过烧问题长期困扰着激光切割（尤其是氧助激光切割）精度的提高，华中科技大学通过轨迹变换补偿方法，可以把 3mm 厚钢板 $\leq 30°$ 的尖角“烧蚀率”控制在 10% 以内，优化了小维度高精细切割质量，并摸索了激光能量值与不同加工尖角之间的补偿量关系。

a. 激光离散通孔无损切割厚型陶瓷件

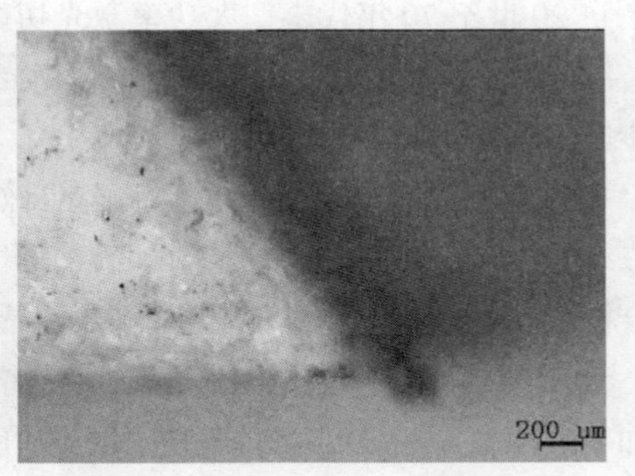

b. 激光离散通孔无损切割陶瓷厚板尖角

图 1　无损切割示意图

图 2　碳纤维波纹夹心板芯激光切割实物图（左）斜式桁架芯（右）立式桁架芯

皮秒、飞秒等超短脉冲激光与材料相互作用时的能量转移仅靠电子受激吸收，几乎没有热能存储和扩散，因此虽然可以极大提高直写（以单点刻蚀的扫描方式形成辐照的结构分布）等加工的精度，但同时也存在宏观性的切割效率偏低的问题，当前国内对皮秒激光应用研究主要面向超薄体材料（厚度 $\leq$ 200μm）或薄膜（100nm $\leq$ 厚度 $\leq$ 1μm）的分离及划线（槽）的加工，该方向目前主要处于研究室基础研究阶段，突出表现在薄膜太阳能电池和 LED 晶圆切割工业应用潜势的研究。

（三）激光表面强化与再制造

激光表面改性技术是表面工程中先进技术之一，它是通过各种激光表面处理技术在材料表面制成具有特种需要的表面层。该技术与传统表面处理工艺相比最突出的特点是：激光加热和冷却速度相当快、生产效率高、易实现智能化、自动化、清洁化、节能、减排降耗的生产环境。其在表面工程技术、先进制造与再制造领域、发展循环经济和建设节约型社会中起重要作用。据发达国家统计，每年因腐蚀、磨损、疲劳造成的损失约占国民经济总产值的 3% ~ 5%，这就需要用表面改性技术来提高易损件表面硬度、耐磨性和抗冲蚀、腐蚀等性能。

1. 表面改性专用材料

激光强化专用粉末材料体系。由于激光表面改性通常沿用的喷涂粉末不适合激光快速加热冷却过程，气孔裂纹极易产生，因此，表面改性专用材料一直是发展中一个瓶颈问题，近十年国内学者针对这一问题展开了针对性的研发工作。一方面浙江工业大学课题组在功能性基本材料基础上，含有纳米陶瓷 Al_2O_3/ 介孔 WC 和碳纳米管等，该体系材料解决了硬化层高硬度与强韧性矛盾及易产生裂纹、气孔的难题，获得 HV400 ~ 1200 硬度梯度过渡、抗气蚀性能提高 2 倍以上、耐磨性提高 2 倍以上的强化表面；另一方面清华大学刘文今教授课题组发展了 NiCrSiB、Ni25B 系镍基合金材料体系。材料内部组织均一，与基体形成良好的冶金结合，硬度可提高到基体的 5 倍，高温磨损率约为基体的 1/3，裂纹也有明显减少。以上材料可以满足典型工况条件下的技术要求，并成功应用于轮机装备、工模具、汽车零部件以及化工装备等部分关键部件上。

2. 表面强化工艺

激光表面改性目前发展主要由单一技术向多种技术复合方面发展，如激光合金化与固溶处理、激光与（电）化学沉积、激光与化学、激光与喷涂等。一方面避免了单一激光作用下的高温冶金过程难以控制的问题；另一方面可以发挥其他技术的优势，获得均匀化高性能表面。

（1）固溶合金化复合强化

为了解决沉淀硬化不锈钢制作零部件的局部表面改性问题，并避免过量的变形，近年来提出了用激光局部加热替代整体高温加热固溶处理，实现选区性固溶，并用激光合金化替代表面渗氮、钛等常规表面处理方法。同时为了避免不同步引起的二次加热产生的相互影响，采用激光固溶、合金化同步处理，一次实现固溶和合金化强化。该技术成果开始用于我国百万千瓦机组超临界叶片的制造，其性能与进口相当，其制造费用仅为原进口的 1/10 左右，由于解决了关键的强化问题，进而实现自主生产。

（2）激光—化学镀复合强化

在激光处理中，直接利用纳米材料进行高温处理不可避免造成较大的烧损，而通过化学复合镀处理一方面可以增加纳米材料的弥散分布均匀性，另一方面则可以在一定程度上减少纳米材料的烧损。

激光与纳米复合化学镀技术结合，重点应用于薄壁件的表面强化方面。在化学（复合）镀纳米涂层基础上采用大光斑 CO_2 激光对已化学镀的纳米涂层进行快速晶化处理实验，获得表面硬度为 HV800 ~ 1200，耐磨性提高了 2 ~ 4 倍以上，无裂纹产生，成功应用于薄片刀具的生产制造中[6]。根据实物测试，耐磨性提高了两倍以上。在获得优异的表面性能的同时，成功解决了薄壁件容易发生变形的问题，达到了本领域的先进水平。

3. 激光再制造材料替代技术

激光再制造技术主要是应用激光对废旧零部件进行再制造处理，修复后的性能可超过原始零部件的性能。目前研究最多的是激光熔覆再制造技术，天津工业大学对激光熔覆再制造技术的研究较为系统，研究了激光再制造装备、再制造过程控制、粉末与激光相互作用理论及相关软件等。再制造国家重点实验室从理论、技术工艺、新型材料的研究等方面逐步应用于重载车辆齿类件、曲轴、汽车发动机缸盖等装备关键零部件。

采用 40Cr 或 45 钢替代 38CrMoAl 高合金氮化用材料，同时用激光合金化替代工件整体氮化处理等传统表面处理方法，解决了易变形、硬化层深度较浅以及喷涂修层易脱落等问题。用以上方法制造的螺杆表面硬度 HV700 ~ 900，无裂纹和变形，在降低塑机螺杆及配件的制造成本的同时，比 38CrMoAl 氮化处理的螺杆耐磨性提高 1.7 倍，使用寿命提高 50% 以上。

4. 先进熔池检测与集成控制系统

采用动态聚焦技术实时调节测温仪检测点与熔池吻合，用具有锯齿状导流槽的电容传感器对粉末流量进行在线检测，并根据流量变化调节送粉器输出实现稳定的粉末流，提高温度与送粉测控的准确性，获得厚度为 0.1 ~ 2mm、硬度为 HV400 ~ 800、高度和宽度尺寸波动在 ±0.1mm 的激光熔覆层。

5. 在产业发展中的应用成果

激光淬火、合金化、固溶及修复技术已应用于我国多个大型轮机企业叶片制造，共处理 10 万余件轮机叶片，装机 2000 多台。该技术已纳入以上轮机制造企业的标准工艺，据用户装机反馈，装机寿命比原来未处理的提高 1 倍以上，安全可靠，并大大降低整机故障，延长大修期，减少日常维修，减少停机，增加制造企业的产品技术含量，增强国际竞争力，节约维修开支，降低消耗。该技术成果应用已经给企业产生显著经济效益。

另外，采用激光复合固溶强化等工艺方法，设计专用聚焦系统获得特殊尺寸光斑以实现激光固溶，在 17 ~ 4PH 叶片进气边得到了硬度大于 HV400，深度 2 ~ 3mm 的硬化层，并用于成功用于 1000MW 超超临界汽轮机叶片的强化，实现国产化制造。

采用激光与电化学复合强化、基于熔覆的激光修复已经分别用于大型拉延模具、注塑模具、热锻模具以及压铸模具等，增加了模具的耐高温磨损性能，耐磨性提高 1 ~ 3 倍。

用激光熔覆替代双金属，用于腐蚀或腐蚀磨损工况条件下的部件，如海水泵阀、塑机螺杆以及化工设备部件等。用 40Cr 替代 38CrMoAl，用激光合金化替代氮化，用激光熔覆专用抗腐蚀磨损材料替代螺杆齿部喷涂，节约了原材料制造成本 40%，提高使用寿命 50%[7]。

（四）激光刻蚀

激光刻蚀的技术体系包括刻蚀机理、方法、工艺及应用。从工艺类型来说，激光刻蚀包括激光蚀除、激光雕刻、激光打标、激光划线（片）、激光清洗、激光剥离等工艺。激光刻蚀技术在我国近年呈稳步发展的态势。在机理研究、工艺技术、系统装备、应用开发等几个方面都全面展开，且保持了较高的技术水准。高校中大约有10家单位，主要从事机理、工艺基础、刻蚀装备的研究；科研机构大约有6家单位，主要从事应用基础和系统装备开发；科技公司大约有10家单位，规模以科技型中小企业为主，以刻蚀加工装备为主营业务，兼顾工艺研究。值得注意的是，一些在我国国内开展传统宏观激光加工设备业务的国外大制造商，近年也力推包括激光刻蚀设备在内的激光微细加工设备。

1. 机理研究

刻蚀的主导机理仍围绕烧蚀（Ablation）展开。兰州空间技术物理研究所获得金属—复合材料结合面分解形成热参数突变并导致气化压力控制的固态剥离机制，刻蚀区边缘熔化、气化而保持中部为固态不产生飞溅，从而实现边界锐利齐整的刻蚀区域。他们不仅在机理上研讨获得了优化金属薄膜的技术方法，而且已将短脉冲激光刻蚀技术和先进的数控技术结合形成了一种柔性的三维曲面金属薄膜图形整体加工设备与技术。

随着超短脉冲激光的参数条件的不断完善，对热平衡和非平衡刻蚀的机制研究更加深入。北京工业大学的研究者研究了超快激光和金属材料作用的机理：随着脉冲宽度的增加，刻蚀过程由非平衡电荷分离场刻蚀占主导地位转变为热平衡刻蚀起主要作用，且脉冲宽度和激光峰值功率密度增大到一定程度后，各种电子加速机制在不同时刻开始突显，电子能量分布出现多峰结构。

大连大学用激光干涉法对包括金属、半导体、聚合物基底和薄膜材料进行结构化（产生亚微米尺度一维和二维周期结构）研究。一方面建立了激光多光束干涉系统，另一方面在理论上对多束激光干涉的光强分布、干涉光场作用下材料表面温度分布和材料烧蚀后所形成的周期结构、特征尺寸进行了深入研究。并在国际上首次利用多光束干涉方法，通过激光烧蚀实现了对 Ni_3Al 薄膜的一维和二维结构化。

建模和仿真在各个研发领域都不断发展，激光微加工也不例外。华中科技大学研究了紫外激光刻蚀铜箔的数学模型，建立了动态刻蚀轮廓的仿真过程，仿真结果说明刻蚀轮廓深度随脉冲个数的增加而增加，轮廓口径宽度不变。单脉冲的刻蚀量随着辐射的激光功率增加而增大，切孔的口径也随着辐射功率增大而变大。

2. 刻蚀工艺研究

塑料直刻结合电铸工艺的研究，改善加工质量，扩大基体结构材料范围。北京工业大学用准分子激光在玻璃基胶层上刻蚀出加工质量较高的微流控生物芯片形貌，通过电铸技术对微流控芯片进行复制，得到反向金属模具。金属模具通过注塑成型技术用聚碳酸酯注塑出微流控芯片。

激光刻蚀加工脆性材料技术的主要优点是非接触和高效率加工，并可产生表面织构化。浙江工业大学开展了激光加工微孔表面织构的理论研究和性能分析。江苏大学采用“单脉冲同点间隔多次”激光加工工艺，在 SiC 机械密封试样环端面进行微凹腔和微凹槽织构的跨尺度激光表面织构加工工艺试验研究，结果表明，泵浦电流和脉冲重复次数对微凹腔的几何形貌参数与加工质量影响较大，而重复频率的影响则相对较小。

刻蚀在表面微结构的可控成形上是重要的实用技术，因此研究采用激光刻蚀的方法来获得材料表面改性并对研究材料性能变化的具体特征具有重要价值，近年也引起较多的研究关注。北京工业大学研究了激光刻蚀镀锌钢产生条纹结构后的浸润性。实验结果表明，增大刻蚀凹槽宽度、凹槽两侧突起和刻蚀条纹宽度均有利于减小接触角、改善刻蚀表面的浸润性。

针对特定使用对象的工艺研究方兴未艾，几个热点应用工艺吸引了较多关注。如薄膜太阳能电池激光刻蚀工艺。上海空间电源研究所研究了采用脉冲 YAG 激光刻蚀柔性薄膜太阳能电池的工艺，对比了两种波长激光的刻蚀，发现 1064nm 脉冲激光更适宜 PI 衬底上的复合背反射层 Ag/ZnO，获得很好的刻蚀效果。另外，在显示屏透明导电氧化物 ITO 薄膜电极的制备上，苏州大学研制开发了基于 355nm 紫外激光的 ITO 薄膜刻蚀系统，在实用分镜反向叠加聚焦后，刻蚀 ITO 薄膜可获得切缝边缘较为齐整。中国建筑材料科学研究总院 / 武汉楚天工业激光设备有限公司合作采用 Nd：YV04 半导体端面泵浦调 Q 激光器，达到不伤及基板玻璃但 ITO 膜层又能刻透的要求。北京工业大学采用紫外准分子激光对玻璃和 ITO 薄膜的两种刻蚀阈值区间内，选择较低激光能量密度和适当的工作台移动速度刻蚀，有利于得到边缘较整齐侧壁倾斜度微小的透明电极。

3. 装备开发

华中科技大学开发了基于 355nm 全固态紫外激光的精细刻蚀系统。北京工业大学开发了基于 248nm 准分子激光的激光微细加工系统。苏州苏大维格光电科技公司开发了多种激光微细加工设备，包括紫外激光高速图形化直写设备、大型紫外激光干涉光刻设备、微纳混合光刻设备。苏州德龙激光、江阴德力激光、瑞安博业激光应用技术、上海帝耐激光等公司，也都开发了针对行业应用的激光刻蚀加工设备。

三、本学科国内外研究进展比较

（一）激光焊接

激光焊接是目前研究最为广泛和活跃的激光加工之一。经过近 20 年的快速发展，国内在激光焊接领域的研究紧跟国际发展步伐，但相对于德国、日本等激光材料加工先进国家还存在一定的差距。

在轻合金激光焊接方面，欧洲的空客公司已建立了 4 条机身壁板蒙皮与筋条激光焊接生产线，已在 A318、A380、A340、A350 等机型的下机身采用了激光焊接的整体壁板，其中 A318 采用了 2 块，焊缝总长度 110m；A380 采用了 8 块，焊缝总长度 650m；A340 采用了 14 块，焊缝总长度 798m；A350 采用了 18 块，焊缝总长度达到了 1000m。此外，空客已经完成了上机身壁板蒙皮与筋条激光焊接及蒙皮与隔板激光焊接的基础研究和技术开发，正计划在其系列飞机全机身壁板制造上全面采用激光激光焊接取代铆接，并进一步采用更高强度的新型铝锂合金。最近几年，国内的北京工业大学、北京航空制造工程研究所、哈尔滨工业大学等自主构建了高亮度双光束激光焊接实验平台，针对新型铝锂合金加筋壁板制造开展了相关研究，并取得了一定的研究积累。625 所在钛合金加筋壁板焊接方面具有一定的优势，已成功应用于某型战斗机机身制造中。

在激光焊接基础理论方面，国外学者在激光深熔焊接小孔效应方面进行了非常深入的研究，包括了小孔壁对激光的多次反射菲涅尔吸收，小孔稳定维持的能量平衡（即孔壁吸收的激光能量与孔壁热传导损失的能量，以及孔壁气化损失的能量相平衡）和压力平衡（气化压力与表面张力、流体静压力和流体动压力相平衡）等。对于激光深熔焊接过程中的传热传质规律，研究了熔池内部熔融金属的对流以及传导传热，小孔内部的金属蒸气/等离子对小孔壁面的对流、辐射传热，蒸发/凝结、熔化/凝固的潜热吸收和释放等传热行为，以及由熔池表面张力、液体静压力和动压力、液体浮力、小孔内蒸气流动产生的摩擦力作用下焊缝熔池的传质行为等。在这方面国内的研究差距比较大，但对于近年来发展起来的高亮度激光（如光纤激光）深熔焊接过程中的小孔及其内外金属蒸气羽/等离子体、熔池瞬态行为和热量质量耦合机制的研究方面国内基本与国外研究同步，针对目前基于金属内价电子完全自由的 Drude 模型及其 Hagen-rubben 近似的限制，开展了基于晶格间价电子的量子效应的理论研究。

在大厚板焊接方面，随着商用高功率激光器的出现和不断发展，使高功率激光焊接技术得到了深入的研究和发展，未来将在船舶制造、飞机制造、钢铁生产等重大设备制造、能源等工业领域得到突破应用。大众汽车公司已将激光—电弧复合热源焊接技术应用于 Phaeton 轿车铝合金车门和奥迪 A8 铝合金轿车侧顶梁的焊接。激光—电弧复合焊应用于造船工业的第一条生产线于 2002 年在德国 Meyer 造船厂实现。国外学者采用高功率激光束实现了单道 25mm，窄间隙多层焊接超过 150mm 厚板的对接焊。国内大族激光科技股份有限公司采用 15kW 光纤激光实现了 20mm 厚的不锈钢钢板的对接焊接。北京工业大学采用 3.5kWCO_2 激光与 TIG 电弧复合实现了单道 10mm 厚不锈钢板的对接，上海交通大学采用 15kWCO_2 激光与 MIG 复合焊接实现了 36mm 合金钢板的对接。

（二）激光切割与制孔

针对不同的材料特征，目前常用的激光切割方式主要有汽化切割、熔化切割和应力切割。汽化 / 熔化切割为传统切割方式，是激光切割技术自投入应用以来发展最为成熟的工艺，技术上日趋完善，国内与国际在这个方向上的基本工艺发展基本已同步，尤其是汽车制造业和机床制造业，已广泛采用激光切割进行加工，包括一些装饰、广告、服务行业用的金属图案、标识、字体的加工制造。但与美国、欧盟、日本等发达国家相比，我国在高速大幅面激光切割、三维立体激光切割、有色金属激光切割、中厚板材激光切割等特定工艺方面与国际先进水平还存在较大差距，既需要有自主创新技术的提升，也需要摆脱高功率数控激光切割设备长期依赖国外高端进口的局面。激光切割是一项工艺和设备并重的技术应用，国外三维激光切割领域中，硬件设备（包括激光器、切割机床、控制系统等）的相关技术已经相当成熟。国内大功率激光切割机市场目前还存在被国外产品垄断的局面，产品价格昂贵且服务困难，一定程度上造成了大功率激光切割技术的推广困难。国内华中科技大学、北京工业大学、清华大学、湖南大学等单位在激光切割设备的技术提升方面开展了大量工作，在充分吸取国外先进设备的经验，已经具备了设计制造大型三维五轴激光切割机的能力。受益于国家科技重大专项的支持，华工激光武汉法利莱切割系统工程有限责任公司研发的 D7132 大功率宽幅面厚板数控激光切割机采用了自主开发的国产数控系统、激光加工专用操作软件，*Z* 轴跟踪系统、切割工艺专家数据库，可实现 30mm 碳钢和 20mm 有色金属的切割，满足相关领域金属板材大功率、宽幅面厚板切割及激光加工工艺多样性的要求。目前，我国三维激光切割技术的应用及其相关设备发展非常迅速，数控激光切割成套设备已进入快速增长期，年增长率达 50% 以上。据不完全统计，在国内约有 200 多台三维五轴激光切割机投入使用，主要分布汽车零部件制造、汽车模具、汽车车身制造、船舶及航空工业等领域。

对皮秒、飞秒等新型激光切割技术及其应用潜势的研究关注来源于当前光电精仪、能源、生物等新型产业的飞速发展需求。2003 年，德国 N. Barsoh 等通过激光功率、光束偏振态、光束整形等方法进行了对切割速度和质量的控制研究，实现了硅片各种形状的高精度切割（见图 3）。

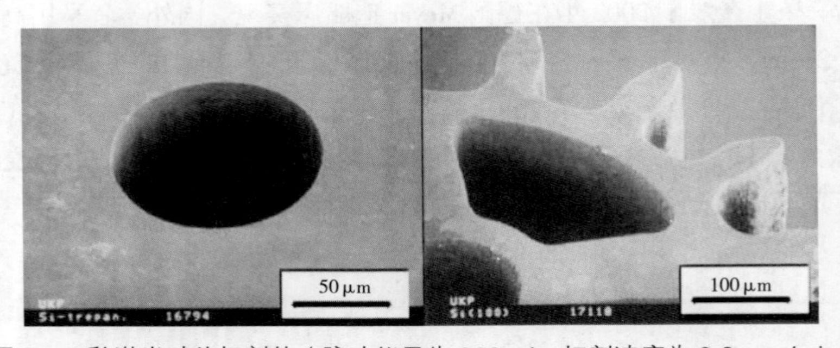

图 3　飞秒激光硅片切割件（脉冲能量为 200 μJ，切割速度为 0.6 mm/min）

通过对纳秒、皮秒和飞秒不同激光切割 50μm 厚硅片的对比实验研究，肯定了皮秒激光可以达到或接近（视材料特性）与飞秒激光同样高的加工精度（低热影响区和无毛刺）和单脉冲去除率，图 4 所示为皮秒激光在 100μm 厚不锈钢、200μm 厚陶瓷以及 140μm 厚玻璃盖片上获得的良好切割效果。

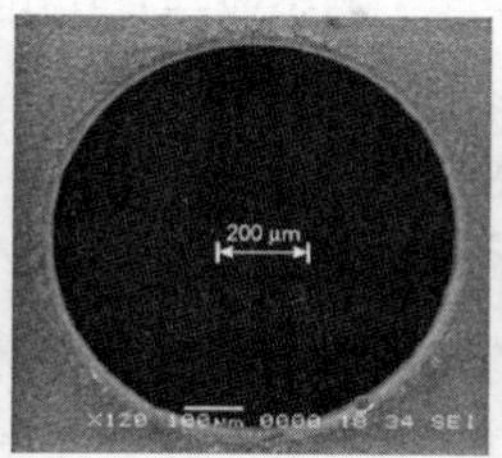

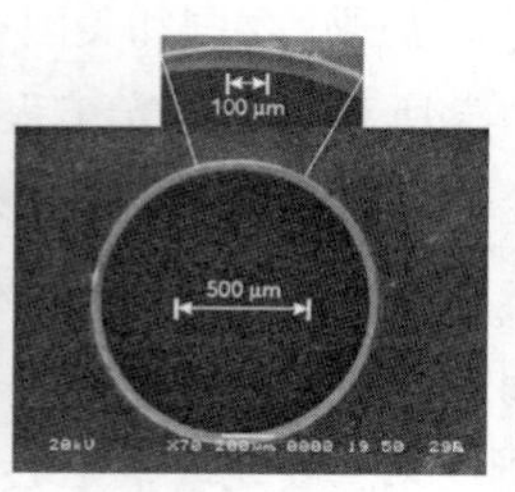

图 4　无机非金属材料皮秒激光加工结果

注:（左）100 μm 厚不锈钢;（中）200 μm 厚陶瓷;（右）140μm 厚玻璃盖片。

国内苏州德龙公司已开发出可应用于薄膜及 LED 芯片划片与切割的皮秒激光切割系统，设备所用激光为德国 LUMERA 公司提供的最大平均功率 10W，最高重复频率可达 500kHz 的半导体泵浦 Nd：YVO4 皮秒激光器。皮秒激光对硅、CIGS、TCO 和 ITO 等太阳能电池常用材料都有加工研究及应用尝试，在太阳能电池的加工应用优势日益显现。

激光切割技术的理论研究发展一直相对薄弱。国内的研究大多针对激光切割的传热模拟，提出了各种激光加工的传热学模型和有限元模型。国际上已逐渐由静态模拟的数学模型分析逐步向可获得切割前沿动态信息的分析方向发展，力求让模拟分析结果能够真正为实际切割动态过程提供有力的预测和分析信息。

（三）激光表面强化与再制造

1. 表面改性专用材料

目前激光专用材料主要集中在成分改变与组分配比研究中，国内外大多数研究单位采用市场可以供应的各类粉末，主要是喷涂用粉末，然后进行配比机械混合而成，极少数地方也进行专门委托制造，制造方法有水雾法和气雾法两种，水雾法可以获得更好的发明圆整度，而气雾法可以获得更好的激光吸收率。目前，大部分科研院校研究的激光熔覆专用粉末制备多为球磨混合并达到机械冶金结合，浙江工业大学课题组开展了气雾化制取适于激光熔覆的专用粉末，旨在从根源上解决此问题，制备出有合适的粒度、球形度高与流动性好、松装比大等适合激光熔覆所需的专用合金粉末。

2. 激光强化工艺

（1）激光冲击强化

激光冲击强化是利用强激光诱导冲击波来强化金属表面的一种新技术。现美国已将其技术大量应用于军事航空、大型汽轮机、水轮机的叶片处理，另外在石油管道、汽车关键零部件中也得到了应用。我国南京航空航天大学研究较早，中国科学技术大学的强激光技术研究所在 20 世纪 90 年代研制了国内首台实验用激光冲击处理机，江苏大学的张永康教授对激光冲击强化研究较为深入，研究了一系列的系统研究。

（2）激光毛化

日本、法国、德国和美国一些大型企业一直在引进、开发激光毛化技术及设备，国内中科院力学所和华工激光工程有限公司分别采用 YAG、CO_2 激光，成功研制开发出了激光毛化冷轧辊套设备，分别在天津冷轧薄板厂、鞍山带钢厂、无锡远方带钢厂和武钢、重钢、昆钢成功投产。随着激光器的发展，许多科研院校及单位也开展了光纤激光毛化的研究。中国钢研新冶高科技集团有限公司凭借其行业优势，集成研发光纤激光柔性工作站，2011 年国内第一套光纤激光毛化工作站在三峡全通公司调试成功。

（3）激光固溶强化

采用激光固溶强化等工艺方法，通过设计专用积分聚焦系统，以获得特殊尺寸光斑，获得深度 1 ~ 3mm 的硬化层，突破了薄壁件硬化层深与零件厚度之比不大于 1/10 的瓶颈，解决了大型装备部件以及沉淀硬化不锈钢材料的激光深层强化问题，并成功用于我国超超临界百万千瓦汽轮机机组叶片的制造中。该技术与德国西门子公司生产的对比如表 1 所示。

表 1　叶片固溶强化技术应用国内外比较

产品来源	硬　度	深　度	单件制造成本
德国西门子	~ HV400	1.5 ~ 2.0mm	3.2 万欧元
国内产品	HV400 ~ 650	1.8 ~ 3.0mm	4.6 万元人民币

（4）激光原位强化

清华大学、山东大学等提出了激光原位制备颗粒增强铁基复合涂层的技术。研究了不同颗粒材料、尺寸等对涂层微观组织、耐磨性能的影响，发现增强颗粒主要是原位合成的碳化物或碳氮化物，碳化物与基体的界面结合牢固，微观结构是典型的亚共晶介稳组织，涂层具有良好的硬度和耐磨性。

（5）薄壁零件激光强化

提出了薄壁零件激光强化工艺方法，采用激光与纳米（电）化学镀复合处理技术，获得薄壁件高硬度高耐磨纳米涂层，硬度为 HV800 ~ 1200，耐磨性提高了 2 ~ 4 倍以上，解决了极小件、薄件或细长件等精密零件（厚度或直径 <1mm）的强化中容易变形的问题，并成功用于刀具刃口和精密零件。

3. 先进熔池检测与集成控制系统

（1）温度检测与反馈控制

激光加工过程中温度测量需要解决的关键技术是克服诸多因素的影响、保证温度传感器能够准确获得熔池所在位置，从而能够测得真实可靠的熔池温度。最近，采用的动态聚焦测温技术与业内采用的普通红外测温、红外热像测温、CCD 比色测温相比，具有可跟随熔池位置、测温准确、价格低等优点。

（2）送粉系统检测与反馈控制

现阶段，国内外用于粉末流量的测量方法如表 2 所示。与其他粉末流传感技术相比，电容传感器可以实现非接触测量而不破坏流体的流场，适合于恶劣条件下工作，且响应速度快，并具有优化设计的导流槽结构防止粉末流的堵塞，是激光加工中粉末流量测量的优选方案。

表 2　激光加工粉末流技术检测比较

序号	技术来源	技术方法	技术特点
1	日本（The University of Tokyo）	X 光透射图像分析	直观，适合观察稳定流体；但不适合实时流量观测，且仪器复杂
2	美国（Southern Methodist University）	光电传感器	抗干扰性能差，光电视窗被污染后影响测量准确性
3	日本专利 中国专利	电容传感器在激光加工头中应用	用于激光加工头位置检测，并非激光加工粉末流检测
4	中国（蚌埠日月仪器研究所）	冲击式重量传感器	适用于大流量粉末检测，敏感度低
5	中国	专用电容传感器	抗干扰能力强，灵敏度高，实时检测

（四）激光刻蚀

在刻蚀模型仿真的研究上，尽管国内已经有了结合工艺性特征的建模仿真，但结合机理性的深入仿真研究方面与国外相比还有一定差距。德国报道了采用仿真的方法分析了飞秒激光烧蚀金属的过程，研究了适用的相互作用过程的相图、烧蚀的材料、阈值以下的气泡形成过程、双脉冲烧蚀、考虑到电子特性和双温模型中电子—光子耦合因素的材料分类等问题。加拿大的研究者建立了飞秒激光微加工结构的简单三维仿真模型工具，其开发的仿真程序可以实现刻蚀深度、工件表面等高线、最终结构、总体样品等的预测。

在激光刻蚀的工艺研究上，国内外大体处于相当的水平。国内在飞秒激光微加工、皮秒激光微加工上都有好几家单位正从事高水平的研究和开发工作。如基于飞秒激光的激光辅助刻蚀加工玻璃内通道用于微流控器件的研究，上海光机所、西安交通大学 / 中科院西安光机所等单位，都可实现三维通道的加工，基本等同甚至在局部技术上超过国外的水平。但有些新工艺技术，国外的研究水平领先国内，如激光诱导背向湿法刻蚀工艺（laser-induced backside wet etching，LIBWE），日本、德国、韩国的研发显示出较高的水平。尤其是日本 Sato.T. 等采用掩模投影深微结构 LIBWE 技术（见图 5），通过优化样品位置获得刻蚀前沿的成像条件，可实现均匀一致的刻蚀宽度和高深宽比参数，获得的深宽比可达102（宽度：9.7μm；深度：986μm），而国内尚未系统开展LIBWE工艺研究。另外，在深孔刻蚀加工中具有特别优势的旋转刻蚀工艺技术（Trepanning），国外开展较早，因而装置设备上较国内领先。

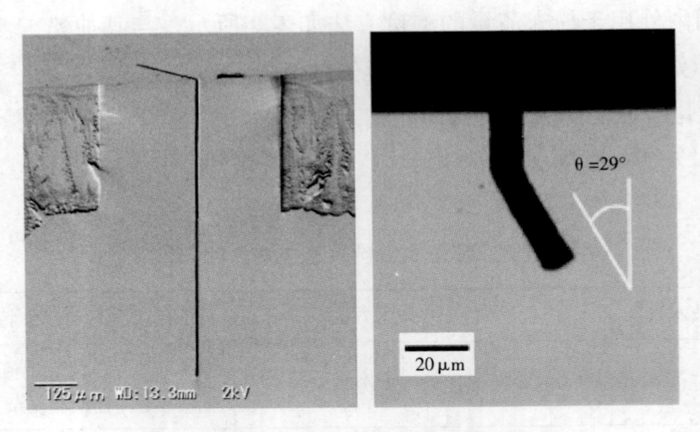

图5 采用LIBWE工艺得到的深槽结构

国内外多家激光加工设备厂商都积极开发激光刻蚀相关设备（见图6）。比利时的OPTEC、英国EXITECH、德国MicroLas、加拿大LUMONICS等都开发了整套装备，包括传统激光宏观加工的传统设备制造商如TRUMPF等。国外装备在稳定性、光束控制质量、精度等方面稍强于国内的设备。

国外对于刻蚀机理方面的研究热度仍然不减，而国内的研究更关注应用和装备。典型技术及有关指标国内外比较如表3所示。

图6 Oxford lasers公司激光刻蚀加工设备及加工样品示例

表 3　国内外激光刻蚀典型技术指标对比

	国　内	国　外
旋转刻蚀工艺系统及方法	可独立设计开发新型光束旋转系统；具备旋转工作台加工条件	已具备商品化水准
侧壁倾角的控制和改善	可实现正锥孔、90° 直孔、倒锥孔结构刻蚀	可实现正锥孔、90° 直孔、倒锥孔结构刻蚀
底面光洁度的改善	通过①非刻蚀结构层；②选择性分离；③微区抛光的作用提高光洁度	通过①微区抛光；②湿法辅助等作用提高光洁度
尺寸控制方法	①掩模尺寸；②变焦成像系统开发	①可重构动态针孔掩模；②物像距变化
加工轨迹跟踪	采用图像处理法	暂无文献报道

四、本学科发展趋势与展望

最近几年，随着激光器技术的进步，特别是高亮度固体激光技术的突破，激光加工的各个领域得到了快速发展。另外，高端装备的大型化、绿色化、高性能化发展需求，也将有力推动激光加工学科的迅速发展。随着对激光与材料相互作用理解的深入，激光与材料相互作用时能量的吸收、传递、转化过程的机理将得到全面的理解，这将为激光加工中能量的精确控制提供理论基础，并由此发展一些全新的制造工艺、技术、方法。激光器本身向脉宽更窄、波长更短、能量更高、光束质量更好的方向发展，激光宏观加工的厚度不断提高，实现＞ 100mm 的超窄间隙深熔焊和切割。另一方面，激光微纳加工尺度极限不断缩小，从现有的 10nm 直至数纳米，加工的可重复性和效率逐步提高，高精度纳米结构的大尺寸跨尺度结构 / 构件制造成为可能。多种能场的复合制造使精度和效率大大提高，一些新的技术将被广泛应用于航空航天、新能源、轨道交通、海洋装备及微电子工业领域。具体发展趋势包括以下内容。

1）对激光与物质相互作用机制的揭示不断深入。对传统 CO_2 激光和固体激光与材料相互作用的机制包括能量吸收、转换、传递及控制以及光致效应的理解不断深入，特别是随着新型高亮度光纤激光，皮秒、飞秒、阿秒超短脉冲激光及深紫外激光的制造应用，其与材料相互作用过程表现出一些新的现象、新效应，这些新现象、新效应内在机制的逐渐理解将进一步拓展激光加工工艺方法及应用领域。

2）激光加工工艺技术不断完善。对激光作用区熔池形成的动力学及热力学过程，凝固结晶组织结构特征随激光能量条件的演变规律、微观组织形成与性能演变规律的认识不断提高，特别是超短脉冲激光作用下，激光作用区的组织性能演变、材料传热传质及热影响区组织特征与控制规律的深刻认识，将为建立较完善的激光加工模型 / 理论奠定基础。

3）材料制约和加工尺度制约不断突破。随着数百瓦及千瓦级皮秒激光和飞秒激光的发展，可实现以前无法加工材料的高精度直接激光加工成形，包括金属间化合物、脆性合金、金属基/陶瓷基/纤维增强复合材料、功能陶瓷及电介材料，实现全材料激光制造。另一方面，随着高亮度高光束质量激光及深紫外激光的发展和加工制造机理的深入，加工尺度限制不断提高，实现几百毫米到几纳米尺度及跨尺度的高效激光制造。

4）各种复合制造新方法、新工艺、新技术不断涌现。利用激光与其他能场种类的多样性，将两种或多种能量复合在一起，通过对不同能场时空特性的精确调控，获得具有超常效果的复合制造新方法。随着多能场复合制造相互作用原理、能量耦合机制及协同控制原理方法的深入理解，可望实现多能量（激光+其他形式能量）复合、多方法（物理+化学）复合、多材料复合、多结构复合等。复合焊接、复合切割、复合强化、复合成形等得到深入研究，并实现制造应用。

参考文献

[1] 国家自然科学基金委员会工程与材料学部．机械工程学科发展战略报告（2011—2020）[M]．北京：科学出版社，2010.

[2] 中国机械工程学会．中国机械工程技术路线图[M]．北京：中国科学技术出版社，2011.

[3] 王国彪．光制造科学与技术的现状和展望[J]．机械工程学报，2011，47（21）：157-169.

[4] 陈俐，巩水利．铝合金激光焊接技术的应用与发展[J]．航空制造技术，2011，（11）：46-49.

[5] 全亚杰．镁合金激光焊的研究现状及发展趋势[J]．激光与光电子学进展，2012（49）：050001

[6] 肖荣诗，董鹏，赵旭东．异种合金激光熔钎焊研究进展[J]．中国激光，2011，38（6）：0601004

[7] 肖荣诗，吴世凯．激光—电弧复合焊接的研究进展[J]．中国激光，2008，35（11）：1680-1685.

[8] Brenner B. Laser beam welding of aircraft fuselage structures [C] //Proc. ICALEO，2008：838- 845.

[9] Samant A N，Dahotre N B. Laser machining of structural ceramics- a review [J]．Journal of the European Ceramic Society，2009，29：969-993.

[10] 季凌飞，闫胤洲，鲍勇，等．致密 Al_2O_3 陶瓷厚板激光离散通孔密排无损切割新技术研究[J]．中国激光，2011，38（6）：0603002.

[11] 邓前松，赵辰丰，陈亮，等．基于轨迹变换法降低激光切割尖角“烧蚀率”研究[J]．中国激光，2012，39（8）：0803006.

[12] Xiong J，Ma L，Vaziri A，et al. Mechanical behavior of carbon fiber composite lattice core sandwich panels fabricated by laser cutting [J]．Acta Materialia，2012，60：5322-5334.

[13] 徐滨士．中国再制造工程及其进展[J]．中国表面工程，2010，23（2）：1-6.

[14] Birger EM，Moskvitin GV，Polyakov AN，et al. Industrial laser cladding：current state and future [J]．Welding international，2011，25（3）：234-243.

[15] 姚建华，李传康．激光表面强化和再制造技术的研究与应用进展[J]．电焊机，2012，42（5）：15-19.

[16] 杨建平，陈学康，吴敢，等．纳秒激光刻蚀复合材料基金属薄膜机制研究[J]．中国激光，2011，38（6）：0603031

[17] 陈记寿，徐爱忠，刘丹．激光刻蚀 ITO 薄膜工艺研究[J]．武汉理工大学学报，2010，32（22）：153-155.

[18] Roth J，Sonntag S，Karlin J，et al. Molecular dynamics simulations studies of laser ablation in metals [C] //AIP Conference Proceedings，2012，1464：504-523.

[19] Sato T，Kurosaki R，Narazaki A，et al. Flexible fabrication of deep microstructures by laser-induced backside wet etching [C] //Proceedings of the SPIE，2010，7584：758408.

撰稿人：肖荣诗　巩水利　姚建华　季凌飞　陈　涛　吴世凯

增材制造（3D打印）领域科学技术发展研究

一、引言

增材制造（additive manufacturing，AM）技术是通过 CAD 设计数据采用材料逐层累加的方法制造实体零件的技术，相对于传统的材料去除（切削加工）技术，是一种“自下而上”材料累加的制造方法。自 20 世纪 80 年代末增材制造技术逐步发展，期间也被称为“材料累加制造”（material increase manufacturing）、“快速原型”（rapid prototyping）、“分层制造”（layered manufacturing）、“实体自由制造”（solid free-form fabrication）、“3D 打印技术”（3D printing）等。美国材料与试验协会（ASTM）F42 国际委员会对增材制造给出了定义：增材制造是依据三维模型数据将材料连接制作物体的过程，相对于减法制造它通常是逐层累加的过程。3D 打印也常用来表示“增材制造”技术。狭义 3D 喷印是指采用打印头、喷嘴或其他打印技术沉积材料来制造物体的技术，这些增材制造设备相对价格较低和总体功能较弱。

从更广义的原理上来看，以三维 CAD 设计数据为基础，将材料（包括液体、粉材、线材或块材等）自动化地累加起来成为实体结构的制造方法，均可视为增材制造技术。

增材制造技术不需要传统的刀具、夹具及多道加工工序，利用三维设计数据在一台设备上可快速而精确地制造出任意复杂形状的零件，从而实现“自由制造”，解决许多过去难以制造的复杂结构零件的成形，并大大减少了加工工序，缩短了加工周期，而且越是复杂结构的产品，其制造的速度作用越显著。近 20 年来，增材制造技术取得了快速的发展。增材制造原理与不同的材料和工艺结合形成了许多增材制造设备。目前已有的设备种类达到 20 多种。这一技术一出现就取得了快速的发展，在各个领域都取得了广泛的应用，如在消费电子产品、汽车、航天航空、医疗、军工、地理信息、艺术设计等。增材制造的特点是单件或小批量的快速制造，这一技术特点决定了增材制造在产品创新中具有显著的作用。

美国《时代》周刊将增材制造列为“美国十大增长最快的工业”，英国《经济学人》杂志则认为它将“与其他数字化生产模式一起推动实现第三次工业革命”，认为该技术改变未来生产与生活模式，实现社会化制造，每个人都可以开办工厂，它将改变制造商品的方式，并改变世界的经济格局，进而改变人类的生活方式。美国奥巴马总统在2012年3月9日提出发展美国振兴制造业计划，其目的是夺回制造业霸主地位，要以一半的时间和费用完成产品开发，实现在美国设计在美国制造，使更多美国人返回工作岗位，构建持续发展的美国经济。为此，奥巴马政府启动首个项目“增材制造”，初期政府投资3000万美元，企业配套4000万元，由国防部牵头，制造企业、大学院校以及非营利组织参加，研发新的增材制造技术与产品，使美国成为全球优秀的增材制造的中心，架起“基础研究与产品研发”之间纽带。美国政府已经将增材制造技术作为国家制造业发展的首要战略任务给予支持。

美国专门从事增材制造技术技术咨询服务的Wohlers协会在2013年年度报告中对行业发展情况进行了分析。2012年增材制造设备与服务全球直接产值22.04亿美元，2012年增长率为28.6%，其中，设备材料：10.03亿美元，增长20.3%；服务产值：12亿美元，增长36.6%，其发展特点是服务相对设备材料，增长更快。在增材制造应用方面，消费商品和电子领域仍占主导地位，但是比例从23.7%降低到21.8%；机动车领域从19.1%降低到18.6%；研究机构为6.8%；医学和牙科领域从13.6%增加到16.4%；工业设备领域为13.4%；航空航天领从9.9%增加到10.2%。在过去的几年中，航空器制造和医学应用是增长最快的应用领域。目前美国在设备的拥有量上占全球的38%，中国继日本和德国之后，以约9%的数量占第四位。在设备产量方面，美国增材制造设备产量最高，占世界的71%，欧洲以12%、以色列以10%位居第二和第三，中国设备产量占4%。

我国自20世纪90年代初，在国家科技部等多部门持续支持下，在西安交通大学、华中科技大学、清华大学、北京隆源公司等在典型的成形设备、软件、材料等方面研究和产业化方面获得了重大进展。随后国内许多高校和研究机构也开展了相关研究，如西北工业大学、北京航空航天大学、华南理工大学、南京航空航天大学、上海交通大学、大连理工大学、中北大学、中国工程物理研究院等单位都在做探索性的研究和应用工作。我国研发出了一批增材制造装备，在典型成形设备、软件、材料等方面研究和产业化方面获得了重大进展，到2000年初步实现了设备产业化，接近国外产品水平，改变了该类设备早期仰赖进口的局面。在国家和地方的支持下，在全国建立了20多个服务中心，设备用户遍布医疗、航空航天、汽车、军工、模具、电子电器、造船等行业。推动了我国制造技术的发展。近5年国内增材制造市场发展不大，主要还在工业领域应用，没有在消费品领域形成快速发展的市场。另一方面，研发方面投入不足，在产业化技术发展和应用方面落后于美国和欧洲。

近5年来，增材制造技术在美国和取得了快速的发展。主要的引领要素是低成本增材制造设备社会化应用、金属零件直接制造技术在工业界的应用、基于增材制造的各种生物材料及生物学结构的制造技术以及基于增材制造的艺术设计与创作。我国金属零件直接制造技术也已达到国际领先水平的研究与应用，如北京航空航天大学、西北工业大学和北京航空制造技术研究所制造出大尺寸金属零件，并应用在新型飞机研制过程中，显著提高了飞机研制速度。北京航空航天大学王华明教授以此方面的研究与应用获得2012年国家技术发明奖一等奖。华中科技大学史玉升教授以大尺寸激光选区烧结设备研究与应用获得

2011 年国家技术发明奖二等奖。北京太尔时代的 UP 三维打印机被美国 Make 杂志评为最佳三维打印机，2012 年在欧美市场销售近 5000 台。

在技术研发方面，我国增材制造装备的部分技术水平与国外先进水平相当，但在关键器件、成形材料、智能化控制和应用范围等方面较国外先进水平落后。我国增材制造技术主要应用于模型制作，在高性能终端零部件直接制造方面还具有非常大的提升空间。例如，在增材的基础理论与成形微观机理研究方面，我国在一些局部点上开展了相关研究，但国外的研究更基础、系统和深入；在工艺技术研究方面，国外是基于理论基础的工艺控制，而我国则更多依赖于经验和反复的试验验证，导致我国增材制造工艺关键技术整体上落后于国外先进水平；材料的基础研究、材料的制备工艺以及产业化方面与国外相比存在相当大的差距；部分增材制造工艺装备国内都有研制，但在智能化程度与国外先进水平相比还有差距；我国大部分增材制造装备的核心元器件还主要依靠进口。

二、本学科领域近年最新研究进展

近两年来我国科研人员围绕增材制造及其应用开展了多方面的研究，按照主要技术方法和应用可分为以下几方面。

（一）光固化成形

光固化成形技术是目前制造精度最高和表面粗糙度最小的增材制造技术，其设备的市场占有量约 40%。光固化快速成形技术的主要进展体现在精度提高和使用材料范围扩大等方面，低成本 LED 光源和面成形技术应用到成形技术中，推动光固化成形技术向着低成本和高精度方向发展。另外，陶瓷浆料光固化成形是光固化成形技术发展的新方向，为复杂结构陶瓷零件的快速制造提供了新方法。西安交通大学在此方面开展了系统的研究工作。

1. 高精度与高效率制造工艺研发

制造工艺直接决定了光固化成型件的制作效率、质量和精度。研究结合增材制造基本原理及其工艺特征，对成形数据处理中多重轮廓扫描、层厚细分、支撑和实体上下表面补偿的实现及其精度问题展开了研究。研究并实现了多重轮廓扫描，提高了由二维数据成形为“薄片”结构过程中水平方向边缘的轮廓精度。为提高制造效率，研发了变光斑高速扫描工艺方法。研究了一种无余量固化智能控制的扫描工艺，根据激光功率的实时变化和光斑直径的变化提出了一套智能控制扫描工艺系统，优化了工艺模型，可以提高成形效率达到 30% 左右。探索了无涂覆压板式叠层工艺方法，以减少刮板刮平时间和液位等待时间，通过接触角的测试最终选择接触角最大的聚全氟乙丙烯作为剥离材料，可使 Z 向成形效率提高 30% 左右。

2. LED 低成本光成形设备

激光固化快速成型（SL）的特点是精度高、表面质量好，但紫外激光器光源成本过高，限制了其进一步的推广应用。近年来开发的大功率 UV-LED（见图 1）具有低能耗、高单色性的突出优势，其成本是激光器的 1/100，电光转化率高，为发展经济型光固化技术提供了机遇。研究了聚焦镜物距、焦距与光斑精度和发散光束利用率的关系；建立了发散光束固化单线形状的数学模型；采用匀速段曝光和功率匹配能量控制方式以消除骨形误差，获得了较高的加工效率。

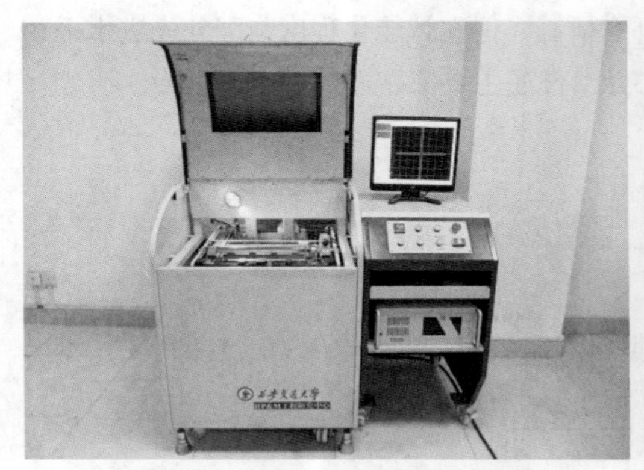
图 1　LED-SL350 光固化快速成型机

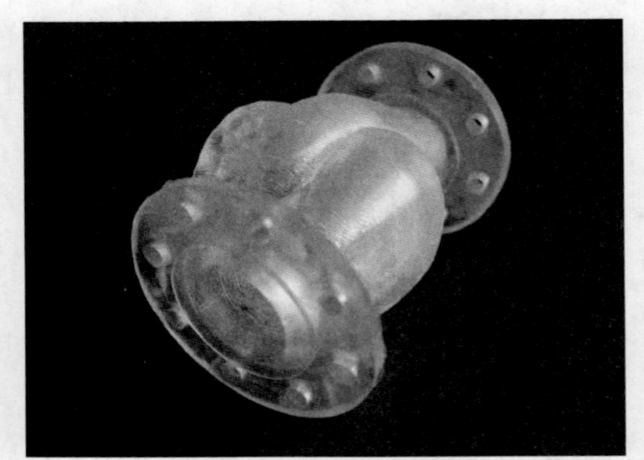
图 2　制造的阀体零部件

3. 陶瓷光固化成形技术

陶瓷件以其特有高硬度、耐高温、耐腐蚀和功能性等优异特性在航空航天、能源和电子器件等领域得到广泛应用，但受现有模具开发技术和陶瓷材料成形工艺的限制，复杂结构的陶瓷零件制造困难。提出了一种基于硅溶胶的水基陶瓷浆料光固化快速成形工艺，研究了陶瓷浆料的光固化成形机理。实验研究并建立了单条线固化宽度和固化厚度的预测模型，实验研究了分层厚度、扫描方式、轮廓扫描速度和光斑补偿对成形精度的影响规律，发现分层厚度为 0.15mm 时，陶瓷零件的成形精度最高；扫描方式对陶瓷零件的成形精度影响不大，对光固化直接成形陶瓷零件的干燥和焙烧工艺进行了研究。

（二）选区激光烧结制造

选区激光烧结成形技术的突出优点是可成形多种类材料，包括聚合物、金属、砂和陶瓷及其复合材料等，应用领域广泛。华中科技大学在大尺寸 SLS 成形技术及装备方面开展了系列研究工作，近期代表性成果如下。

图 3　制作的陶瓷叶轮盘

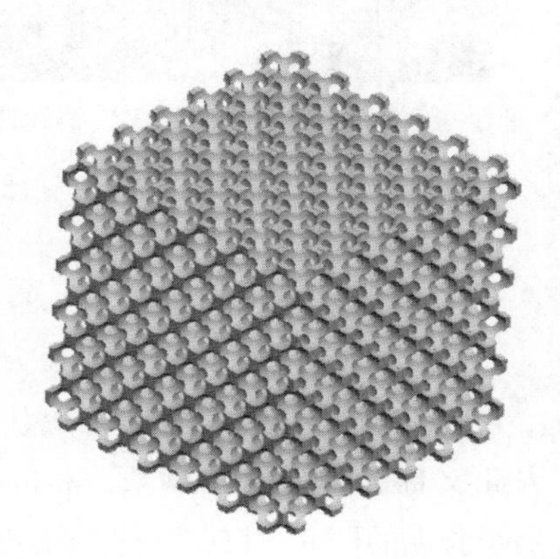

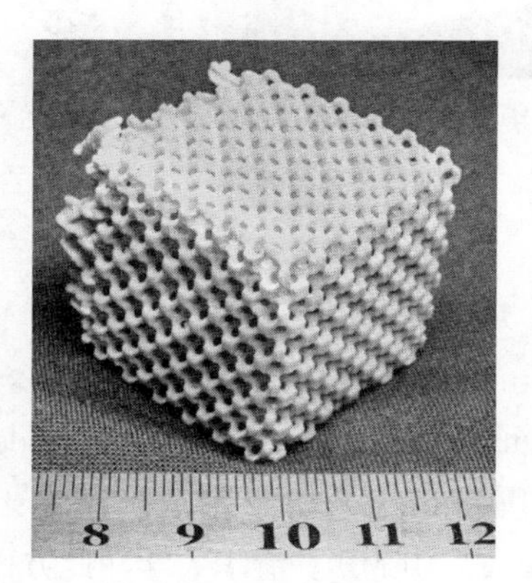

图 4　制作的全介质光子晶体

大尺寸 SLS 成形过程中，高效扫描工艺及温度场均匀控制直接决定了成形效率和制件质量。提出了多激光高效成形方法和多层可调式预热工艺，对切片信息优化分配、多激光扫描边界拼合算法、温度场均匀性和制件的翘曲变形等进行了系统研究。采用多激光束扫描有效增大了成形空间，同时提高大尺寸制件的成形效率。提出了使用图形扫描负载均衡分割算法，将每层切片信息分配给不同的扫描系统，然后基于随机扰动的边界拼合算法实现不同扫描系统边界处的交错连接。该扫描方法实现了多激光束优化协同扫描，通过边界交错拼合有效提高边界连接强度，保证了大尺寸制件整体性能。研究了基于数值模拟方法优化设计了多层可调式预热模式，提出并研究了基于区域自适应切片的预热场模糊控制方法，使温度场的均匀性误差由原来 ±10℃减小到 ±2℃，有效地控制突变截面制造过程中的翘曲变形。研制成功了大台面 SLS 装备（见图 5），应用该技术及装备整体成形出大尺寸、复杂铸造用蜡模和砂型（芯）（见图 6）。技术成果已获得实际工程应用，为我国关键行业核心产品的快速自主开发提供了有效技术手段。例如，将大尺寸 SLS 成形技术与传统铸造技术相结合，使大型发动机缸盖的研制周期由传统的 5 个月左右缩短至 1 周左右，为传统铸造产业升级提供了技术支撑。该成果获得 2011 年年度国家技术发明奖二等奖，与神州飞船、蛟龙号等成果一并被评为 2011 年度全国十大科技进展成果。

图 5　华中科技大学研制的 HRPS 型大台面 SLS 装备

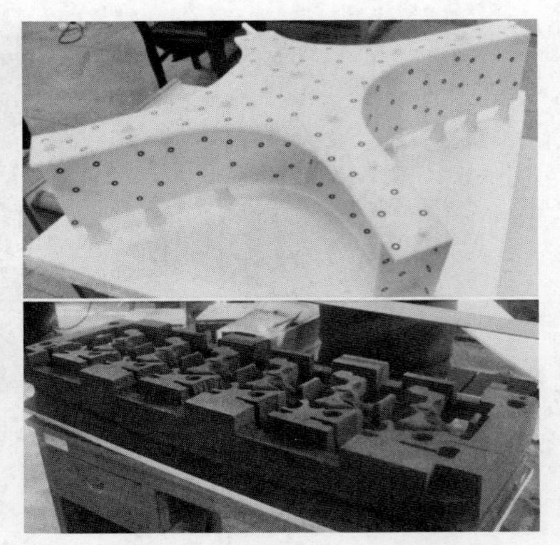

图 6　整体成形的大型航空零件铸造蜡模和六缸柴油发动机水套砂芯

（三）熔融沉积制造

熔融沉积制造（fused deposition modeling，FDM）是将材料加热到熔融状态后，从细小的喷嘴中挤出并沉积到成形平面上，因此又称为熔融挤出制造（melted extrusion manufacturing，MEM）。清华大学在此方面开展了长期的研究。FDM 工艺由于不使用激光器、材料以丝材形式直接使用等特点，工艺装备简单、成本低。是目前设备成本和材料成本最低的一类快速原型制造技术。例如，北京太尔时代公司推出的大众型桌面三维打印设备——UP，在欧美市场的售价约 1500 美元，国内售价约 1 万元人民币。高端工业型 FDM 设备较大众型 FDM 设备具有更高的成形效率和成形精度，其制造的零件尺寸也较大，可以直接制造较大尺寸、较高精度的原型。例如，北京殷华公司生产的 MEM450，最大成形零件尺寸达 400mm × 400mm × 450mm，同时该公司还提供具有单独支持材料成形的双喷头系统，由于支持材料为水溶性或强度较弱的材料，能够使支持结构的去除更加方便，有利于制造结构复杂、带精细孔洞结构的零件。

（四）金属零件激光熔化沉积成形

金属零件激光熔化沉积成形技术实现精确成形和高性能成性控制一体化，与此同时“成形修复”与锻造、铸造和机械加工等传统制造技术结合形成激光组合制造技术，也是一个十分重要的技术发展方向。

1. 大尺寸金属零件制造

北京航空航天大学同 601 及 603、611、640 等我国主要飞机设计研究所紧密合作，在国际上首次全面突破了钛合金、超高强度钢等难加工大型整体关键构件激光成形工艺、成套装备和应用关键技术，突破大型整体金属构件激光成形过程零件变形与开裂的“瓶颈难题”和内部缺陷及内部质量控制及其无损检验关键技术，飞机构件综合力学性能达到或超过钛合金模锻件。例如，激光快速成形 TA15 钛合金缺口疲劳极限超过钛合金模锻件 32% ~ 53%，高温持久寿命较模锻件提高 4 倍以上，疲劳力纹扩展速率降低一个数量级以上。提出了钛合金等高活性难加工金属大型结构件激光直接制造成套装备“新原理”，已研发出原创核心技术、零件成形能力迄今世界最大（达 4000mm × 3000mm × 2000mm），具有结构简单、稳定高效、制造和维护使用成本低廉等优点，适合钛合金等高活性难加工金属大型结构件直接成形的系列化激光直接制造工程成套装备（见图 7）。研发出的五代、10 余型装备系统在飞机大型构件生产中已经受近 10 年的工程实际应用考验。已研制生产出了我国飞机装备中迄今尺寸最大、结构最复杂的钛合金及超高强度钢等高性能关键整体构件。2005 年以来成果已在三代及四代战机、大型运输机、C919 大型客机等 7 种型号飞机研制和生产中得到工程应用，作为多种“关键主承力构件”的唯一制造方案，解决了制约多型飞机研制和生产的瓶颈难题并在多型飞机研制的关键时刻多次创造关键构件“超快速响应制造”的记录，构件性能达到或超过锻件、制造周期和成本大幅降低、节省材料 80% 以上，使我国成为迄今世界上唯一突破大型整体钛合金关键构件激光成形技术并实现装机工程应用的国家，“飞机钛合金大型复杂整体构件激光成形技术”成果获得 2012 年度“国家技术发明奖一等奖”（见图 8）。

图 7　钛合金大型结构件激光直接制造工程成套装备

图 8　飞机 TA15 钛合金机翼 / 机身根肋（上）及机身加强框（下）大型复杂关键主承力整体构件

2. **激光熔化沉积成形过程中激光、熔覆材料和基体三者之间相互作用规律及大尺寸航空构件制造**

西北工业大学研究发现激光快速熔凝显微组织具有典型的强制性外延生长凝固特征，发现激光立体成形凝固组织的取向性和生长连续性取决于合金在激光快速熔凝过程中的熔池底部的热流方向和基底晶粒取向的匹配特性，以及凝固过程中的列状晶／等轴晶转变。基于最高界面温度判据，建立了激光立体成形 Ti-Ni 基梯度材料相及组织选择图，为实现在航空发动机热端部件制造中具有重要应用前景的 Ti-Ni 基梯度材料及零件的激光立体成形与制备奠定了重要的科学基础。研究发现激光快速成形过程应力／应变产生发展的内因为材料热胀冷缩及相变体积的变化，而外因为温度变化以及外部约束。采用成形过程中应力应变数值模拟计算和成形件中残余应力实验检测验证相结合的方法，获得了激光立体成形过程中瞬时应力应变演化规律，以及成形件中残余应力和残余变形分布规律。以此为基础，建立了激光立体成形及修复的优化工艺规范，实现了综合力学性能高于锻件技术标准的钛合金和镍基高温合金零件的精确自由成形及修复。零件尺度小于 100mm 时，成形精度优于 0.2mm；大于 300mm 时，成形精度优于 1mm。表面粗糙度 Ra 优于 10μm。采用独创的力学性能匹配修复方法之后，钛合金修复件的疲劳性能也可以达到锻件的水平。目前，商飞已经依托西北工业大学建立了飞机大型钛合金结构件激光立体成形工程化研究中心和产业化生产公司（见图 9）。西工大采用激光成形制造了最大尺寸达 2.83m 的飞机机翼缘条零件（见图 10），最大变形量 <1mm，实现了大型钛合金复杂薄壁结构件的精密成形技术，相比现有技术可大大加快制造效率和精度，显著降低生产成本。

图 9　LSF-V 型激光立体成形商用装备

图 10　激光立体成形 C919 飞机翼肋缘条

3. 精密复杂结构金属控形控性制造

外形与组织同步制造是增材制造的发展趋势，以空心涡轮叶片为代表的复杂结构与组织控制是制造技术的难点。西安交通大学建立了激光直接成形涡轮叶片的制造系统，开展了结构与组织同步制造方面的研究。研究发现了多层激光直接成形自稳定机制（见图 11），建立了金属直接成形，激光焦距，粉末会聚点和成形点的相互关系，保证成形平整、稳定进行。研究了材料组织直接控制规律。采用低温氩气随形冷却零件的方法，进行液氩随形冷却实验，实验表明在熔覆层的顶部，由于成形过程的热量累积，温度梯度降低，凝固速度增加，无液氩冷却时组织不再是定向晶，而有液氩随形冷却的顶部组织依然是定向晶。研究激光直接成形空心涡轮叶片的方法。叶片是多层的薄壁件（见图 12），单一的光栅式和共形轮廓式扫描都存在缺点，提出了混合式扫描路径，在偏置几道轮廓后，进行平行线填充，这样则可综合两者的优点。通过边沿降速度成形出了实体零件、复杂叶片零件，经检测叶片粗糙度最小处 Ra 值可达 5μm。

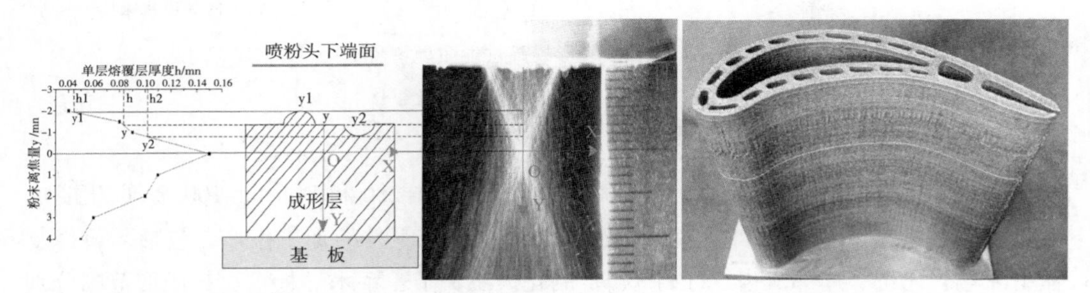

图 11　光金属直接成形形貌自稳定机理

图 12　双层壁空心涡轮叶片

（五）激光选区熔化金属成形

激光选区熔化金属成形（SLM）使用高能激光束直接熔化预先铺在粉床上的微细金属粉末，逐层熔化堆积成形，可直接成形接近全致密的高性能金属零件。华中科技大学、华南理工大学先后开展了 SLM 装备研发和金属粉末在移动点激光源作用下的冶金机理、扫描工艺及成形性能和应用研究

1. 高性能成形工艺与性能控制方法研究

SLM 激光扫描速度非常快，通常为 200 ~ 1000mm/s，激光与粉末作用时间非常短，快速凝固条件产生的细小晶粒赋予 SLM 金属零件优异的宏观力学性能。球化问题是 SLM 技术中普遍存在的现象，严重影响成形过程和制件性能。研究发现，扫描路径矢量方向上长度越长，内应力越大，越容易沿扫描路径矢量方向产生翘曲变形；扫描路径圆弧半径越小，角速度越大，内应力越大，越容易沿扫描路径的圆弧角矢量方向上产生（环形）翘曲

变形，扫描路径之间的重合率越大，扫描路径之间的内应力越大，越容易沿扫描路径垂直方向上产生翘曲变形。SLM 零件容易出现低塑性和性能各向异性的突出问题。SLM 零件平均拉伸强度达 650MPa，优于同质锻件水平。沿竖直方向的拉伸强度较沿成形面高 6.8%，延伸率高 68.5%。理论分析和试验结果均证明了熔池边界是较晶界性能更低的性能弱区，其空间拓扑是造成 SLM 零件低塑性和性能各向异性的重要原因。基于以上基础研究，使用 SLM 技术直接成形了复杂高性能金属零件（见图 13），综合性能与锻件相当。

a. 镍合金整体盘

b. 空心叶片

c. 随形冷却模具镶块

图 13　SLM 成形的高性能金属零件

2. 激光选区金属烧结精密成形技术

华南理工大学先后研发了 Dimetal-240、Dimetal-280 和 Dimetal-100 金属直接成形设备，其最重要目的是将其应用于医学个性化精密零件的加工生产，包括牙科修复体（牙冠、牙桥、局部义齿、牙钉）、定制化人工关节、手术导板等。其成形范围分别达到 240mm × 240mm × 250mm，280mm × 280mm × 300mm，100mm × 100mm × 100mm 和 100 × 100 × 100mm。为了提高选区激光熔化（SLM）成型金属零件的致密度，对激光扫描单道熔池的形成特性进行了研究，提出采用层间错开扫描策略，该扫描策略将零件致密度提高到近 100%，使层间与层内的熔池搭接紧密。研究了选区激光熔化直接成形非水平悬垂面的能力，结果表明，提高预置粉末密度可以提高悬垂面成形的极限角度；成形完整悬垂表面的倾斜角度达到 30°。为了提高选区激光熔化（SLM）成形悬垂结构的质量，从调节成形方向和能量输入入手研究悬垂结构的计算机辅助工艺参数优化。建立成形方向的优化模型，基于遗传算法实现优化模型参数的求解。结果表明，经成型方向优化，零件模型难成型悬垂面的面积大大减小，所需支撑数量明显减少，成型后所得零件无明显悬垂物和翘曲变形，成形质量明显改善。

（六）电子束熔化金属成形

电子束是除激光以外最大量应用于材料加工的高能束流，其能量密度可达 10^4 ~ 10^9W/cm^2。清华大学自 2004 年起在国家自然科学基金的支持下，开展了电子束选区熔化沉积（electron beam selective melting，EBSM）技术及系统的开发，已成功开发了 EBSM-150 和 EBSM-250 两个型号的设备。为西北有色金属研究院和中科院合肥物质研究院提供了电子束快速成形实验装备，正在开发具有较好开放性的 EBSM 成形制造平台，该平台具有较广泛的粉末材料适应性，并可同时使用两种金属粉末，制造具有材料梯度结构的零件。

中航北京航空制造技术研究所高能束流加工技术国家重点实验室开发了国内首台 60kV/ 8kW 定枪 EBF3 电子束熔丝快速成形设备，成形尺寸达到 2000mm × 650mm × 350mm；研究了 TC4 合金的力学性能，其强度、塑性及疲劳性能均可达到锻件水平。利用设备开展了工程应用。某型号飞机箱式滑轮架结构件，采用电子束熔丝快速成形技术，直接制造近尺寸毛坯，然后利用五轴加工中心数控铣削，该方法材料利用率达到 80% 以上，制造周期约为 1 个月。某型号飞机复杂曲面型腔结构件，其结构为空心薄壁结构，采用传统工艺难以制造，而采用激光选区熔化精密成形技术，利用金属粉末，根据零件 3D 模型，逐层熔化沉积，可直接制造出净成形零件，其表面仅需表面光整处理即可使用，其材料利用率达 95% 以上，制造周期仅需 1 个月，解决了制约某型号武器装备研制进程的关键制造瓶颈问题。

（七）生物组织制造

将生物材料与活细胞作为堆积成形的材料，制造具有分级多孔结构的组织工程支架或细胞三维结构体是快速成形（或增材制造）技术一个十分诱人的发展方向，称之为生物制造（bio-fabrication 或 bio-manufacturing），也可称为生物三维打印技术（bio-3D printing）。生物制造技术的特征是利用离散—堆积及增材制造方法，构建具有开放体系结构的器件，以满足生物体（如细胞、组织等）在培养和生长过程中，进行能量交换和新陈代谢的需要。开放体系是生物结构与普通工程结构最本质的区别。

（1）生物材料低温沉积制造

清华大学生物制造工程研究所开发的生物材料低温沉积制造（low-temperature deposition manufacturing，LDM）技术，以生物材料（PLGA、PLLA、胶原、TCP 等）溶液在低温（约 -30℃）环境中挤出沉积并结合热致相分离方法，制造分级多孔组织工程支架。制件的孔隙率可达 80% 以上，具有良好的生物相容性和促进细胞生长的性能，而且强度较高，能够经受植入手术的操作。LDM 还能制造具有材料梯度和结构梯度的复杂支架。如软骨 / 硬骨一体化修复支架、PLGA—胶原复合骨修复支架等。细胞受控组装是清华大学生物制造工程研究所开发的一种新型细胞三维打印技术。它采用分步复合交联工艺，构建具有分级结构的细胞三维结构体，较好地解决了细胞生长环境与结构成形之间的矛盾，是目前国际上能够制造最大的含细胞三维结构体。清华大学生物制造工程研究所与中国医学科学院整形外科医院合作，开展了基于快速成形技术制造个性化人耳再造聚氨酯多孔植入体和基于细胞微球的血管化脂肪软组织修复技术等的研究。这些研究都极大地丰富了生物制造技术的内涵。

（2）骨 / 软骨组织支架制造

关节是人体的主要运动器官，自然关节骨软骨复合体梯度分层结构，各层之间连接方式以及不同的材料组成是关节软骨发挥其生理功能的基础。西安交通大学研究依据仿生学的原理，分析了自然骨软骨复合体尤其是骨软骨界面的微结构，以此为依据设计和制造了从材料到结构双重仿生的软骨 / 骨梯度组织工程支架，并对其形态学、力学、成分以及生物性能进行深入的研究。利用陶瓷直接光固化技术和光固化原型凝胶注模两种方法对复合支架中的陶瓷支架进行了制造，利用真空注模法将 I 型胶原水凝胶和陶瓷支架进行复合，形成牢固的连接，复合支架最大抗剪切力为 11.8±1.6N，显著优于传统生物胶黏接的方法。开展大型犬膝关节大面积骨软骨缺损实验，发现新生软骨与陶瓷支架结合紧密，形成类似于自然骨软骨的连接结构，新生软骨无论从大体标本和组织学评价均与关节透明软骨高度相似，软骨 / 材料的结合力达到 55N，接近于自然软骨 65.3N 的水平；新生软骨的弹性模量与透明软骨的弹性模量相匹配，初步实现了工程化软骨的功能化（见图 14）。

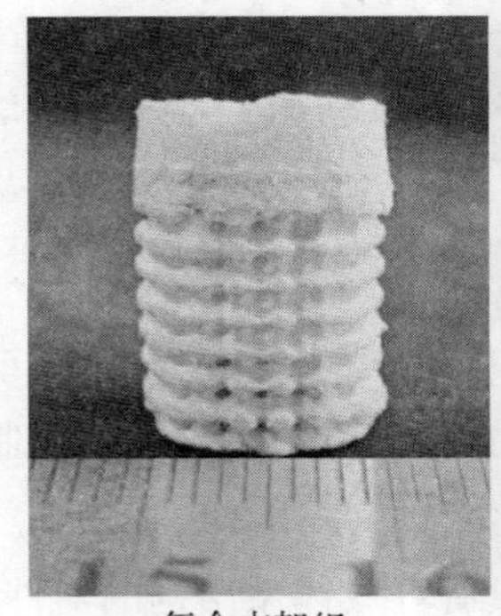
a. 复合支架组

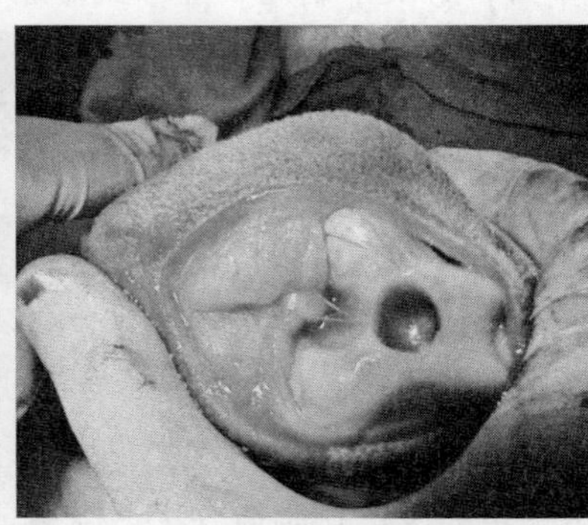
b. 动物缺损实验

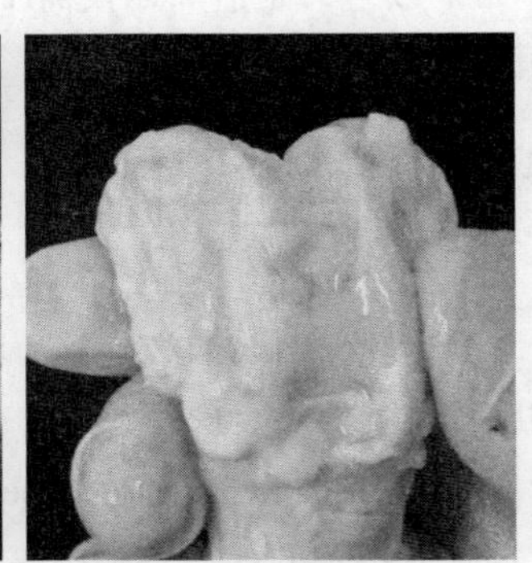
c. 6 个月后软骨修复

图 14　骨软骨支架与动物实验

（3）肝组织支架制造与性能研究

肝脏是人体最大的“生化加工厂”。肝脏移植是最有效的治疗手段，然而供体的匮乏一直制约着肝脏移植。西安交通大学将肝组织从仿生设计、材料改性、多细胞共培养、肝组织可控制造等多方面集成，形成了以增材制造为基础三维打印和压印为设备的复杂生物组织支架的构建方法。发明了冰模制造肝组织支架的技术，保证了支架界面的微结构的可控制造，为多细胞肝组织体系构建提供基础。通过成纤维细胞与肝细胞的共培养，以及采用高浓度鼠尾胶原水凝胶两项措施，使人工肝组织在体内成活时间达到 28 天，人工肝组织厚度达到 2mm 以上，面积达到 1.5cm × 1.5cm，国外研究的人工肝组织成活时间达到 90 ~ 100 天，但厚度最大只有 250mm，面积不到 1 公分，尚不属于立体化人工肝组织，立体化结构是自然肝组织的一个重要特征，是实现许多肝功能和肝组织结构的前提。研究中发现体内的人工肝组织的肝细胞发生了有规律的组合，形成了肝细胞索，这是人工肝组织向自然肝组织转化的重要迹象，是形成胆管的前提，在国内外刊物中未见相关报道（见图 15）。

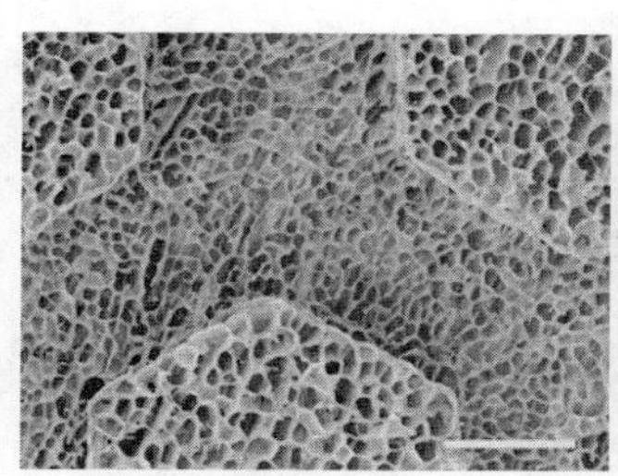
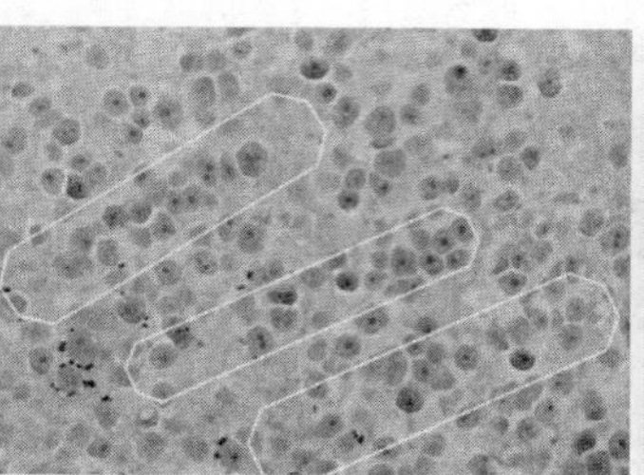

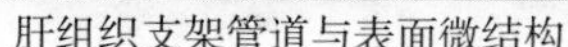

肝组织支架管道与表面微结构　　人工肝组织形成的肝细胞索　　三维细胞打印压印机

图 15　肝组织实验与设备

（4）牙科与骨替代物的直接制造与应用研究

华南理工大学为了探讨应用选区激光熔化快速成型技术直接制造个性化金属舌侧托槽的可行性，采用三维激光扫描仪采集与重建牙颌模型数据，并以该数字模型为基础，应用三维软件进行了个性化舌侧托槽的 CAD 设计，再通过 SLM 技术直接制造出个性化金属舌侧托槽，并对托槽的直接成型质量进行了理论分析和实验验证，应用选区激光熔化技术能够制造出与实际牙颌模型相一致的个性化舌侧托槽（见图 16、图 17）。

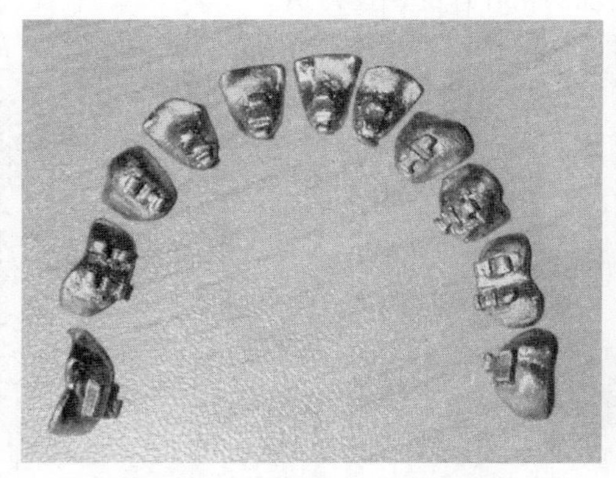

图 16　打磨后的 SLM 的个性化舌侧托槽

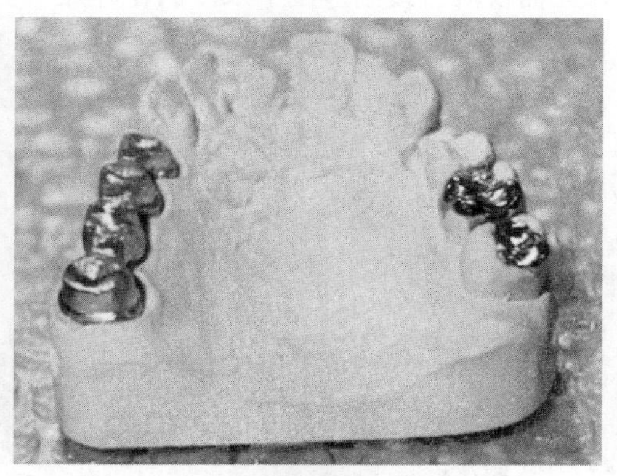

图 17　牙桥固定桥使用效果

利用该技术制造了多孔骨植入体。随着医疗水平和制造水平的提高，对于植入体的性能以及快速制造提出了更高要求，而以往的制造方法对于越来越高的要求来说显得力不从心，个性化植入体的设计及制造就是为了解决不同需求患者的个性化设计以及匹配问题。使人工关节植入后达到良好的应力效果和功能效果。采用选区激光熔化快速成型技术可以制造出不规则外形与复杂内部多孔结构的骨植入体（见图 18）。

（八）关键部件与器件制造应用

高温、重载、长寿命、大尺寸、复杂结构的重型燃气轮机空心涡轮叶片是典型的复杂零部件，研究材料累加原理制造空心涡轮叶片的新原理和新方法是突破叶片制造瓶颈的探索方向（见图 19）。西安交通大学研究发明了一种基于光固化原型的燃气轮机叶片内外结

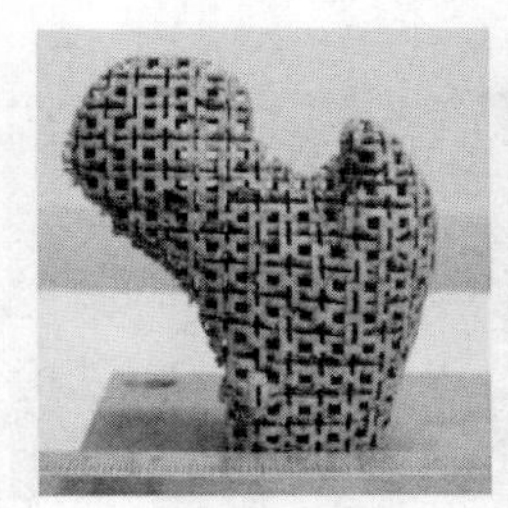
a. 方形孔单元孔

b. 多边形单元孔

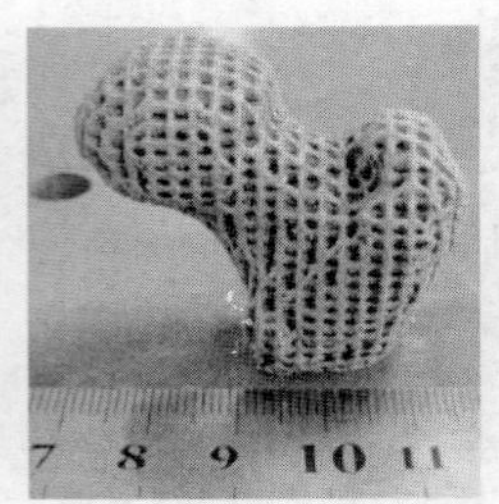

c. 圆形单元孔（纯钛）

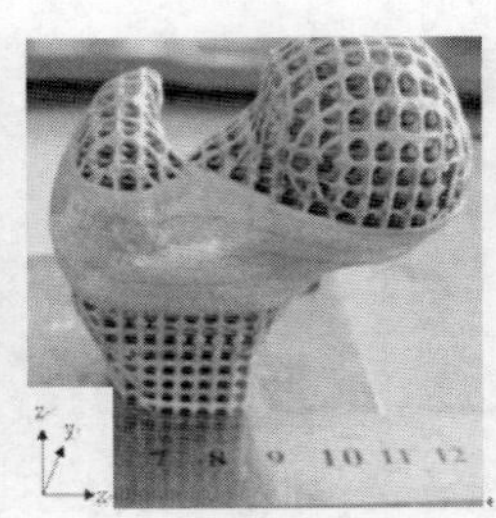
d. 圆形单元孔

图 18　多孔骨植入体

构一体化制造（见图 20）。提出了空心涡轮叶片的整体式陶瓷铸型制备方法中，用紫外激光快速成形制造涡轮原型，然后用陶瓷浆料一次贯注成型，可消除由装配所引起的装配误差和型芯偏移，从而降低偏芯、穿孔等缺陷，工艺过程简化。发明了陶瓷铸型低收缩率的冷冻干燥方法叶片铸型的陶瓷浆料在干燥过程中会产生收缩，影响叶片制造精度。通过有针对性的添加耐高温聚合物、对陶瓷铸型进行变壁厚设计以及制定合理的烧失工艺，有效的防止了型壳的开裂。实现了复杂结构涡轮叶片的无模具快速制造。使用所建立的技术路线，无需模具直接制造出了双冷涡轮叶片，实现涡轮叶片的快速铸造。

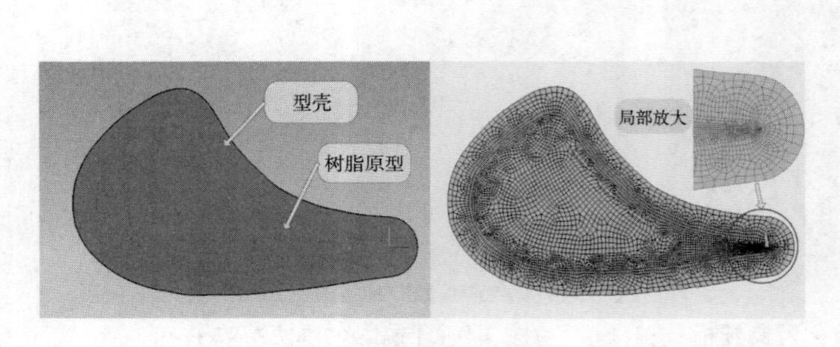

图 19　空心涡轮叶片铸型制造应力分析

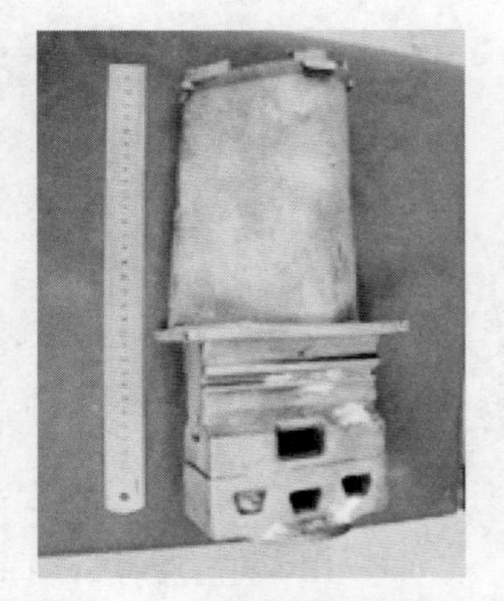
图 20　燃气轮机涡轮叶片精密铸件

1. 三维光子晶体的制作与应用

三维光子晶体是一种可以控制电磁波传输的人工周期结构。它具有光子禁带和负折射特性，因而其研究具有重大的科学意义和广泛的军事应用价值。光子晶体的结构 / 材料 / 外形的多样性和复杂性，使得其制造成为一项巨大的挑战。西安交通大学实现了多介质复杂结构陶瓷零件的快速制造，为推动复杂结构光子晶体制造与理论研究相结合，探索光子晶体的新性能提供了一种新方法。研究了结构参数、陶瓷固相含量及收缩率对光子晶体性能的影响规律，建立了材料性能参数和结构参数与光子晶体带隙中心频率关系的经验公式。研究了 3 种微结构形状的光子晶体负折射性能，发现负折射的中心频率变化范围很小。正方形微结构频率宽度最大，其值为 0.96GHz。通过以上研究，认识了各参数对光子晶体负折射性能的影响规律，为负折射特性光子晶体的主动设计和制造奠定了基础（见图 21）。

a. 经过干燥和焙烧的光子晶体

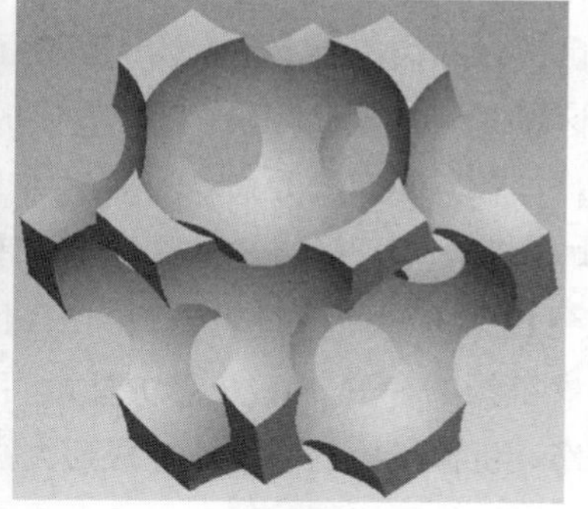
b. 单胞

图 21　金刚石结构光子晶体及其单胞

2. 飞行器风洞模型快速制造

飞机风洞模型是飞机研制中必不可少的重要环节，飞机风洞模型的加工质量、周期和成本影响了飞机研制的效率（见图22）。光固化快速成型具有制造复杂外形和结构的优势，可以为飞机风洞模型提供一种新的制造方法。西安交通大学以某型号飞机风洞模型为研究目标，设计了树脂—金属复合模型的结构方案。研究了树脂模型的拆分与组装，减少模型不必要组装环节，显著减少零部件数量，树脂—金属复合模型的尺寸精度及表面粗糙度均满足试验要求，与金属模型相比其制造周期缩短 85% ~ 90%，成本降低 45% ~ 55%。飞行器的颤振是一种在气动力、弹性力和惯性力作用下的自激振动（见图 23）。由于颤振是破坏性的振动，为确保飞行器飞行过程中不出现颤振，要求飞行器有足够的刚度和合理的质量分布，因而必须进行颤振风洞实验。研究提出基于光固化成型的机翼颤振风洞模型的设计和制造方法，为风洞模型的制造提供了新的技术路线。

图 22　在风洞中的光固化模型

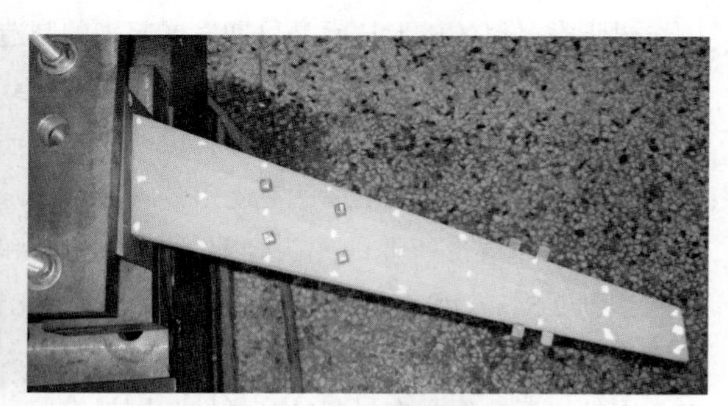
图 23　机翼颤振实验模型

3. 免组装机构的成型及间隙控制

华南理工大学采用 SLM 工艺实现了金属免组装机构的自由设计和成形（见图 24）。为了自由设计并快速制造出机构，引入了免装配机构的概念，即采用数字化设计和装配并采用选区激光熔化（SLM）一次性直接成形、无须实际装配工序的机构。分析了机构直接成型的难点和不同摆放方式对间隙内部支撑的影响，并分析了倾斜摆放方式对间隙成形质量的影响。采用不同的扫描速度加工出不同倾斜角度的样块，测试其极限成形角；设计最小间隙为 0.2mm 的曲柄滑块机构并采用水平摆放方式和倾斜摆放方式分别直接成形，验证了机械机构的 SLM 直接成形方法的可行性。所直接成形的曲柄滑块机构可以实现预设计的动作。机械机构的直接快速成形方法使机构的形状和结构更加多样化，且无需装配工序，实现了机构的快速制造。

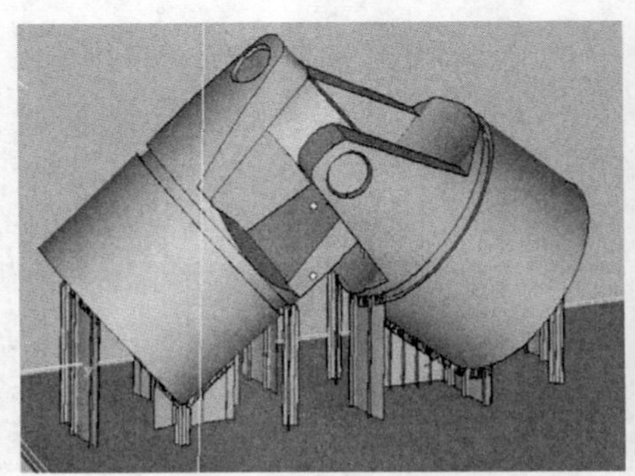
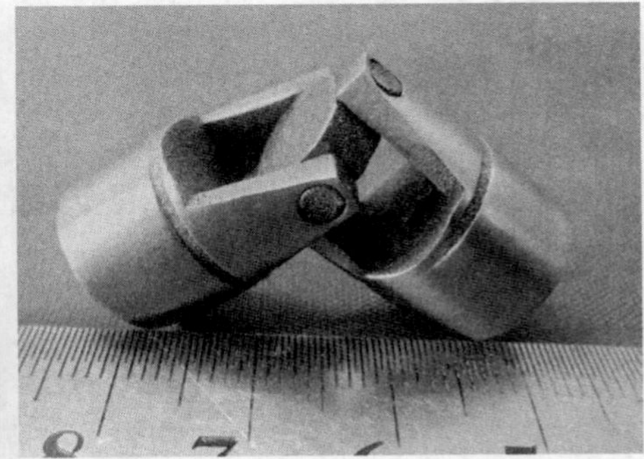

图 24　SLM 直接成形免装配机构

三、国内外研究进展比较

树脂类材料的成形技术是早期发展起来的制造技术，目前光固化技术（SL）技术仍是主要的市场量，它在复杂结构制造和制造的精度方面具有优势。美国 3D Systems 公司是全世界最大的快速成形机、三维打印机设备开发公司，在树脂材料、快速成形软件等方面也处于领先地位，是美国纳斯达克上市公司。3D System 公司先后收购了多家快速成形公司，成为全球快速成形行业的龙头企业。SLA-3500 和 SLA-5000 使用固体激光器，扫描速度分别达到 2.54m/s 和 5m/s，成形层厚最小可达 0.05mm，扫描速度却达 9.52m/s，平均成形速度提高了 4 倍，成形层厚度最小可达 0.025mm。我国研发的相关设备精度和制造效率基本与国外接近，但是在材料的多样性与国外有较大差距。西安交通大学研制的设备出口到俄罗斯、印度、肯尼亚等国家。

世界范围内研究和生产 SLS 装备的主要有美国 3D Systems 公司和德国 EOS 公司，SLM

装备则以德国EOS公司最为先进。3D Systems公司是历史最悠久的增材制造装备生产商之一，生产和销售多系列的SLA、SLS及3DP装备。该单位提供3种系列的sPro型SLS装备。采用了可移除制造模块和组合粉末收集系统，提高制造的可操作性和智能化程度。德国EOS公司是近年来SLS和SLM装备销售最多、增长速度最快的制造商，其装备的制造精度、成形效率及材料种类也是同类产品的世界领先水平。EOS生产多系列SLS装备，配置了激光功率在线监控系统，可在成形过程中监测和控制激光功率，保重了激光功率的连续和稳定运行。针对不同用途，EOS的SLS装备分别应用于铸造用蜡型、砂型制造，以及尼龙等塑料零件的直接制造。近期，EOS公司开发成功了可用于高温高强度PEEK塑料成形专用SLS装备，成为世界上唯一一家生产该类装备的企业。除了SLS装备外，EOS生产的SLM装备也代表了世界最先进水平。生产的EOSINT M270型SLM装备可在20小时内制造出多达400颗金属牙冠（传统工艺中一位熟练的牙科技术人员一天仅能生产8 ~ 10颗牙冠）。与成形装备相对应，EOS公司开发了系列金属粉末材料。华中科技大学2005年以后陆续推出了1m×1m以上工作面的SLS设备（包括1m×1m、1.2m×1.2m、1.4m×0.7m）。目前，美国3D Systems公司最大台面为0.55m。在SLM设备与工艺方面，华中科技大学于2003年开始研究SLM技术，2005年研制了工作面为0.25m×0.25m、采用光纤激光器和YAG激光激光器的两种类型的商品化设备，华南理工大学从2002年开始开展SLM设备与工艺研究，首先在国内申请并获得了专利进而于2004年研发出了Dimetal-240，2007年研发了Dimetal-280，2012年研发了Dimetal-100 3款SLM设备。国内外同类产品对比如表1所示。

表1 国内外SLM设备性能指标对比

对比内容	EOS M280	华中科技大学 HRPM	华南理工大学 Dimetal-280
成形体积（mm^3）	250×250×325	250×250×250	280×280×300
加工层厚（μm）	20 ~ 100	20 ~ 50	20 ~ 100
激光器	200W光纤激光器	100、200W光纤激光器	200W光纤激光器
速度（mm/s）	7000	开放参数，300 ~ 1200可调	7000
聚焦光斑直径（μm）	100 ~ 200	50 ~ 100	50 ~ 100
制造零件致密度（%）	接近100	95 ~ 99	接近100
适用材料范围	固定种类，包括铁基、钛合金、铜合金等	商品化钛合金、钴铬合金、工具钢、镍基高温合金不锈钢等	不锈钢，钛合金，钴铬合金，镍基高温合金
尺寸精度（mm）	0.1	0.1	0.1

在激光熔敷装备建设方面取得重大突破，实现我国商用激光立体成形工艺装备制造的零突破。西北工业大学已经开发出了一系列固定式和移动式激光立体成形工艺装备。表2比较了目前国际上技术成熟度比较高的商业化激光立体成形装备的主要特性。可以看到，西北工业大学所研制的LSF系列激光立体成形装备多项指标处于国际领先水平。

表2　激光立体成形装备主要特性比较

	Optomec 公司 LENS 系统	POM 公司 DMD 系统	Trumpf 公司 DMD 系统	西工大 LSF 系统
光源（kW）	0.5 ~ 4 YAG 或光纤激光器	1 盘式 / 半导体激光器	2 ~ 6 CO_2 激光器	0.3 ~ 8 CO_2 /YAG/ 光纤 / 半导体激光器
运动系统	五坐标数控机床	五坐标数控机床 / 机器手	五坐标数控系统 / 机器手	三—五坐标数控系统 / 机器手
沉积效率（cm^3/h）	5 ~ 50	10 ~ 70	10 ~ 160	5 ~ 300
熔覆材料	金属粉末	金属粉末	金属粉末	金属粉末
材料利用率	—	约 75%	—	约 80%
成形零件最大外廓尺寸（mm^3）	L900 × W1500 × H900	L300 × W300 × H300	L2000 × W1000 × H750	L5000 × W2500 × H600
气氛氧含量	≤ 10ppm	可配真空加工室	无气氛加工室	5 ~ 100ppm 可控
监测环节	有	无	无	有

三维喷印设备是国外近年来引导增材制造发展的主力设备，随着桌面型 3D 喷印技术（Three-dimensional printing，3DP）的产生和应用，增材制造技术的应用范围得到了极大扩展，其具有价格低廉、多色彩和便于使用的特点。以色列 Objet 公司研发高分辨率三维喷墨喷印系统，利用 PolyJet™ 聚合材料喷射技术，可喷印 16μm 厚的超薄涂层。3D System 公司推出了 ProJet™6000 高清晰度专业级三维喷印机，可以提供比 SL 更高精度、更高质量模型的交叉式三维喷印机。喷印高质量的零件并可以有效的控制成本。我国在三维喷印方面有多方面的研究，但是彩色的三维喷印机尚未研发形成商业产品。

为了使增材制造技术的规范化，2011 年 7 月，美国试验材料学会（ASTM）的快速成型制造技术国际委员会 F42 发布了一种专门的快速成型制造文件（AMF）格式，新格式包含了材质、功能梯度材料、颜色、曲边三角形及其他的传统 STL 文件格式不支持的信息。10 月，美国试验材料学会国际（ASTM）与国际标准化组织（ISO）宣布，ASTM 国际委员会 F42 与 ISO 技术委员会 261 将在增材制造领域进行合作，该合作将降低重复劳动量。此外，ASTM F42 还发布了关于坐标系统与测试方法的标准术语。我国也建立的增材制造标准化小组，制定了多个标准，但是与国际标准相比，需要在新技术的发展上不断跟进。

生物制造技术是近年来增材制造领域中发展的热点，目前已经成为一个独立的学科分支得到迅速发展，其科学内涵亦逐渐明晰。其中，细胞三维受控组装被认为是有可能解决传统组织工程的局限性而实现复杂器官人工制造的技术发展方向。近多年来，中国生物制造领域，特别是在组织工程、体内永久植入物和康复医疗器械方面均作了大量前沿开拓性的工作。生物制造领域的第一本国际学术期刊 *Biofabrication* 于 2009 年创刊，清华大学孙伟教授任首任主编。该期刊已被国际 3 大检索（SCI、EI、Medline）收录，并且仅用两年时间其 SCI 影响因子就达到了 3.48（2011 年）。在具体的生物制造技术层面上，特别是细胞三维打印技术上，除清华大学开发的细胞三维受控组装技术外，目前，国外已有不少公司推出了所谓生物打印设备。如德国 ENVISIONTEC 公司推出的 3D-Bioplotter，采用熔融挤出沉积工艺，可以成形多种生物材料，但尚不能进行细胞的直接堆积成形。美国 MicroFab 公司针对生物医学和组织工程应用，推出 jetLab 系统，可以作为生物材料成形的开发平台，进行组织工程支架的三维打印成形研究。基于上述分析，清华大学开发的组织工程支架的低温沉积制造技术和细胞直接堆积的细胞三维受控组装技术，较好地解决了生物材料和生物开放体系结构成形制造的技术难题，在国际上具有较明显的技术特点和优势。

在技术研发方面，我国增材制造装备的部分技术水平与国外先进水平相当，但在关键器件、成形材料、智能化控制和应用范围等方面较国外先进水平落后。我国增材制造技术主要应用于模型制作，在高性能终端零部件直接制造方面还具有非常大的提升空间。在增材的基础理论与成形微观机理研究方面，我国在一些局部点上开展了相关研究，但国外的研究更基础、系统和深入；在工艺技术研究方面，国外是基于理论基础的工艺控制，而我国则更多依赖于经验和反复的试验验证，导致我国增材制造工艺关键技术整体上落后于国外先进水平；材料的基础研究、材料的制备工艺以及产业化方面与国外相比存在相当大的差距；部分增材制造装备国内都有研制，但在智能化程度与国外先进水平相比还有差距；我国大部分增材制造装备的核心元器件还主要依靠进口。因此，我国需要在系统技术、材料、元器件、工程应用方面加大科研力量，为增材制造技术追赶国际先进水平提供科研基础。

四、本学科发展趋势与展望

增材制造技术代表着生产模式和先进制造技术发展的一种趋势，即产品生产将逐步从大规模制造向个性化制造发展，满足社会多样化需求。增材制造 2012 年直接产值约 22 亿美元，仅占全球制造业市场 0.02%，但是其间接作用和未来前景难以估量。增材制造优势在于制造周期短、适合单件个性化制造，实现大型薄壁件制造、钛合金等难加工易热成形零件制造、结构复杂零件制造。该技术与设备在航空航天、医疗等领域，产品开发，计算机外设和创新教育上具有广阔发展空间。

增材制造技术相对传统制造技术还面临许多新挑战和新问题。目前增材主要应用于产品研发，还存在使用成本高（10 ~ 100 元 / 克）、制造效率低，如金属材料成形为 100 ~ 3000g/h，制造精度尚不能令人满意。其工艺与装备研发尚不充分，尚未进入大规模工业应用。应该说目前增材制造技术是传统大批量制造技术的一个补充。任何技术都不是万能，传统技术仍会有强劲生命力，增材制造应该与传统技术优选、集成，会形成新的发展增长点。对于增材制造技术需要加强研发、培育产业、扩大应用。通过形成协同创新的运行机制，积极研发、科学推进，使之从产品研发工具走向批量生产模式，技术引领应用市场发展，改变我们的生活。

增材制造技术已有近 30 年的发展，已有的技术都已经过了近 20 年的探索、研究和改进。目前正处于承上启下的阶段，一方面期待新技术的突破，提高增材制造在材料、精度和效率上的极限；另一方面则是基于现有技术的新应用，扩宽增材制造技术的应用范围和应用方式。前者可能的发展方向是具有高效、并行、多轴、集成等特征的新型增材制造技术；而后者的应用范围有生物、医疗、航空航天、汽车、建筑、雕塑、教育，甚至是人们的日程生活，这些新兴应用领域的扩展，将使增材制造技术与装备由通用型向专用型发展，如细胞三维打印技术与装备、组织工程支架三维打印技术与装备等。

（一）增材制造技术发展趋势

1）向日常消费品制造方向发展。三维喷印是国外近年来的发展热点，该设备称为三维喷印机，将其作为计算机一个外部输出设备而应用。它可以直接将计算机中的三维图形输出为三维的彩色物体。在科学教育、工业造型、产品创意、工艺美术等有着广泛的应用前景和巨大的商业价值。其发展方向是提高精度、降低成本、高性能材料和彩色喷印。

2）向功能零件制造发展。采用激光或电子束直接熔化金属粉，逐层堆积金属，形成金属直接成形技术。该技术可以直接制造复杂结构金属功能零件，制件力学性能可以达到锻件性能指标。进一步的发展方向是进一步提高精度和性能，同时向陶瓷零件的增材制造技术和复合材料的增材制造技术发展。

3）向智能化装备发展。目前增材制造设备在软件功能和后处理方面还有许多问题需要优化。例如，成形过程中需要加支撑，软件智能化和自动化需要进一步提高；制造过程，工艺参数与材料的匹配性需要智能化；加工完成后的粉料或支撑的需要去除等问题。这些问题直接影响设备的使用和推广，设备智能化是走向普及的保证。

4）向组织与结构一体化制造发展。实现从微观组织到宏观结构的可控制造。例如，在制造复合材料时，将复合材料组织设计制造与外形结构设计制造同步完成，在微观到宏观尺度上实现同步制造，实现结构体的“设计—材料—制造”一体化。支撑生物组织、复合材料等复杂结构零件的制造，给制造技术带来革命性发展。

（二）重点研究与发展方向

1）研究共性技术与标准。建立数学、物理、化学、材料、生命、信息、软件、建筑等学科的学科大交叉，研究增材的创新原理、方法及其相关支撑技术，包括新材料、新器件（激光器）、智能控制、设计软件、网络数据库、新成形原理、新设备工艺、巨型结构增材制造、微纳增材制造、太空环境制造等。为支撑共性技术快速产业化，需要研究相关标准与规范，包括材料性能标准、软件接口标准、制造质量标准、制造工艺规范、生物假体或替代物临床标准、元器件性能标准等。

2）建立科研与产业化基地。为保证研究和产业发展的连续性，在已有较好科研和产业基础的单位建立科研与产业化基地，保证高质量的持续研究，增强产业化能力，形成具有国际竞争力的增材制造企业和产品品牌。增材制造技术是多学科和新技术应用显著的制造技术，高端装备一定需要高等学校的人才和科研资源的，因此针对不同等级的技术和设备，采用不同的发展策略。高端设备和未来发展，依托高等学校建立的科研与产业化基地，实现技术向产业的快速转移，增强高端技术和设备的国际竞争力。低端设备依托社会化企业的创新发展，通过销售设备补贴的方式，激励其降低成本和扩大应用面，通过激励收益，创造百花齐放的社会参与机制，启动社会资源创新普及模式。

3）实施重大工程和行业应用。应用是扩大市场的动力，也是增材制造技术展示其作用的标志。结合增材制造技术特长，集中目标解决若干我国在国防建设和社会民生迫切需要产业产品，提升产品快速研制能力是推动增材制造技术发展的重要任务。建议在4个方面开展应用工程：飞机制造、航空发动机设计制造、个性化组织器官替代物制造、汽车（包括汽车发动机）快速研制。飞机和航空发动机是我国国防建设的迫切需要，也是我国利用新技术跨越发展的契机，目前国外也在启动相关项目研究，利用增材制造技术有可能使我们跨越传统制造技术，在短时间内缩短与美欧在航空制造领域的差距，成为航空强国。同时也可以带动航天发动机、燃气轮机技术大跨越发展。个性化是医疗产品的发展趋势，个性化组织与器官替代物具有巨大的市场商机，也是民生工程的重要方面，而增材制造技术是最佳的个性化制造工具，由此形成的生物制造方向已经成为多学科交叉的研究与应用领域，这是未来一个新兴产业。汽车是我国的支柱产业，自主研发是我国汽车工业的短板，随着汽车市场竞争日益激烈，构建快速研发体系，快速响应市场是我国汽车工业走向自主创新的保证，也是我国汽车及发动机企业的迫切需要。

4）推进社会市场化服务。从国外增材制造的发展模式来看，2012年增材制造服务业产值已经超过了设备和材料的产值。增材制造也将呼唤和催生一个为之服务的产业，形成云制造。为推进增材制造技术形成社会化生产力，可在我国建立区域服务中心，为社会各界提供服务，推动中小企业进步和提升社会创新能力。需要解决的问题是技术和设备的成套化和多功能化，如从设计到功能产品样件的制造，以增强服务能力，实现增材制造技术社会化普及与应用。

总之，增材制造是未来产业和社会变革的助推器，是我国实现创新驱动发展的历史机遇。我国要不失时机，迎头赶上，为建设创新型社会提供强有力的技术支撑。

参考文献

[1] Terry Wohlers，Tim Caffrey.Wohlers Report 2013—Annual Worldwide Progress Report of Additive Manufacturing and 3D Printing State of the Industry [R].USA，Wohlers Associates，2013.

[2] 李涤尘，田小永，王永信，等. 增材制造技术的发展 [J]. 电加工与模具，2012，S1：20–22.

[3] 李涤尘，贺健康，田小永，等. 增材制造：实现宏微结构一体化制造 [J]. 机械工程学报，2013，6：129–135.

[4] 张人佶，林峰，王小红，等. 快速制造技术的发展现状及其展望 [J]. 航空制造技术，2010，7：26–29.

[5] 李瑞迪，魏青松，刘锦辉，等. 选择性激光熔化成形关键基础问题的研究进展[J]. 航空制造技术，2012，5：26-31.
[6] 闫春泽，史玉升，杨劲松，等. 高分子材料在选择性激光烧结中的应用——(Ⅱ)材料特性对成形的影响[J]. 高分子材料科学与工程，2010，8：145-149.
[7] 何禹坤，王基维，王黎，等. 基于激光熔化成形包套的热等静压近净成形试验研究[J]. 热加工工艺，2012，13：1-3.
[8] 杨永强，刘洋，宋长辉. 金属零件3D打印技术现状及研究进展[J]. 机电工程技术，2013，4：1-8.
[9] 吴伟辉，杨永强. 选区激光熔化成型过程中熔线形貌的优化[J]. 铸造技术，2012，11：1308-1311.
[10] 肖冬明，杨永强，苏旭彬，等. 金属生物材料支架的微结构拓扑优化设计及选区激光熔化制造(英文)[J]. Transactions of Nonferrous Metals Society of China，2012，10：2554-2561.
[11] 王华明，张述泉，王向明. 大型钛合金结构件激光直接制造的进展与挑战(邀请论文)[J]. 中国激光，2009，12：3204-3209.
[12] 马陶然，方艳丽，王华明. 激光沉积Ti60A高温钛合金显微组织及固态相变[J]. 材料热处理学报，2012，10：101-106.
[13] 贺瑞军，王华明. 激光沉积Ti-6Al-2Zr-Mo-V钛合金高周疲劳性能[J]. 航空学报，2010，7：1488-1493.
[14] 谭华，张凤英，陈静，等. 混合元素法激光立体成形Ti-XAl-YV合金的微观组织演化[J]. 稀有金属材料与工程，2011，8：1372-1376.
[15] 温如军，谭华，张凤英，等. TC4激光立体成形中基材热影响区组织性能优化研究[J]. 应用激光，2012，2：91-95.
[16] 晏耐生，林峰，齐海波，等. 电子束选区熔化技术中可控振动落粉铺粉系统的研究[J]. 中国机械工程，2010，19：2379-2382+2389.
[17] 李晓延，巩水利，关桥，等. 大厚度钛合金结构电子束焊接制造基础研究[J]. 焊接学报，2010，2：107-112+118.
[18] 连芩，刘亚雄，贺健康，等. 生物制造技术及发展[J]. 中国工程科学，2013，1：45-50.
[19] 薛世华，王勇，赵雨，等. 人牙髓细胞三维生物打印的初步研究[J]. 科学技术与工程，2012，17：4103-4107.

撰稿人：李涤尘　史玉升　林　峰　王华明　黄卫东　杨永强　巩水利　田小永

微纳设计领域科学技术发展研究

一、引言

微机电系统（micro-electro-mechanical systems，MEMS）是指采用微细加工技术批量制作的，集微传感器、执行器、信号处理和控制电路、通信系统、电源于一体的微型系统[1]。纳机电系统（nano-electro-mechanical systems，NEMS）是微机电系统的发展与延伸，其器件结构至少某一维的尺度在纳米量级上，即特征尺寸介于 1 ~ 100nm[2]。经过几十年的发展，MEMS 技术以其微型化、低能耗等优势，现已广泛应用于汽车、生物医学、通信、消费电子等领域，深深融入人们的生活中。NEMS 概念产生于 20 世纪 90 年代末期，得益于其极高的特征频率、良好的机械特性等优点，发展异常迅速，应用也越来越广泛。

微纳设计技术是研究如何设计微机电系统和纳机电系统设计的技术。鉴于 MEMS 和 NEMS 多学科交叉的特点，微纳设计技术也涵盖了众多学科领域，如机械、微电子、流体、光学、生物、化学等，并涉及系统仿真、数值模拟、工艺建模与仿真等关键技术。对于微机电系统设计，在绝大多数情况下，宏观经典的理论和概念仍然适用；而对于纳机电系统，在某些领域，经典理论和概念仍然可能为设计和分析提供适当的基础，但在大多数情况下，需要把量子力学和统计理论的概念引入纳米尺度的分析[1]。

始于 20 世纪 80 年代的 MEMS 设计技术与设计工具目前已经相对成熟，设计工具架构一般采用麻省理工学院 Stephen Senturia① 教授提出的分层设计体系，包含了系统级行为仿真设计，器件级物理仿真设计，工艺级版图设计与工艺仿真，在实现平台上则各具特色。相对于比较成熟的 MEMS 设计技术与设计工具，NEMS 设计技术与设计工具则处在发展初期，虽有研究但未形成体系，主要是对仿真方法与工具的应用。

目前微纳技术正处在迅猛发展的时期，鉴于微纳技术的特殊性，其对微纳专用设计技

① 著名 MEMS 学者，著有 *Microsystem Design* 一书，业界著名设计软件 IntelliSense 和 CoventorWare 源于其研究小组。

术以及工具的需求也是较为迫切的。以下内容中，将对近几年微纳设计技术及工具的发展情况做简要的论述，并对国内外的研究进展进行对比。最后，并对微纳设计技术在未来的发展趋势进行初步的分析和探讨。

二、本学科近年来的最新研究进展

微纳技术不断发展，新器件、新工艺、新原理等不断涌现，促进了微纳设计技术的发展，近年来微机电设计和纳机电设计领域出现了一些新的发展与成果，下面将做详细论述。

（一）MEMS 器件结构与 IC 电路的共同仿真技术

微机电系统一般由微机械结构和接口电路构成，该接口电路一般由专用集成电路芯片来实现。因此，MEMS 的设计可以分为 MEMS 器件结构设计和电路设计两部分。MEMS 设计技术早期，MEMS 器件结构设计和集成电路（integrated circuit，IC）接口电路设计在系统级行为仿真中有松散的结合。设计重点是 MEMS 器件结构设计、优化和整个系统性能的评估。IC 接口电路则需要在专门的电子设计自动化（electronic design automation，EDA）设计工具中进行设计。但 MEMS 研究者一直致力于解决 MEMS 器件结构与 IC 电路设计共同设计与仿真问题，以满足 MEMS 器件与接口电路的单芯片集成的需求。两者的共同设计也就成为了一个新的研究方向。

近年来，国内外在 MEMS 器件结构和 IC 接口电路共同仿真设计技术上取得了较大的进步。典型的如 Coventor 公司[①] 在 2009 年推出的新一代 MEMS 设计软件 MEMS+。它提供

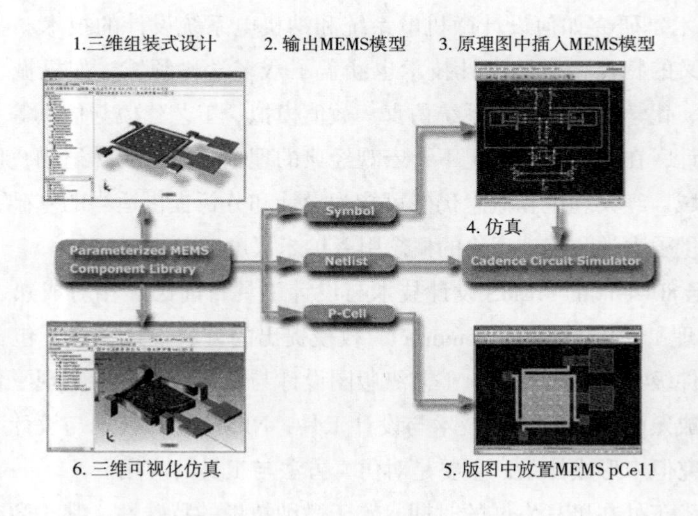

图 1　MEMS+ 设计流程

① 专业从事 MEMS 设计服务的公司，以下该公司相关内容均来源于公司网站：www.coventor.com。

了一种标准设计方法（见图 1），将 MEMS 器件的系统级建模仿真（innovator）和集成电路行业标准的仿真环境（cadence virtuoso）结合在一起，提供给 MEMS 和 IC 设计人员一个共同的 MEMS+IC 仿真、设计平台。它可以自动生成系统级仿真原理图符号和底层网表文件，在 Cadence Virtuoso 中实现与 IC 电路进行联合仿真、设计，并可最终生成所设计 MEMS 器件的参数化版图单元用于与 IC 版图的共同设计。

（二）三维化 MEMS 设计技术

目前的 MEMS 设计工具主要借鉴于 EDA 和机械设计自动化（mechanical design automation，MDA）设计软件及设计方法，这是一种以二维化设计为主的设计方法。尽管 MEMS 主要源于微电子，但是 MEMS 器件却是三维结构，三维设计更符合 MEMS 的特点，也显得更加直观。因此，近年来 MEMS 的三维设计技术得到长足发展，主要体现在 MEMS 系统级设计和工艺级仿真两个方面。

MEMS 系统级三维设计包含两方面：MEMS 参数化组件采用三维实体表示，并通过组件装配形成 MEMS 器件；系统级仿真结果可以通过三维实体进行动态显示。2009 年 Coventor 公司推出的 MEMS+IC 设计工具 MEMS+ 提供给设计人员一个全参数化的三维设计入口，在 MEMS+ 系统级三维组件库中，每个组件都包含一个三维视图以及一个行为模型，设计者在 Innovator 中使用三维组件设计和搭建 MEMS 器件的三维模型（见图 2），并输出网表文件进行仿真。2007 年 Coventor 公司推出的 CoventorWare 中的 Architect3D 模块可对系统级仿真结果进行三维动态显示（见图 3），并输出 MEMS 器件三维实体文件。我国西北工业大学从 2009 年开始在国家“863”计划支持下，基于国产仿真平台开展了类似的系统级三维设计技术的研究工作，实现了相应的工具化软件。

在工艺级方面，除了可以对加工工艺流程和单步工艺物理仿真进行三维可视化之外，版图规则检查也从之前的二维检查发展到对任意图形的三维显示及验证。2009 年，

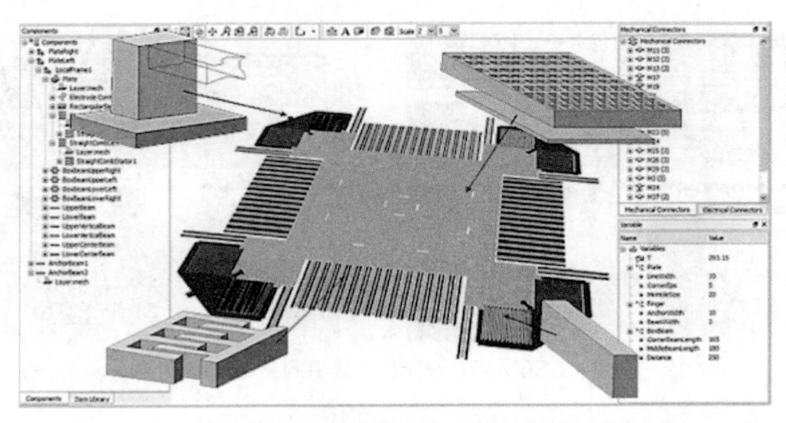

图 2　MEMS+ 下加速度计的系统级三维模型搭建

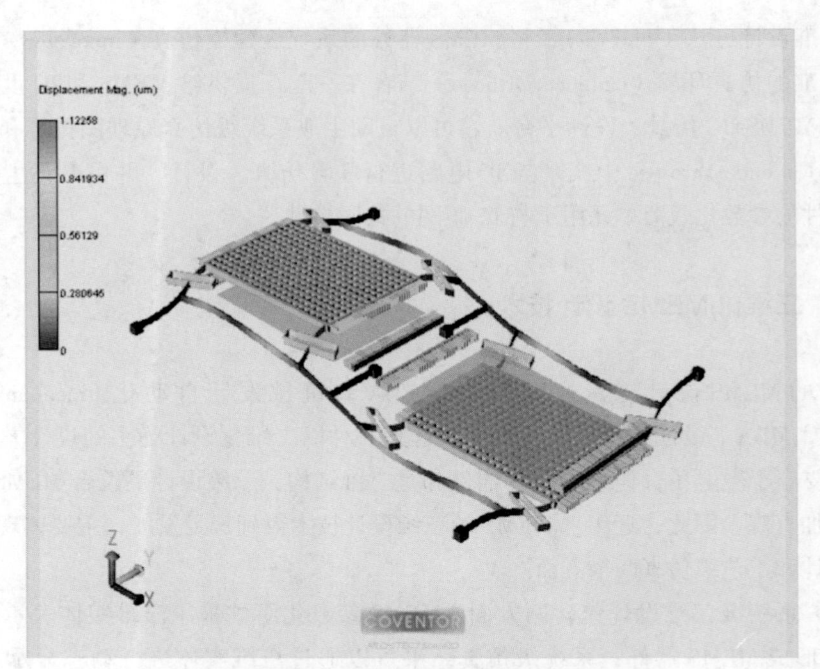

图 3　陀螺的 Architect3D 系统级仿真结果显示

Coventor 与 X-Fab 开发了三维工艺建模与仿真软件 SEMulator3D，用于 MEMS 和半导体器件加工过程的三维建模与仿真（见图 4）。它可通过 MEMS 或者半导体器件的版图和工艺流程文件完成器件的虚拟加工过程，生成器件的三维实体模型，进行版图的三维实体检查与验证，并可对器件结构进行网格划分，生成用于器件级物理仿真的有限元模型。2012 年，Intellisense 公司 ① 发布的 IntelliSuite 8.7 对工艺物理仿真的不同模块进行集成，形成 FabSim 模块，并添加了光刻、石英各向异性刻蚀等仿真功能。我国西北工业大学、南开大学、北京大学等开展了工艺级仿真的研究，并实现了相应的工具化软件（见图 5）。

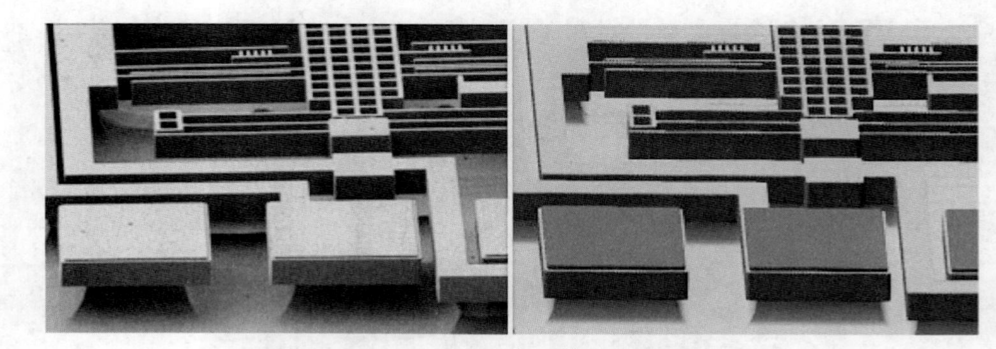
图 4　SEMulator3D 加工结果的三维模拟

① 专业从事 MEMS 设计服务的公司，以下该公司相关内容均来源于公司网站：www.intellisense.com。

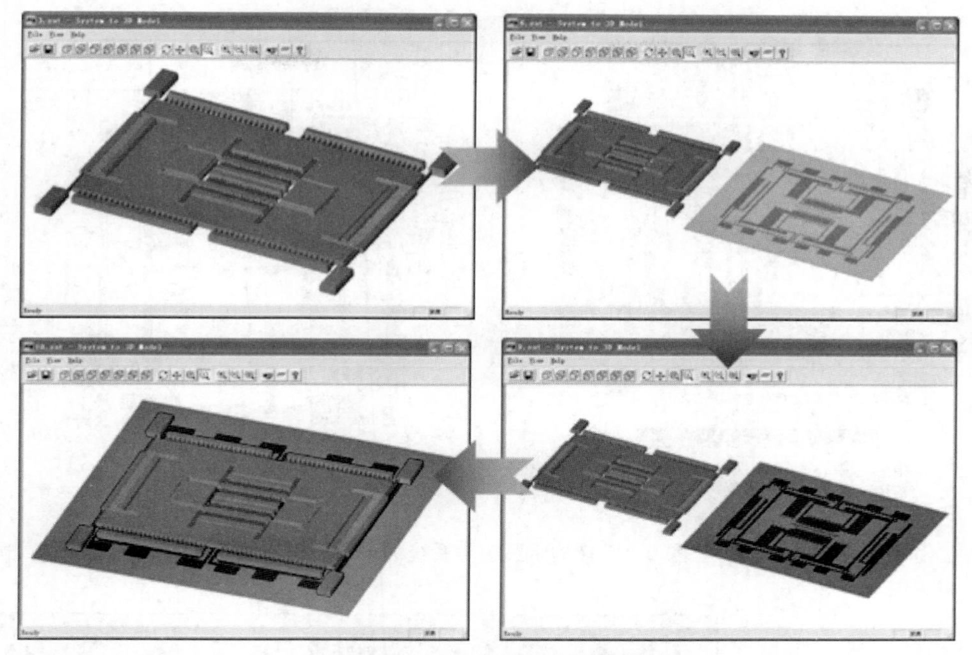

图 5　西北工业大学工艺流程仿真

（三）非规则复杂结构的宏建模技术

在 MEMS 系统级设计中，仅有一小部分 MEMS 器件可以由系统级参数化组件（解析宏模型）进行搭建，完成仿真、设计。对于大部分的 MEMS 器件，由于结构中包含非规则复杂结构，无法仅仅依靠参数化组件完成建模。这时，最有效的方法是 MEMS 器件中的规则结构使用解析宏模型，而对于非规则复杂结构，则采用数值仿真以及降阶算法获得其数值宏模型。通过解析宏模型和数值宏模型的异构建模来完成 MEMS 器件的系统级仿真、设计。

源于集成电路设计的降阶技术在 MEMS 设计领域得到了广泛的应用，并成为器件级物理仿真到系统级行为仿真的桥梁。大部分的 MEMS 集成设计软件中都集成了数值宏模型提取模块，如 CoventorWare、MEMS Pro、Intellisuite、MEMS Garden。降阶技术在 MEMS 设计中的应用也促进了自身的发展，近年来也取得了许多重要成果，典型地包括西北工业大学建立的角度参数化[3, 4]、多因子参数化技术[5]。角度参数化对于器件的建模过程如下：图 6[4] 中陀螺具有重复的折叠梁结构，无法用参数化解析模型搭建。通过有限元计算和降阶技术，建立折叠梁角度参数化数值宏模型，与解析宏模型混合搭建陀螺的系统级模型进行仿真、设计。这解决了相同结构数值宏模型重复获取问题，对于提高 MEMS 设计效率具有重要意义。在多因子的参数化降阶过程中，考虑了阻尼、温度、静电力、科氏力、离心力等影响因素（系统如图 7[5] 所示），有效地在仿真精度和速度之间取得了均衡。

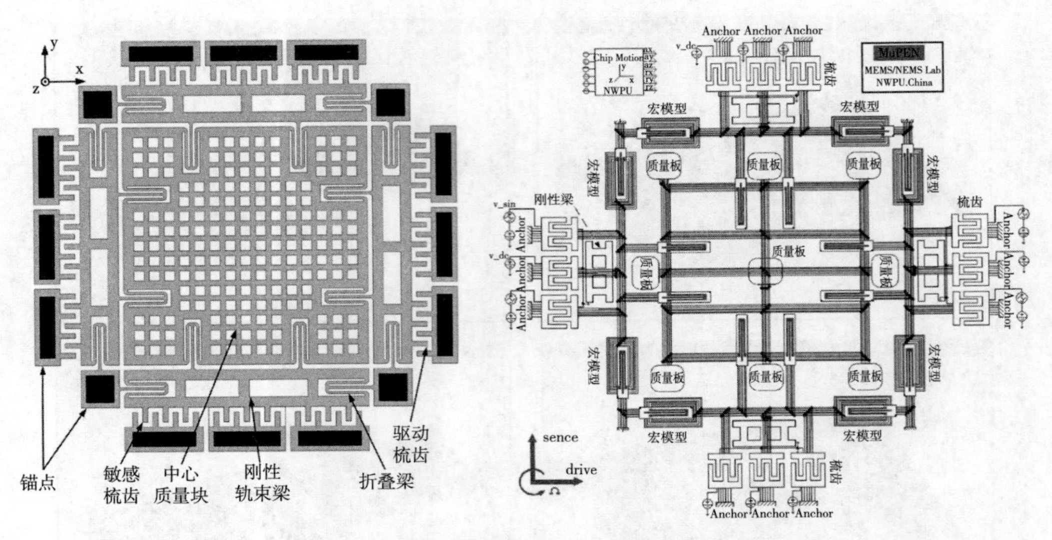

图 6 陀螺的示意图与系统级混合模型

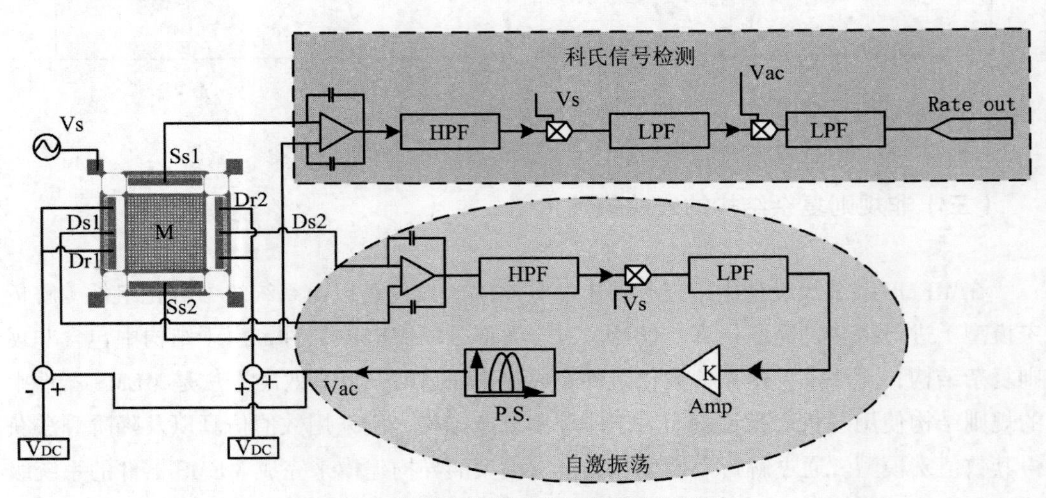

图 7 多影响因素下的陀螺系统级模型

（四）微流控设计技术

微流控技术是目前 MEMS 技术中发展最为强劲的领域之一。微流控技术发展初期，器件结构简单，设计主要采用基于器件级物理建模与仿真的 Bottom-Up 设计方法。得益于 CFD、分子模拟等多年的发展，Bottom-Up 设计方法在微流控设计中得到成功的应用。随着微流控理论、加工工艺等的不断发展以及应用的需求，微流控器件向着功能复杂化、器件集成化的方向发展。当前，Bottom-Up 设计方法受到了极大的挑战，其高成本、低效率等缺点暴露出来，微流控的设计成为微流控发展的瓶颈。

源于 IC 设计的系统级行为建模与仿真具有较高的仿真速度、适当的求解精度、组件可重用性以及处理复杂多域耦合系统的能力等优点。以系统级行为建模与仿真为基础的 Top-Down 设计方法在 IC 领域得到成功应用。鉴于微流控系统与 IC 电路的相似性，系统级 Top-Down 设计方法为微流控系统的设计问题提供了解决之道，也成为了微流控设计研究热点之一。美国杜克大学 Krishnendu Chakrabarty 教授领导的研究小组开展了基于 Top-Down 设计流程的数字微流控生物芯片（digital microfluidic biochips）的设计技术研究。2010 年，Krishnendu Chakrabarty 教授对数字微流控用于仿真、综合和芯片优化的计算机辅助设计技术进行了论述（见图 8[6]），这些设计技术的应用目标是数字微流控的建模与仿真、时序排列、模块布置、液滴路径优化、测试等[6, 7]。美国 CFD Research Corporation 同样开展了基于 Top-Down 流程的微流控设计技术与系统级仿真技术的研究。2007 年，基于卡内基梅隆大学开发的微流控系统级组件库，建立了微流控设计软件[8]并申请了专利[9]。在系统级建模与仿真方面该公司优化了原系统级组件库，并对其进行了扩充，在 2011 年和 2012 年分别建立了微流控芯片液体填充过程系统级组件模型[10]以及任意深宽比系统级组件模型[11]。

另外，在微流控的集成设计技术方面，2009 年，美国 Fluidigm Corporation 提出了一种微流控设计架构并设计了软件[12]。该架构（见图 9）是目前为止最为完善的微流控设计框架，它以版图设计为中心，包含了系统级设计、器件级设计以及版图的自动生成。国内的吉林大学左春柽教授领导的小组在国家“863”计划“生物微纳流控系统设计软件开发”

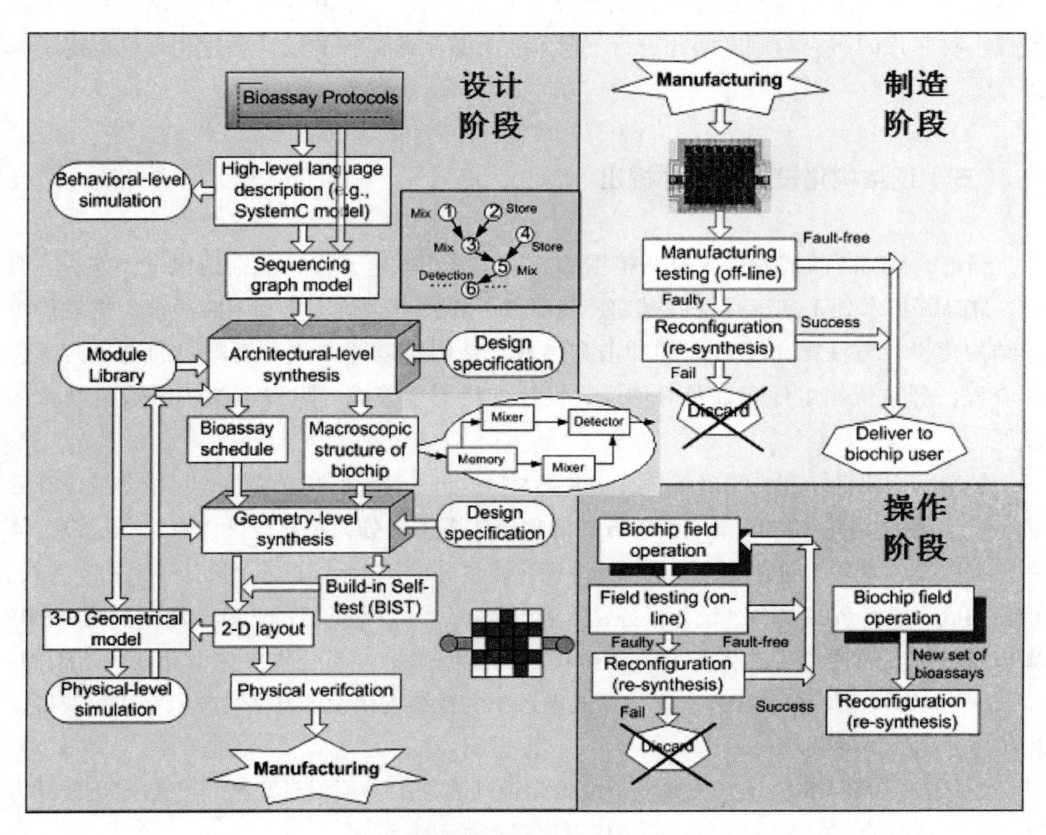

图 8　微流控的 Top-Down 设计

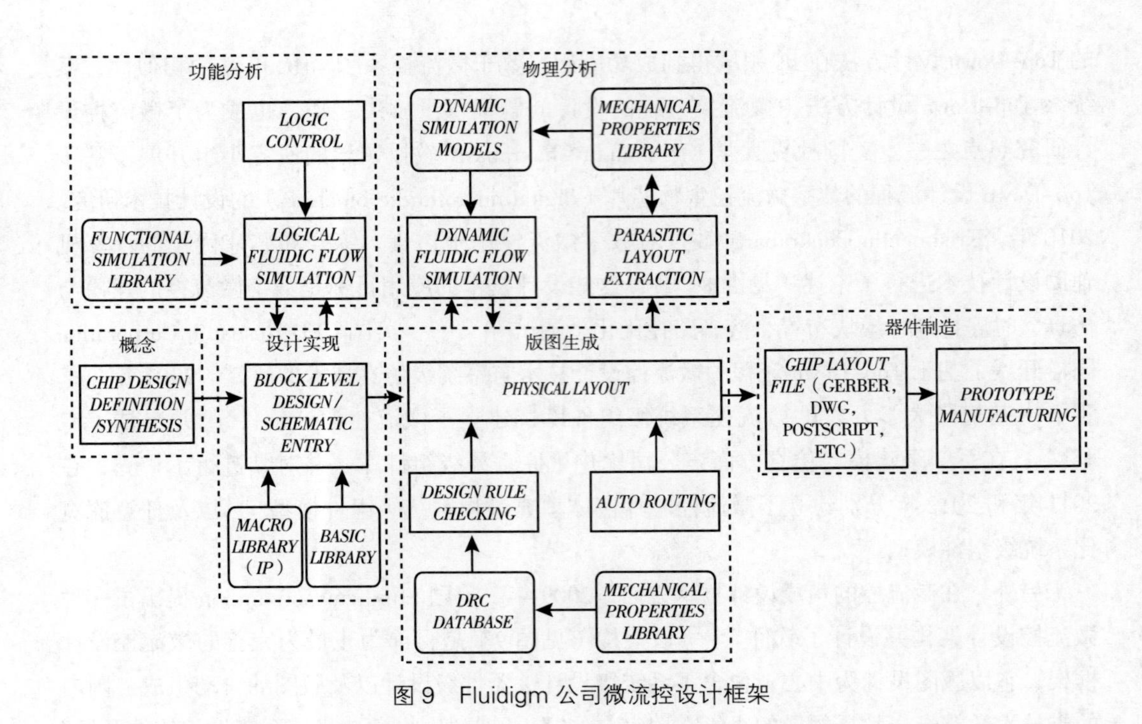

图 9　Fluidigm 公司微流控设计框架

项目支持下开展了微流控设计软件的研究与开发工作[13]。2008 年，该小组还对数字微流控生物芯片的布局与调度问题进行了研究，为数字微流控的设计和优化理论奠定了基础[14]。

（五）泛结构化设计方法的提出

当前，MEMS 集成设计工具所依据的方法是源于微电子设计的结构化设计方法。但是，MEMS 技术处于其迅猛发展时期，新器件、新技术、新工艺等不断涌现，这对传统的结构化设计方法产生了巨大的冲击和挑战。结构化设计方法采用固定的自顶向下设计流程，严重依赖组件库以及对创成式设计支持不足等缺点阻碍了 MEMS 设计技术的发展。

针对结构化设计方法的缺点，西北工业大学提出了“泛结构化微机电系统集成设计方法”[15]。泛结构化 MEMS 集成设计方法的理论体系主要分为集成设计体系、分层设计体系、柔性设计体系、创成设计体系和三维设计体系等 5 个体系。这 5 个设计体系相互关联、相辅相成完成复杂的 MEMS 设计任务，并起到提高设计效率的目的。基于泛结构化 MEMS 集成设计方法，西北工业大学开发了全国产的大型微机电系统集成化设计软件（MEMS Garden）。2011 年，西北工业大学“微机电系统的泛结构化设计方法与技术”成果获得国家技术发明奖二等奖。

泛结构化 MEMS 设计方法继承了结构化设计方法的分层设计思想，与结构化设计方法相比，泛结构化的 MEMS 设计方法优点体现在如下方面[16]。

（1）系统级建模由原来依赖单一参数化组件库的“修订式”发展为综合参数化组件库、数值宏模型和方程自主定义的优势共同进行，各种模型采用相同的数据表征方式，并按照 MEMS 器件的原始拓扑互联以建立系统级异构模型，从而为设计者进行新结构、新原理设计提供支持；系统级仿真结果可以通过三维实体模式来显示，改变了过去二维曲线查看结果的模式。

（2）器件级建模与仿真由原来依赖内嵌控制方程与求解算法的“检索式”设计发展为支持方程自主定义，从而为 MEMS 设计者的自主定制式设计提供支持，并提高 MEMS 仿真精度和基于器件级仿真结果的宏模型精度。

再次，工艺级提供了加工工艺流程的三维可视化仿真，实现了所见即所得的设计。最后，泛结构化的设计方法吸取了任意流程设计方法思想，提供 3 个设计层级之间的全部 6 个数据转换接口，从而将固定的标准化设计流程发展为支持任意流程，为设计者提供了设计流程方面的灵活性。

（六）纳机电系统设计与微纳跨尺度建模技术

在 NEMS 纳尺度设计方面，国外研究者已在建模与仿真方法上开展了大量工作。目前，研究者分别使用了第一原理、分子动力学模拟、基于连续介质力学的数值方法等方法进行了研究。另外出现了一些新的进展，典型的如 2011 年 Lazarus A 等人对一个用于纳机电系统的非线性振动压电梁结构建立了基于有限元的降阶模型[17]；2012 年 Richa Bansal 采用矩阵结构分析理论建立了一个单层结构的碳纳米管集总参数模型，该模型集成到了 Sugar① 和 SugarCube② 中，用于微纳尺度系统的设计、建模和仿真[18]。

纳机电系统是微机电系统向微观领域的进一步延伸，两者的交叉、重叠促进了微纳跨尺度建模与仿真技术的研究，并成为一研究热点。目前，微纳跨尺度建模与仿真技术主要研究方法为宏观方法与微观方法的有机结合。我国近年来对微纳跨尺度研究也进行了较大的投入，如东南大学承担的国家“973”计划“跨微纳尺度的传感器理论模型与仿真”和国家“863”计划“硅微纳梁力电耦合多尺度模型与模拟”；中国科学院 2011 年立项的“973”项目“微纳光机电系统的仿生设计与制造方法”中，采用跨尺度方法对微纳结构进行分析建模，鉴于微纳结构的多层次特点，分析和建模分为 3 个步骤，即纳米尺度的全原子模拟和连续特征提取，微米尺度的非经典模型与参数识别，以及跨微纳尺度的模型对接与统一。

① 美国加州大学伯克利分校开发的一套 MEMS 系统级仿真软件。

② 美国普渡大学在 Sugar 基础上开发的网络化 MEMS 集成设计工具。

三、本学科国内外研究进展比较

我国的微纳设计技术已经取得了长足的发展，掌握了 MEMS 集成设计技术，并建立了具有自主知识产权的 MEMS 集成设计工具；在 NEMS 设计技术方面已经陆续开展了相应的基础研究。与国际先进水平相比，主要差距表现在以下几个方面。

（一）仿真数据库匮乏

如果说 MEMS 设计工具的仿真设计平台是骨骼，那么仿真数据库（Intellectual Property）则是设计工具的功能器官。像国外的 CoventorWare 软件的系统级组件库包含了机电耦合、光学、流体等极丰富的组件；工艺 IP 库则包含了众多标准 MEMS 工艺，如 MUMPS 工艺、LIGA 工艺、SOI 工艺等。而国内设计工具的 IP 库比较匮乏，如系统级参数化组件库研究主要集中在机电耦合领域；工艺 IP 库仅仅针对几种特定的工艺流程。特别是随着 MEMS 技术的飞速发展，其应用领域不断被扩展，出现了光学、流体、生物、射频、声波等器件，这一问题会显得愈发突出。

（二）纳设计相对薄弱

研究人员不断向着更微小的尺度进行拓展，使研究深入到了纳米尺度，形成了 NEMS，NEMS 的产生使得跨尺度建模技术和 NEMS 设计技术受到重视。国外较早开展了 NEMS 设计技术研究，并形成了 NEMS 设计仿真软件。典型的有丹麦 Quantum Wise 公司 2006 年发布的 ATK 软件，它是用于模拟纳米结构体系和纳米器件的电学性质和量子输运性质的第一性原理电子结构计算程序 A。另外，MEMS 设计工具也开始向 NEMS 领域延伸，Intellisense 公司的 Intellisuite 微机电系统集成设计软件的最新版本开始涉及纳米概念，支持碳纳米管的设计、模拟和仿真功能。同时，对于 M/NEMS 的跨尺度建模也取得了相当大的成就。国内 NEMS 设计技术及跨微纳尺度建模技术的研究目前仍比较分散，还未形成相应的专业化设计软件。

四、本学科发展趋势与展望

微纳设计技术是伴随着微纳器件及应用的需求而发展，通过近年来微纳设计领域的发展，可以预测微纳设计领域在未来存在着如下的主要发展趋势。

---

① 来源于 http：//www.quantumwise.com。

（一）三维化设计将成为微纳设计的主流

传统的MEMS设计工具首先为了满足MEMS设计的需求，建立在EDA设计工具二维设计体系上。但是，MEMS器件是三维结构，随着MEMS设计工具的完善，二维设计不直观、难操作等缺点暴露出来。MEMS三维设计技术使用户摆脱传统的二维设计，使设计变得直观、生动，是目前MEMS设计研究的重点，也是未来的趋势之一。目前，在IC领域和MEMS领域都形成了这样一个趋势，如Agilent的电路三维电磁仿真软件EMPro，Coventor的MEMS与IC工艺仿真软件SEMulator3D等。

（二）网络化、定制化设计将成为微纳设计发展的重要趋势之一

计算机技术与网络技术的发展，给人们带来了极大的方便。网络也将给MEMS设计工具带来应用理念上的变革。网络化MEMS设计工具的低成本、面向服务的特点是对单机MEMS设计工具高成本、面向销售的颠覆，将极大地促进MEMS技术的发展。目前网络化MEMS设计工具并不完善，但定制化、面向服务的网络化设计工具必然是一大趋势。

目前见诸报道的MEMS设计工具大部分为单机运行的软件程序，它们对计算机操作系统、计算机硬件等具有较高的要求。并且单机MEMS设计软件销售价格昂贵，对于微小企业、高校等无力承担。随着计算机技术和互联网技术的飞速发展，产生了分布式计算、并行计算、云计算等一系列网络化技术，促进了以提供服务为目标的网络化软件的产生。这为解决以销售设计软件为目的的单机MEMS设计软件带来的缺点提供了必要的条件。

MEMS设计工具研究者早在2002年就开始了网络化设计工具的研究，国内的西安交通大学和重庆大学也在这方面进行了探索。目前，在MEMS网络化设计软件做的最为突出的是美国普渡大学。2011年，普渡大学的Prabhakar Marepalli基于UC Berkeley的系统级仿真工具Sugar建立了一套网络化、模型驱动的MEMS集成设计工具①。该设计工具采用了Top-Down的设计流程（见图10[23]），允许用户在系统级仿真优化模块SugarCube下对成功的MEMS设计案例进行参数修改、设计和仿真；提供版图转换接口（Sugar2GDSII）自动生成版图；通过iSugar接口，可将添加了边界条件的MEMS器件模型导入COMSOL进行FEA求解，或将器件模型导入到Simulink中进行结构与电路的联合仿真；软件最为突出的功能是在SugarX中将器件的实验测试数据进行提取，用于器件的下一个仿真设计循环，实现了MEMS的闭环设计。该设计工具解决了传统MEMS CAD难于学习与使用，对计算机硬件需求较高、相互不兼容、价格昂贵等缺点。

① 来源于 www.nanohub.org。

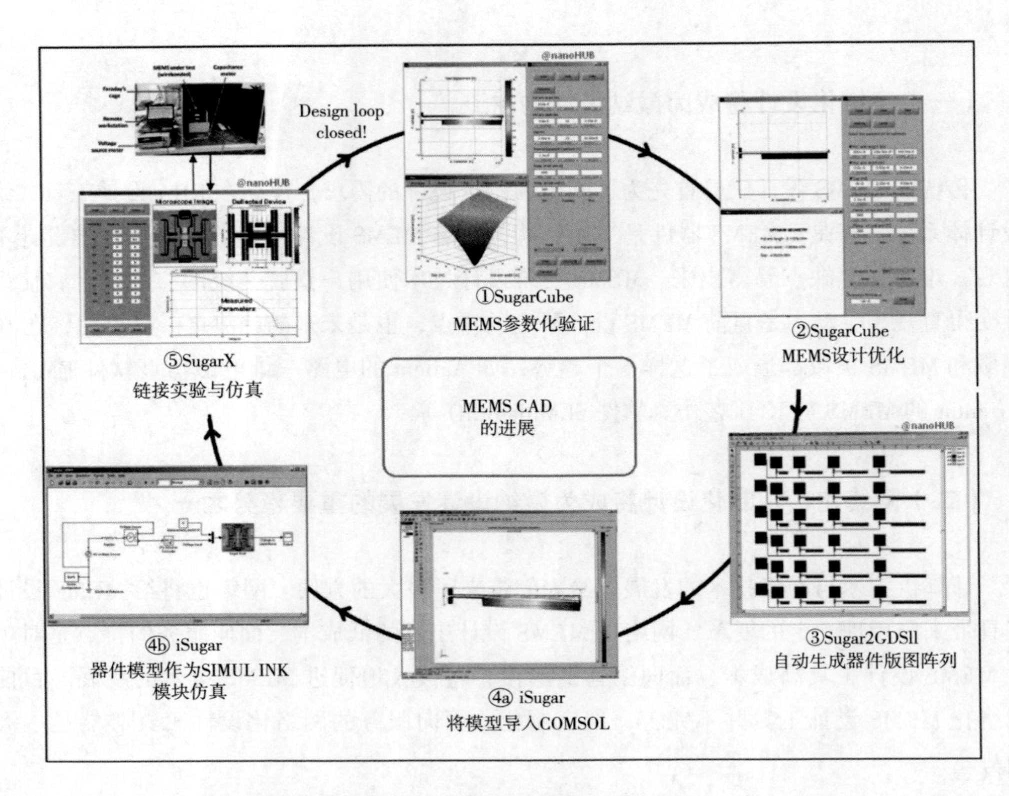

图10　基于 Sugar 的网络化集成设计工具

参 考 文 献

[1] 周兆英，杨兴．微 / 纳机电系统［J］．仪表技术与传感器，2003（2）：1-5.

[2] 陈鹏．基于碳纳米管的 NEMS 开关的设计、仿真及工艺研究［D］．成都：电子科技大学，2010.

[3] Xu JH，Yuan WZ，Chang HL，et al．Angularly parameterized macromodel extraction for unconstrained microstructures［J］．Journal of Micromechanics and Microengineering，2008，18（11）：1-7.

[4] Xu JH，Yuan WZ，Xie JB，et al．A Hybrid System-Level Modeling and Simulation Methodology for Structurally Complex Microelectromechanical Systems［J］．Journal of Microelectromechanical Systems，2011，20（2）：538-548.

[5] Chang HL，Zhang YF，Xie JB，et al．Integrated Behavior Simulation and Verification for a MEMS Vibratory Gyroscope Using Parametric Model Order Reduction［J］．Journal of Microelectromechanical Systems，2010，19（2）：282-293.

[6] Chakrabarty K，Fair R B，Zeng J．Design Tools for Digital Microfluidic Biochips：Toward Functional Diversification and More than Moore［J］．IEEE Transactions on Computer-aided Design of Integrated Circuits and Systems，2010，29（7），1001-1017.

[7] Chakrabarty K．Design Automation and Test Solutions for Digital Microfluidic Biochips［J］．IEEE Transactions on Circuits and Systems，2010，57（1）：4-16.

[8] Bedekar A S，Wang Y，Siddhaye S S，et al．Design Software for Application-Specific Microfluidic Devices［J］．Clinical Chemistry，2007，53（11）：2023-2026.

[9] CFD Research Corporation. Integrated microfluidic system design using mixed methodology simulations: US, 0177518[P]. 2008-7-24.

[10] Song H, Wang Y, Pant K. System-level simulation of liquid filling in microfluidic chips[J]. Biomicrofluidics, 2011, 5(2): 024107.

[11] Song H, Wang Y, Pant K. Cross-stream diffusion under pressure-driven flow in microchannels with arbitrary aspect ratios: a phase diagram study using a three-dimensional analytical model[J]. Microfluidics Nanofluidics, 2012, 12(1-4): 265-277.

[12] Fluidigm Corporation. Microfluidic design automation method and system: US, 7526741[P]. 2009-05-28.

[13] 张舟. 微流控系统计算机辅助设计软件开发[D]. 长春：吉林大学，2009.

[14] 杨敬松. 数字微流控生物芯片的布局及调度问题研究[D]. 长春：吉林大学，2008.

[15] 苑伟政，常洪龙. 泛结构化微机电系统集成设计方法[M]. 西安：西北工业大学出版社，2010.

[16] 徐景辉. 可创成的MEMS集成设计方法[D]. 西安：西北工业大学，2009.

[17] Lazarus A, Thomas O, Deü J-F. Finite element reduced order models for nonlinear vibrations of piezoelectric layered beams with applications to NEMS[J]. Finite Elements in Analysis and Design, 2012, 49(1): 35-51.

[18] Bansal R, Clark J V. Lumped modeling of carbon nanotubes for M/NEMS simulation[J]. Microsystem Technologies 2012, 18(12): 1963-1970.

撰稿人：苑伟政　常洪龙　焦文龙

微纳加工领域科学技术发展研究

一、引言

微纳加工技术是先进制造的重要组成部分，是衡量国家高端制造业水平的标志之一，具有多学科交叉性和制造要素极端性的特点，在推动科技进步、促进产业发展、拉动经济增长、保障国防安全等方面都发挥着关键作用，并向信息、光电、材料、环境、能源等各个领域快速渗透和延伸。

微纳加工技术可大致分为“自上而下”和“自下而上”两类。“自上而下”是从宏观对象出发，以光刻工艺为基础，对材料或原料进行加工，实现微纳加工，最小结构尺寸和精度通常由光刻或刻蚀环节的分辨力决定；“自下而上”技术则是从微观世界出发，通过控制原子、分子和其他纳米对象的相互作用力将各种单元构建在一起，形成微纳结构与器件。近年来，微纳加工学科在以下方面取得显著进展。

1）图形化。指通过物理、化学、生物作用在材料表面形成微细图案的方法，在光刻胶上形成微纳图形，图形化是进行选择性去除或生长的前提步骤。另外，一些生物大分子形成的微纳图形本身也具有特异性传感或执行功能。

2）模塑成形。是以微纳模具为母板，通过外加载荷等强迫材料发生变形和流动，填充母板空隙，形成微纳结构的方法。微纳模塑成形主要有热压、注塑、纳米压印、转移模塑、毛细模塑、挤出成形等，具有高效率、低成本、尺寸一致性好等优点，适合批量生产。

3）高能束刻蚀。是将高能束在材料基底上进行选择性能量聚焦，使其发生物理化学变化，而达到局部材料去除的效果，从而获得微纳米结构。高能束刻蚀适用面广，可以用于金属、硅、聚合物等材料的微细加工。

4）微纳跨尺度加工。将纳米材料和纳米物理学的成果与微加工技术相结合，可以形成新的跨尺度加工方法，实现将微纳结构有序和可控地集成，获得高性能的多尺度器件。

二、本学科近年来的最新研究进展

我国一直非常重视微纳加工技术，在《国家中长期科学与技术发展规划战略研究》报告中明确指出，“极端制造是制造技术发展的重要领域，而纳米技术与微系统是未来十五年8个战略高技术领域和高新技术产业化之一”。国家自然科学基金委和国家科技部等针对本领域的前沿科学问题和关键应用技术，以应用导向和源头创新为指导思想，相继启动了“纳米重大研究计划”、“国家‘863’计划先进制造技术—微纳制造技术主题”、“‘973’纳米专项”等微纳米制造重大研究计划，组织开展了微纳米精度加工、纳米尺度加工和微纳宏跨尺度加工等方面的研究，投入力度逐年增加。经过多年努力，我国微纳加工的能力得到显著提升，形成微纳加工基础研究—应用研究—技术转移的一体化模式，在人才和基地建设方面取得成效，获得若干具有国际影响的重要成果，形成完善的研究体系与产业链，具备从实验室到中试的加工能力，能满足各种微传感器和微执行器的制造需求。

（一）图形化技术

微纳图形化既包括传统意义上的紫外光刻、电子束光刻等光刻技术，也涵盖自组装、纳米转印、纳米纺丝和纳米喷印、特殊材质剥离、化学镀（无电沉积）等方法。

传统的光刻采用紫外光光源，受瑞利衍射限制，难以得到纳米级分辨率的图形。为进一步提高光刻性能，人们相继发展了电子束光刻、离子束光刻、X射线光刻和极紫外光刻等技术。我国中科院微电子所、中科院上海微系统所、上海交通大学等单位在此方向开展研究工作，为下一步发展纳机电器件的奠定基础。例如，中科院微电子所在电子束光刻方面进行了大量实验和理论探索，掌握了厚胶光刻、纳米级剥离、电子束光刻纳米尺度高宽比胶图形化等关键加工技术，利用电子束光刻的制作的胶图形最小线宽小于10nm，基于电子束光刻发展了若干高性能微纳光电器件，包括：源漏局部隔离FinFET（见图1a）、环栅纳米线器件（见图1b）、纳米波带片（见图1c）、纳米衍射光栅（见图1d）、聚焦光子筛（见图1f）、极紫外透射光栅（见图1e）等，填补了国内空白，部分器件有望取代传统光学器件，在干涉光刻实验站等高端仪器上得到应用。

近年来，纳米材料引起了科学界广泛关注，如聚合物纳纤维具有良好的力学、光学以及电气性能，在薄膜晶体管、电池、生物传感器、人造皮肤等方面有应用前景，利用电液动力喷射进行纳米纺丝和纳米喷印，是实现纳米功能材料图形化的前沿方向，也是目前备受瞩目的微纳尺度3D打印技术体系的重要组成。但受环境条件约束，纳米纺丝和纳米喷印工艺都存在图形化精度控制困难的问题，这对最终加工的器件性能有至关重要的影响。苏州大学孙立宁教授率领的团队开展了基于电驱动的纳米纺丝和纳米喷印技术研究，包括：3D细胞支架和人工皮肤的电纺纳米直写（见图2）；柔性电路、触控板等无源柔性电

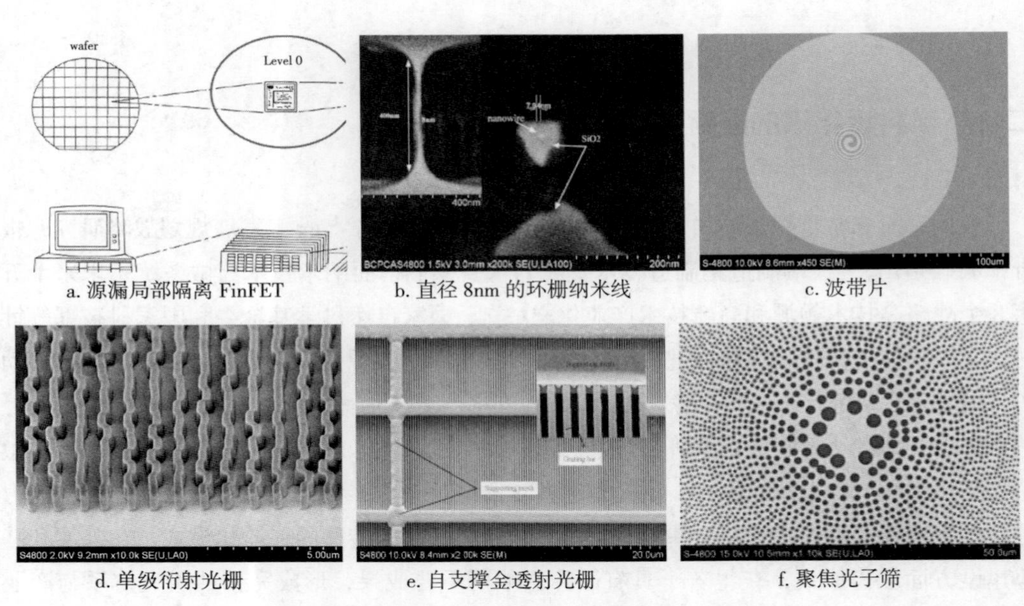

a. 源漏局部隔离 FinFET　　b. 直径 8nm 的环栅纳米线　　c. 波带片

d. 单级衍射光栅　　e. 自支撑金透射光栅　　f. 聚焦光子筛

图 1　电子束光刻加工的微纳光电器件与单元

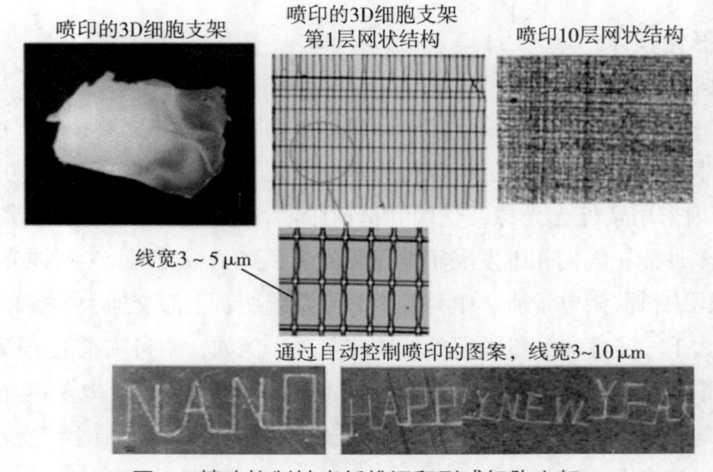

图 2　精确控制纳米纤维沉积形成细胞支架

子喷印加工（见图 3）；碳纳米管复合材料传感器纳米喷印加工等。大连理工大学开展电流体动力射流直写研究工作，制作出具有渐变特征的燃料电池催化层以及 PZT 等功能材料线状、点状微细图案，为非硅材料的微纳图形化提供新思路。

在聚合物材质微器件上集成各种金属微细图形具有广泛用途，如集成在聚合酶链式反应芯片上的金属加热器和温度传感器，集成在生物芯片上的样品驱动电极和电化学传感器等。然而，聚合物在热性能和抗化学腐蚀性能等方面与硅不同，导致标准半导体工艺无法直接用于聚合物表面的金属图形化。大连理工大学刘军山等研究在聚合物表面集成金属微细图形的技术，分析了工艺过程中基板变形、褶皱和裂纹的形成机理，建立了用于易腐蚀金属微结构和惰性金属微细图形的制作新方法，在多种聚合物材料上制作了铂、金、银、

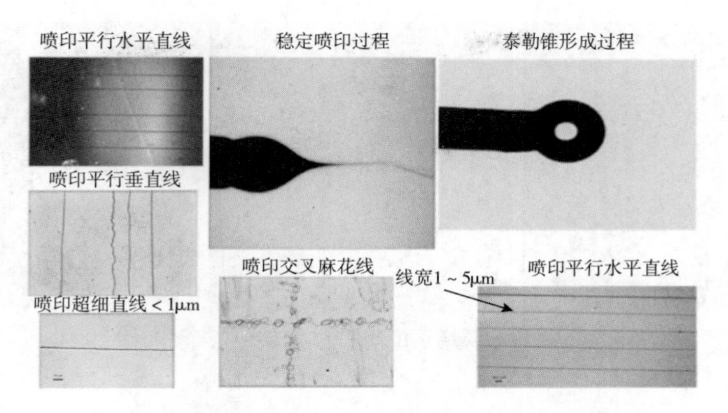

图 3　基于电热动力喷印纳米直写技术精确沉积各种图案

铜等金属微细图形（最小线宽 5μm），并将多种金属材料微细图形集成在同一单片上，成功研制了交流电渗泵芯片、非接触电导检测的微流控芯片（见图 4a）、生物电化学检测芯片等器件。另一种在聚合物表面金属图形化的方法是选择性化学镀。浙江大学陈恒武等建立一种热塑高聚物表面的紫外光诱导—区域化学镀方法，在聚碳酸酯片上形成图形化的金属膜，他们还建立了聚二甲基硅氧烷（PDMS）表面的紫外光区域接枝—选择性化学镀法，可以在低表面自由能的 PDMS 表面形成结合牢固，耐弯曲的微金膜图形（见图 4b）。

石墨烯具有优良物理化学特性，有望用于高性能透明触摸屏、太阳能电池、光电传感器等，但其批量化加工问题一直未解决好。中科院物理研究所、中科院苏州纳米所、清华大学等单位在此领域开展了有特色的前沿研究。中科院物理研究所张广宇等发现石墨烯各向异性刻蚀效应，并利用此效应实现石墨烯纳米结构的精确剪裁加工。近期，他们又发展了可用于石墨烯纳米图形化的边缘印刷术，可以获得各种的石墨烯纳米结构（见图 5），最小线宽小于 5nm。中科院苏州纳米所刘立伟等实现石墨烯—半导体量子点复合材料制备和层数可控的高质量石墨烯偏析生长，并制造出具有光电转化性能的透明石墨烯导电薄膜、基于石墨烯的高灵敏 NO 气体传感器、金属纳米颗粒修饰的石墨烯传感通道等单元器件，其中掺杂石墨烯导电薄膜的光电导率增加 10 个数量级。

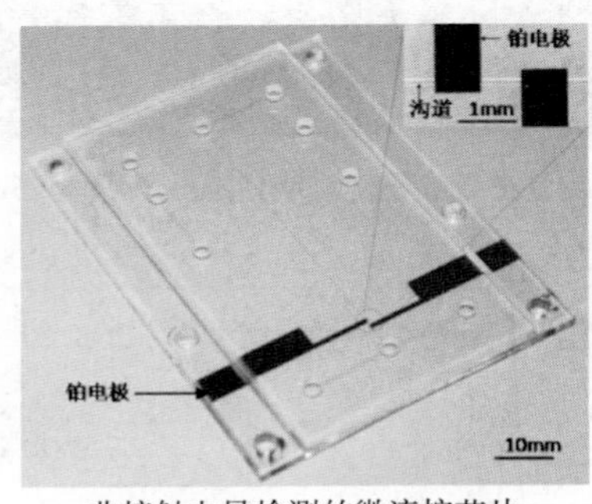

a. 非接触电导检测的微流控芯片

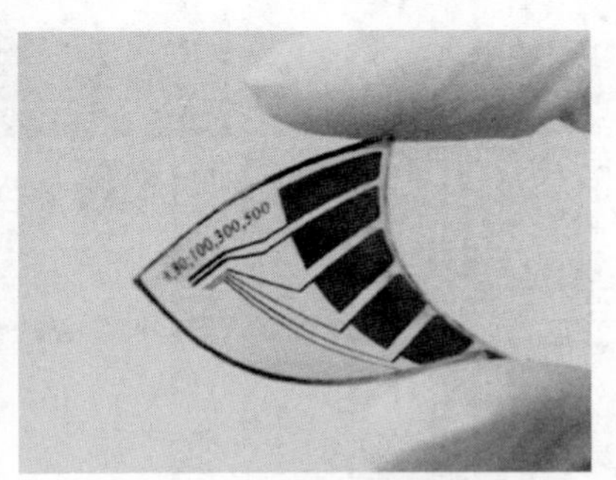

b. 在 PDMS 片上制备的金微电极阵列

图 4　在聚合物表面上形成微细金属图形[2, 3]

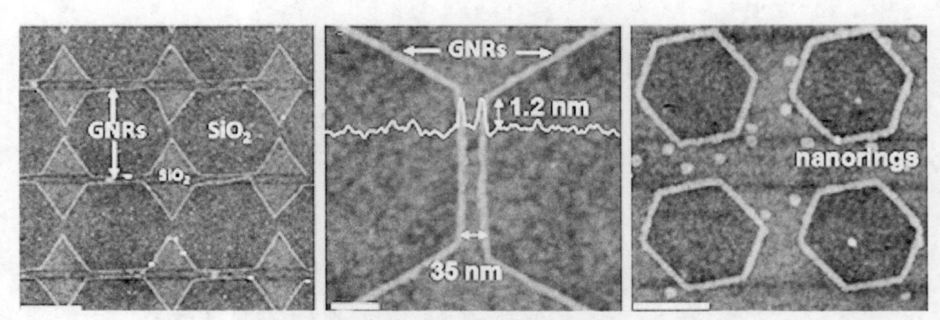

图5　采用石墨烯边缘印刷术加工的纳米图形[4,5]

（二）模塑成形技术

模塑成形是批量化加工聚合物微纳器件的主要途径，并适用于金属、复合、陶瓷等材质成形，具有设备投入少、环境要求低、效率高、制件一致性好等优点，典型的模塑成形方法有热压、注塑、压印等，现阶段微纳模塑成形主要发展方向是：成形精度和一致性控制；快速和低成本的纳米结构成形；复杂微纳结构成形所用的模具加工等。

热压是精密成形微结构的主要方法。由于热压阶段需要施加比较大的压力载荷，成形纳米结构时容易破坏昂贵的模具，因此，纳米热压技术鲜见报道。大连理工大学对此进行深入研究，围绕聚合物复制成形的欠填充、翘曲、高弹回复等问题，形成高精度聚合物微成形系列工艺方法，基于热塑性聚合物相特性迁移机理，建立在热塑性聚合物上热压成形二维纳通道的微缩填充法，不需要昂贵的纳模具就可以加工聚合物纳米结构，目前已制得最小线宽 132nm、深度 85nm 的纳通道（见图 6）。

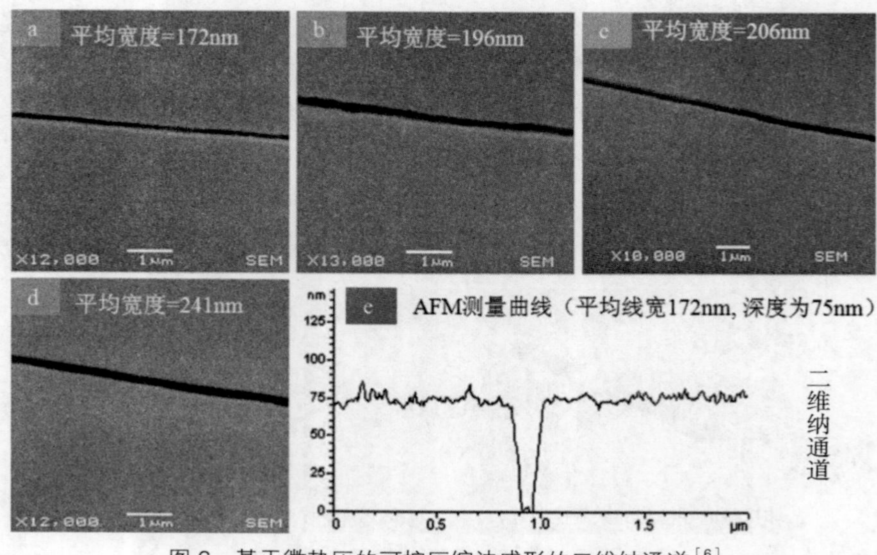

图6　基于微热压的可控压缩法成形的二维纳通道[6]

纳米压印（见图 7）是批量加工纳米结构的快速和低成本方法，具有高分辨率、低成本和高生产率等特点。目前，纳米压印中存在的突出问题是脱模困难、模具损耗、填充不完整等。西安交通大学等单位开展了相关研究：为减小压印过程的模具及基片变形，提高填充度，他们对纳米压印的加载和脱模问题进行了长期研究，原创性提出电毛细力驱动的纳米结构压印成形工艺方法，利用液态聚合物材料在外加电场作用下受到的电润湿力实现快速填充。在脱模方面，他们根据液态聚合物光固化中极化效应，提出基于界面库伦力的电辅助脱模方法，改善了压印技术中模具抗粘附层失效所引发的模具寿命问题。利用该方法，实现 80nm 尺度和深宽比 10 的结构成形以及 100nm ~ 10μm 的微纳米复合结构成形。

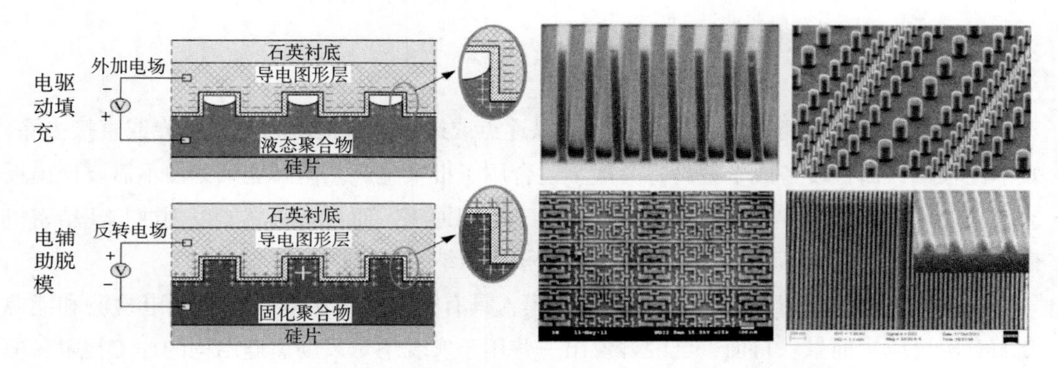

图 7　电毛细力驱动的纳米结构压印成形工艺方法与成形的纳米结构[7, 8]

微注塑成形是指将受热熔化的聚合物通过高压填充至微模腔，经冷却固化后，得到微制件的方法。微注塑方法最突出优势是生产效率高，但微注塑中聚合物相变自收缩、热交换、微细结构对流动填充的阻碍作用等对成形结构的尺寸精度和质量影响都非常大。我国中南大学、哈尔滨工业大学、大连理工大学等单位在这方面开展研究。大连理工大学针对微小塑件结构及成型特点，研究了微型注塑模具设计与传统注塑模具的差异。基于微尺度熔体的流动理论，从微注塑模具浇注、变温、排气及微塑件推出等方面考虑，建立微注塑模具设计的技术与方法，并成功制备出微齿轮、微流控芯片等模塑制品。

微纳模具是保证塑性成形精度的关键，常用模具钢、镍等金属材料加工模具，目前加工金属微模具的方法有微细电火花、微电铸等方法。哈尔滨工业大学提出采用功能梯度类金刚石（DLC）膜模具表面改性技术，充分利用 DLC 膜摩擦系数低、耐磨性能好等优点，发明适合 DLC 膜表面改性的微模具装置，开展了紫铜箔、纯金箔等微型构件微成形工艺研究，显著降低了成形力、提高了成形件质量。大连理工大学开展利用电铸加工微模具的研究开发，解决了 UV–LIGA 微电铸工艺的铸层结合不均匀、铸层内应力大等问题，改善了模具尺寸精度和表面质量，开发了十余种微模具，为微纳模塑成形提供了优质模板（见图 8）。

a. 微型细胞培养皿模具

b. 毛细管电泳芯片模具

图 8　利用电铸技术加工的金属微模具[9]

（三）高能束刻蚀技术

高能束刻蚀以串行直写方式为主，即以逐点或逐行方式对材料表面曝光或直接去除，效率比较低，而且设备成本偏高，一般不适合用于批量生产。但高能束刻蚀不需要掩模板或模具，减少了工艺步骤，使用灵活，适合于原型加工，而且，将高能束刻蚀与超精密机械进给与对准技术相结合，就能够获得大面积的微纳有序结构。

黑硅是一种多孔状的低反射率硅基薄膜，具有极高的光吸收率，在光电检测和能源方面有广泛应用前景。目前，已经开发出一些用于实现纳米尺度黑硅结构的加工技术，但需要纳米尺度掩膜进行多步工艺刻蚀，很难实现兼具高深宽比和高密度两种特征的纳米黑硅结构。可控性差、产率低、兼容性差等工艺问题严重制约了黑硅的应用和发展。北京大学张海霞等针对上述问题，提出基于深反应离子刻蚀（ICP）的无掩模黑硅加工技术，如图 9a 所示，利用 ICP 形成的聚合物“自掩模”效应，得到晶圆级高密度高深宽比的硅锥微纳复合结构，具有可控性高、大尺度高产率、IC 工艺兼容性高等优点。利用上述工艺，他们能够制备不同形态的黑硅纳米结构，并在倒金字塔形等微结构上实现 100% 覆盖的高密度纳米硅锥结构，具有全光谱减反射及超疏水的优异特性（见图 9b）。

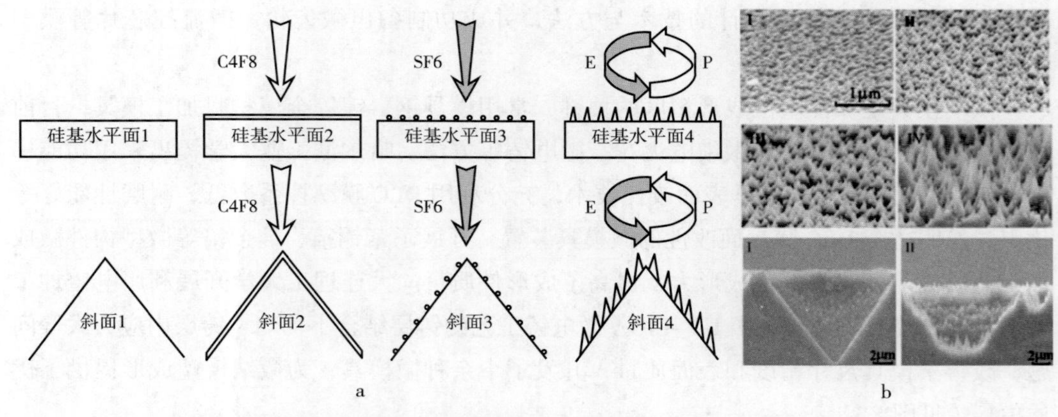

图 9　优化的深反应离子黑硅刻蚀工艺及加工的黑硅样品[10, 11]

近年来，超快和短波长激光技术走向成熟，使激光加工的精度经微米跨入纳米。飞秒激光微纳加工利用超短激光脉冲聚焦点与物质相互作用，在纳米尺度上诱导光物理化学变化，而使局部材料特性发生转变，具有适用材料广、精度和分辨力高、无掩模等特点。我国中科院上海光机所、吉林大学、中科院西安光机所等开展相关研究，部分成果处于世界领先水平。吉林大学提出用超快光子技术制备光子晶体技术，掌握了飞秒激光微纳加工小批量加工微光学元件、耐高温光线光栅传感器、高透过率红外光学窗口等技术（见图 10）。若干成果发表在国际一流刊物上，被国内外同行大量引用。

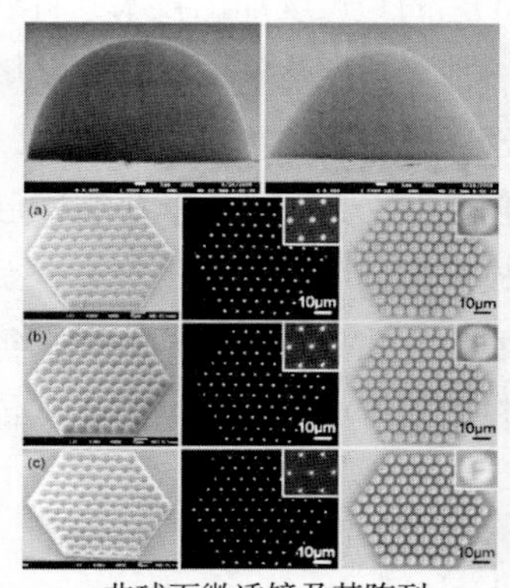

a. 非球面微透镜及其阵列

b. 亚波长减反射微结构

图 10　飞秒激光微纳加工[12, 13]

碳材料具有耐高温、密度小、耐磨损、电导率高、抗腐蚀等优点，利用碳材料加工碳微纳机电系统（C-MEMS/NEMS），在电化学传感、人造器官植入、微能源等方面有潜在应用，但由于碳是一种难腐蚀和去除的材料，制造碳微纳机电系统一直比较困难。华中科技大学史铁林课题组经过多年努力，在 C-MEMS/NEMS 刻蚀成形与集成等方面取得突出进展，掌握了 C-MEMS 结构制备中刻蚀与高温热解的关键技术，形成 C-MEMS 结构的制

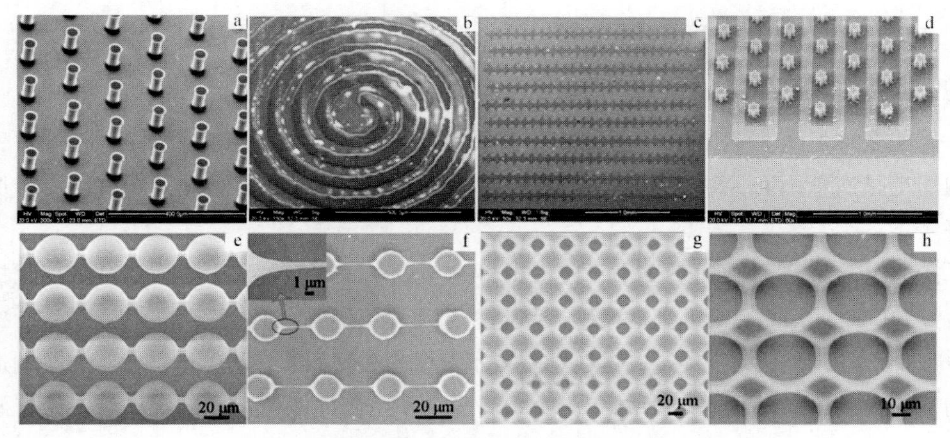

图 11　各种 C-MEMS 结构的扫描电镜图

注：a 为圆柱 C-MEMS 结构；b、c、d 为圆环结构、交叉指型结构、双层结构；e、f、g、h 为悬浮结构[14, 15]。

造和集成系列工艺方法，能够制造出圆环结构、交叉指型结构、双层结构、悬浮结构等（见图 11），并应用于葡萄糖电化学传感器，传感器的灵敏度及响应时间都有显著提高。

（四）微纳跨尺度集成加工

介孔材料的纳米结构具有超高的比表面，如能对其进行敏感分子修饰，则能获得非常高的检测分辨力，其主要难点在于分子修饰必须在纳米孔的内壁上完成。中科院上海微系统与信息技术研究所李昕欣等发展了基于 MEMS 标准工艺的跨尺度加工技术，将“自上而下”的加工与“自下而上”的构筑技术相融合，使用一种无须催化剂的纳孔内壁敏感基团多层修饰方法，用多层分子连续嫁接的方法形成了高密度敏感基团修饰（见图 12），并在优化介孔纳米直径的前提下实现了痕量 TNT 检测。他们进一步采用纳米孔结构形成与内壁修饰并行进行的方法，将敏感基团掺入介孔材料形成模板剂中，采用批量悬臂梁在模板剂中可控速度向外拉伸的方法，将内壁构筑了敏感基团的介孔硅纳米结构直接自组装在悬臂梁敏感表面，实现多传感器批量自组装敏感纳米材料的新方法，为微纳多尺度传感器批量化加工提供了可行方法。

图 12　固定功能化介孔材料的谐振式悬臂梁及介孔材料[16, 17]

三、本学科国内外研究进展比较

当前全球经济与竞争格局正在发生着深刻变革，科技发展孕育着新的革命性突破。微纳加工是衡量国家尖端制造业水平的重要标记，发达国家非常重视其发展，纷纷加快部署。

2008 年，欧洲微纳加工技术平台（MINAM）成立，该平台致力于推动微纳加工技术的研究和应用，目的是为欧洲的微纳产品制造商及设备供应商提供强大的技术支撑。2009 年 9 月，欧盟出台了关于促进关键启动型技术发展的战略报告，将纳米技术和先进制造选定为前沿性关键启动技术。2010 年，欧委会成立了由高层专家组成的工作组，系统研究了欧盟工业的优势和未来的发展方向，将微纳技术和制造工业列为欧盟工业 6 大关键技术之一，认为在未来需要不断加强研发创新，确保世界领先水平。

美国早在 2001 年就启动了国家纳米技术计划（NNI），重点在于微纳加工与测量基础设施的建立和维护、纳米基础理论与加工新方法、纳米器件和系统等，在微纳加工方面的投入逐渐增长，累计投资约 180 亿美元。迄今为止，全美 50% 以上研究机构都具备开展微纳研究的软硬件条件。2011 年，奥巴马政府又推出“高端制造合作伙伴”计划，其目标在于通过高端技术和人才的投入，重振美国制造业，该计划中有相当篇幅涉及微纳米加工技术的研究和产业化。

在亚洲，日、韩、印度等国也都针对能源、微电子产品、医疗等领域对微纳加工技术的需求制定了各种研究计划，科技投入力度显著。日本政府基础科学与技术计划中纳米科技经费达到 74 亿日元 / 年，一些大型日企相继成立微纳加工研究中心或课题组，目前日本已具有广泛的微纳加工基础设施，在微器件集成装配方面居世界领先地位。

国外近期在微纳加工等领域发展趋势与取得的突出进展简述如下。

1. 微纳加工在分辨力、可批量化、可控性方面取得新突破，并促进了微纳光学、微纳流控、微纳传感等领域的发展

当前社会对微纳系统的功能、尺度、材料、集成度需求日益复杂，迫切需要全面提高纳米量级分子—亚微米结构—微纳系统的加工水平。目前，能够适用于微纳器件加工的主要方法有：原子力微纳加工法、纳米压印术、高能束（离子束、飞秒激光、远紫外、电子束、X—射线）加工等，高分辨力、效率、稳定性是上述方法的研究重点。尽管利用传统的高能束刻蚀等可以达到极高分辨力，但由于此类加工方式以逐点串行方式对材料表面曝光或直接去除，效率比较低，而且设备成本偏高，不适合用于批量生产，需要寻求适合于大规模生产的微纳加工方法。

纳米压印术自 1995 年提出以来，已经经历十余年发展历程，取得长足的进步，被国际半导体技术蓝图机构规划为下一代 32nm 节点光刻技术的代表，部分成熟的技术已步入产业化阶段，并占据可观的市场份额。目前，国外在这方面研究重点是高密度或高深宽比的脱模与抗黏控制、微纳多尺度压印、复杂曲面（如仿生表面）及大面积的均匀压印。

原子力微纳加工法是以悬臂结构的微纳针尖为工具，通过在针尖表面的限域空间施加机械、化学势、热等外场作用，在材料表面刻画出微细图形的方法。原子力显微结构能够检测 pN 的微小力和 1nm 间距，因此，理论上这种方法的加工分辨力可达到原子级，但受环境波动、机体运动、表面形貌等影响，达到原子级分辨力还很困难。近年来，科学家们在这方面开展深入研究，重点是解决该方法的加工精度、可靠性和效率问题，实现了基于局部氧化、电解、机械切除、原子吸附以及多场复合作用等多种操纵方法，能用于各种金属、集合物、氧化物的纳米图形化。在针尖定位方面，一些多维闭环高精度控制和环境控制策略得到采用，以适应高分辨力的需求，目前最小分辨力可达到 10nm。为提高加工效率，一些研究者还开展了多重针尖并行操纵的研究。专家预测在 10 年之内，原子力微纳加工法将会得到全面完善，并实现产业化。

2. 微纳加工技术与纳米材料科学结合日益紧密

纳米材料的出现从根本上改变了材料的传统观念，在尺度效应作用下，纳米材料体现出优良力学性能、抗弯强度、断裂韧性、生物兼容性等，可望得到诸如高强度金属和合金、塑性陶瓷、功能生物材料等新一代材料。近年来，科学家在纳米材料的应用开发方面取得了一系列令人振奋的成就。例如，新型二维材料—石墨烯具有大比表面积、可控的载流子浓度、高迁移率性能、好的生物相容性，在生物分子检测、载药、成像、肿瘤治疗等方面显示出重要的应用前景。目前国外对基于石墨烯材料的生物微纳传感器件方面研究十分活跃，结合微纳加工技术研制出石墨烯基高敏场效应管（肿瘤标记物蛋白测量分辨力能达到0.4fg/ml）、高敏DNA序列测序传感器（可以达到单碱基错配分辨检测）等优良器件，并就石墨烯大面积制备、石墨烯微纳传感器表面生物—电学响应机制等开展了深入基础研究。

3. 微纳加工在生化和医疗领域逐渐发挥重要作用

利用微纳加工技术可以为生物制造赋予尺度与精度上的跨越，将分子生物学领域的最新成果转换为生产力，在生化传感器、药物、功能器官植入、受损神经恢复等方面具有重要应用价值。例如，采取电沉积、光刻等可以在基底形成铂、铜、碳等材质的微纳电极图案，而随后利用分子自组装或纳米压印等，将特异性生化分子与电极相结合，形成新型的生化传感器，就可以用于超微量的有毒有害化学物质电化学探测。再如，某些生物试剂合成困难、价格昂贵，需要将其用量控制在极微小的范围（皮升以下），但目前商品化的精密液体分配装置的单次极限注射量都在纳升左右，而以纳米针为工具，通过点样、涂覆等方法能够实现亚微米量级的微量液体分配。将微纳加工、微纳流体、组织工程相结合，还可以形成具有新陈代谢功能的人工肺等模拟器官，未来将作为高通量药物筛选等的实验工具载体发挥关键作用。传统的细胞培养是在二维平面生长的，通过3D微纳打印的方法能够能够更精确地构建人体组织模型，这对药物开发、毒性测试等非常有价值。

我国在微纳加工的基础研究方面已有一定深度和广度，部分成果达到世界先进水平。在产业化方面也不乏亮点，科技成果转化为生产力的效能逐步增强，如苏州苏大维格光电科技公司在纳米压印的加工设备研发和材料生产方面形成一定规模的特色产业，苏州纳格光电科技公司将微纳米加工技术与印刷电子技术相融合，开发出多种具有自主知识产权的光电产品。但与世界工业发达国家相比，我们还存在明显差距，主要体现在以下3个方面。

1）跟踪性和拓展性的研究及应用比较多，原创性研究少。许多新的微纳加工方法都是由世界发达国家研究者提出的。原创性研究少就使得我们很难产生在学术界和产业界影响大的成果。

2）微纳加工工艺及其影响机制的研究尚显不足。以微纳图形化为例，为突破传统光刻技术的瓶颈和硅基平面加工工艺的限制，近年来国外研究机构提出了一系列微细图形化技术：3D立体光刻、Dip-pen光刻、nanoPen光刻、大面积无掩膜光刻，并在较短时间内形成系列工艺和实验样机，为下一代微纳产品研发和产业化提供了技术储备。国内因受限于基础研究水平和构建高端复杂装备的能力，故在这方面工作做的深度不够。

3）高端制造装备的研制和发展严重滞后，大量高端微纳加工设备及配套耗材仍需依赖进口。未来微纳技术产业化发展，离不开能实现位置、形状、尺寸、材料取向在纳米尺度高度可控的工业化装备，而此类装备研发涉及精密机械、微电子、自动控制、计算机、物理等多个领域，是复杂的系统工程。世界发达国家非常重视高端制造装备产业，一直未放松过对新型微纳加工装备的研发和已有制造装备的改进。如美国在 2008 年启动基于针尖的纳米制造计划（TBN），集中了加州大学伯克利分校等十余家单位对基于针尖的纳米制造进行攻关，目标是提供能够实现“真纳米制造”所用样机，目前在该计划支持下，已形成近 10 台样机，并用于试制纳米天线、量子点红外传感器、单分子化学传感器等纳米器件。

四、本学科发展趋势与展望

1）纳米尺度加工与跨尺度加工中基础理论问题。纳米加工中纳米尺度单元的操纵、定位、连接、分散机制；微纳加工中多尺度问题、光机电多因素耦合作用问题；纳米制造中界面与表面特性演变机制；纳米加工工艺建模与仿真。

2）微纳跨尺度集成加工新方法与新工艺。自下而上和自上而下的工艺技术相容性加工方法；面向高效生产的微纳加工技术的并行化、集成、在线测试、质量控制等；非硅材料、复合材料的微纳加工集成方法；基于物理化学新原理的微纳加工方法。

3）原理性和原创性的微纳加工装备研制。针对微纳加工精度、一致性、效率需求的，构建纳米尺度器件和跨尺度器件加工的仪器与装备平台。

参考文献

[1] Sun Z Y，Zhang L J，Yan YP，et al. Unequal Dual-Band Rat-Race Coupler based on Dual-Frequency 180 Degree Phase Shifter[J]. Journal of Electromagnetic Waves and Applications，2011，25（13）：1840-1850.

[2] Liu J S，Wang J Y，Chen Z G，et al. A three-layer PMMA electrophoresis microchip with Pt microelectrodes insulated by a thin film for contactless conductivity detection[J]. Lab on a Chip，2011，11(5)：969-973.

[3] Hao Z X，Ma D，Chen H. Preparation of micro gold devices on poly（dimethylsiloxane）chips with region-selective electroless plating[J]. Anal. Chem.，2009，81（20）：8649-8653.

[4] Yang R，Shi Z W，Zhang L C，et al. Observation of Raman G-Peak Split for Graphene Nanoribbons with Hydrogen-Terminated Zigzag Edges[J]. Nano Lett.，2011，11（10）：4083-4088.

[5] Yang R，Zhang L C，Wang Y，et al. An Anisotropic Etching Effect in the Graphene Basal Plane[J]. Adv. Mater.，2010，22：4014-4019.

[6] Li J M，Liu C，Ke X，et al. Microchannel refill：a new method for fabricating 2D nanochannels in polymer

substrates [J]. Lab Chip, 2012, 12: 4059-4062.
[7] Li X M, Shao J Y, Tian H M, et al. Fabrication of high-aspect-ratio microstructures using dielectrophoresis-electrocapillary force-driven UV-imprinting [J]. Micromech. Microeng, 2011, 21 (6): 065010.
[8] Li X M, Ding Y C, Shao J Y, et al. Fabrication of Microlens Arrays with Well-controlled Curvature by Liquid Trapping and Electrohydrodynamic Deformation in Microholes [J]. Adv. Mater, 2012, 24: 165-169.
[9] 王立鼎，刘冲，徐征，等.聚合物微纳制造技术 [M].北京：国防工业出版社，2012.
[10] Zhang X S, Zhu F Y, Sun G Y, et al. Fabrication and characterization of squama-shape micro/nano multi-scale silicon material [J].Science China Technological Sciences, 2012, 55 (12): 3395-3400.
[11] Zhang X S, Di Q L, Zhu F Y, et al. Wide band anti-reflective micro/nano dual-scale structures: Fabrication and optical properties [J].Micro and Nano Letters, 2011, 6 (11): 947-950.
[12] Wu D, Wu S Z, Niu LG, et al. High numerical aperture microlens arrays of close packing [J].Appl. Phys. Lett, 2010, 97: 031109.
[13] Xu B B, Zhang R, Wang H, et al. Laser patterning of conductive gold micronanostructures from nanodots [J]. Nanoscale, 2012, 4: 6955-6958.
[14] Long H, Xi S, Liu D, et al. Tailoring diffraction-induced light distribution toward controllable fabrication of suspended C-MEMS [J].Optics Express, 2012, 20 (15): 17126-17135.
[15] Liu D, Shi T L, Tang Z R, et al. Carbonization-assisted integration of silica nanowires to photoresist-derived three-dimensional carbon microelectrode arrays [J].Nanotechnology, 2011, 22 (46): 465601-465608.
[16] Tao Y H, Li X X, Xu T G, et al. Resonant cantilever sensors operated in a high-Q in-plane mode for real-time bio/chemical detection in liquids [J]. Sensors and Actuators B-Chemical, 2011, 157 (2): 606-614.
[17] Yu H, Xu P, Xia X, et al. Micro-/Nanocombined Gas Sensors With Functionalized Mesoporous Thin Film Self-Assembled in Batches Onto Resonant Cantilevers [J]. IEEE T. Ind. Electron., 2012, 59 (12): 4881-4887.

撰稿人：刘　冲　徐　征　刘军山　李经民

微纳封装领域科学技术发展研究

一、引言

1. 研究领域的定义和主要涉及范围

微纳系统封装就是将微型器件或系统放入并固定在壳体或盒体内，并与壳体或盒体进行引线连接，壳体或盒体对微纳系统起到保护作用，形成与外部具有输入 / 输出接口的功能单元或模块。封装的基本功能如图 1 所示，图 2 是一个典型的微纳系统封装照片。微纳系统的封装继承了微电子封装的一些特性，但微纳系统封装带来了更多新的封装特点，微纳系统除了具有微电子产品的电性能指标外还具有可动微结构的机械性能指标，因此对于微纳系统，封装技术显得尤为重要，一方面封装可使微纳系统避免受到灰尘、潮气等对可动结构的影响，另外通过真空（或气密）封装还可改变微纳系统内部阻尼情况提高产品的性能。

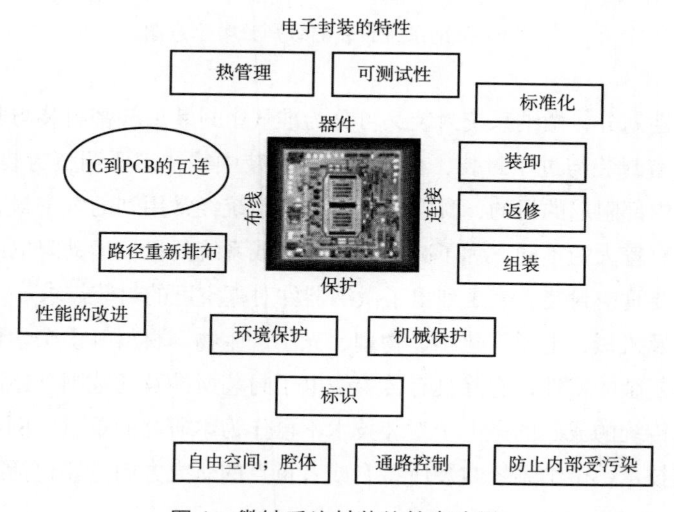

图 1　微纳系统封装的基本功能

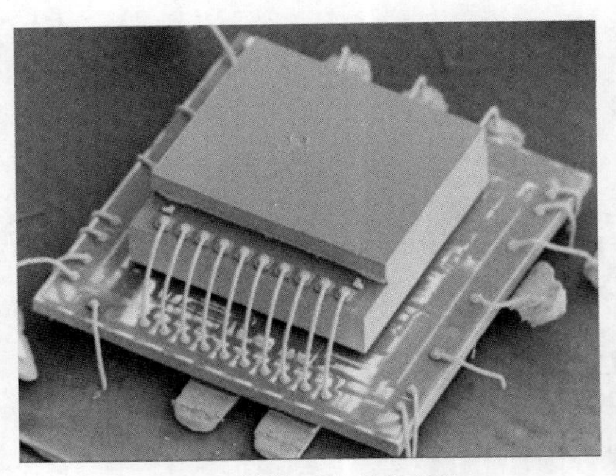

图 2 微纳系统封装照片

微纳系统种类繁多，涉及传感器、执行器、光、射频、流体、生物等多个领域。不同种类的微纳系统对封装具有不同的要求，如在光微纳系统中，需要考虑具有光透射窗口的封装形式，在射频微纳系统封装中需要考虑电磁屏蔽。从封装的级别区分，微纳系统封装可分为零级封装（Level 0）、一级封装（Level 1）、二级封装（Level 2）、……等级别（见图 3）。零级封装（WLP）是在制作器件的圆片上完成的封装，因此具有低成本、批量化的优点，也是目前微纳系统封装的一个发展趋势，零级封装又包括圆片到圆片（wafer to wafer）、芯片到圆片（chip to wafer）和芯片到芯片（chip to chip）封装。一级封装（器件级封装）一般是在金属或陶瓷的管壳中完成的封装，更高级别的封装一般是系统的再集成。

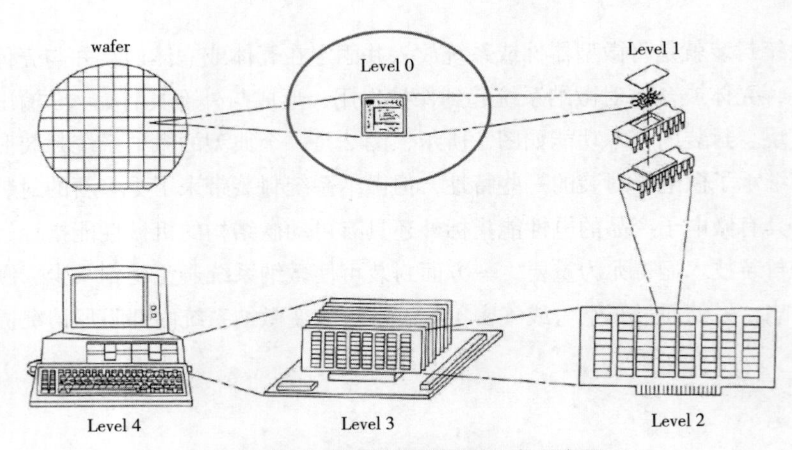

图 3 微纳系统封装的级别分类示意图

从封装气密性划分，微纳系统封装又可分为准气密封装、气密封装与非气密封装。气密封装又包括真空封装与过压封装，在微纳系统封装中往往需要调整封装腔体内的压力，来达到调节腔体内部阻尼的目的，真空封装是微纳系统经常用到的气密封装形式，这与传统的微电子器件有较大的不同，为了减小微纳器件或系统的机械运动阻尼或者减小热的对流损耗，往往需要真空封装。表 1 列出了微纳器件对真空度的封装需求。

微纳系统涉及机械、电子、化学、物理、光学、生物、材料等多个学科，微纳系统封装具有多样性和复杂的特性，它除具有传统微电子封装所涉及的范围外还涉及了一些新的研究领域，一些传统的成熟的微电子封装技术不再作为本研究的重点。例如，微电子中器件级的管壳封装技术，微纳系统封装所特有或者重点的研究方向主要包括封装工艺技术及封装设备的研制，主要有以下几个方面。

表 1　微纳器件对真空度的封装需求

MEMS 器件	封装真空度要求
微加速度计	300 ~ 700 mbar
绝对压力传感器	< 1 mbar
微陀螺	0.001 ~ 1 mbar
微测辐射热计	< 0.0001 mbar
RF 开关	< 0.0001 mbar
振荡器	< 0.0001 mbar

（1）零级封装技术（WLP）

零级封装是在制作器件的圆片上完成的封装，因此具有低成本、批量化的优点，也是目前微纳系统封装的一个发展趋势，零级封装又包括圆片到圆片（wafer to wafer）、芯片到圆片（chip to wafer）和芯片到芯片（chip to chip）封装。主要涉及的研究内容包括：机理研究、圆片键合技术研究（包括阳极键合、直接键合、共晶键合、聚合物键合等）、零级封装设备研制、通孔及通孔金属化制作技术、金属凸点制备技术、键合强度测试技术、可靠性试验、封装规范、封装工艺标准化研究。

（2）三维（3D）垂直堆叠封装技术（3D-WLP）

在零级封装的基础上进行多圆片或芯片的垂直堆叠集成封装，将 CMOS、MEMS 等器件集成封装，用较短的垂直互连取代很长的二维互连，从而减低了系统寄生效应和功耗，并达到体积最小化和优良电性能的高密度互连目的。三维垂直堆叠封装技术涉及的技术范围更广，主要包括材料匹配技术、综合屏蔽技术、穿硅通孔（TSV）的形成与金属化、圆片减薄与对准键合技术。

（3）真空封装技术

真空封装是微纳系统的一个重要研究方向，这是由微纳系统的固有特点决定的，真空封装技术包括零级真空封装与器件级管壳封装技术。主要涉及的研究内容包括：真空封装机理研究、设计技术、工艺研究、真空封装设备研制、真空封装气密性及真空度测试、真空保持技术、可靠性试验、封装规范、标准化研究。

（4）纳米封装技术

近年来，纳米材料由于其所具有的独特的电学、力学、光学、磁学和化学性能而吸引了越来越多的研究者的兴趣。纳米导电胶受到了广泛的关注，纳米金属颗粒的烧结温度大大低于金属熔点的特性被人们应用于微纳封装领域，由于碳纳米管（CNT）优良的导热、导电和机械性能，应用 CNT 的热界面材料（TIM）和纳米互连技术已成为微纳封装的一大研究热点。

（5）纳米自组装技术

纳米自组装是指纳米颗粒、薄膜等由于相互之间的静电力、电偶极、外电场、流体场作用，甚至在溶液干燥过程中，彼此结合形成具有特殊形貌（比如大的多面体、花状、多孔状等）颗粒的现象。当前与微纳制造相关的自组装技术分为3类：分子自组装、纳米结构单元自组装（纳米粒子自组装）、介观与宏观尺度结构单元自组装（微元件自组装）。

（6）微纳系统封装设备

微纳系统封装设备是实现微纳系统封装技术的基础，在微纳系统封装研究中占有重要地位，用于圆片级封装的设备主要包括圆片对位、圆片静电键合、圆片共晶键合等设备；用于管壳级真空封装的设备主要有真空键合炉等；用于微纳系统封装组装的设备主要有微纳系统专用的捡片、滴胶、贴片等设备。

2. 研究领域的背景、地位及重要性

微纳系统封装是伴随着微纳器件或系统的发展而逐渐被重视起来的技术，作为微纳器件或系统的基础技术，封装技术地位和重要性也将通过微纳器件或系统的重要性体现出来，微纳器件和系统在军民用领域具有广泛的应用前景。

美国国防部（DOD）为保持美国的军事领先优势，将MEMS作为发展新型高科技武器装备的方向，集中投入资金，在9个领域中采用MEMS技术提高武器性能。MEMS或NEMS器件将成为未来多个领域的核心器件，其作用与CPU为代表的集成电路构成当今电子系统的核心一样。基于MEMS或NEMS技术的各种陆、海、空、天、电一体化高技术武器的产生与发展，将降低战场信息获取成本，使战场信息相对透明化，降低精确打击武器的成本。21世纪战场将呈现一种“以小胜大、以少胜多、以无形胜有形”的作战模式。MEMS或NEMS技术的广泛应用，不仅极大改进常规武器的性能，使现有武器的作战效率得到极大提高，而且可以用来制造一些以往无法制造的武器装备，提供新的军事应用。以炮弹引信为例，采用MEMS技术进行弹道修正后，常规炮弹的性能大为提高；获取许多战争情报的智能尘埃、手掌大的飞机、重量只有250g的皮卫星都得益于MEMS和NEMS技术。

在民用领域，MEMS产品开始步入全面商品化时期，MEMS技术由来已久，但其露出全面商品化的曙光也就是近几年的事情，从iPhone手机用的MEMS加速度计到Nike运动鞋中的压力传感器再到风靡市场的Wii游戏机手持柄的传感器，几乎所有流行前沿的新鲜物品都出现了MEMS的身影并已产业化，基于Yole与iSupply目前所预测的MEMS市场增长,2016年MEMS市场将达到200亿美元（见图4），主要产品包括加速度传感器、陀螺仪、磁强计、麦克风、压力传感器、RF滤波器等。一些MEMS的展望家，认为MEMS将来的市场会最终赶上并超过3000亿美元的半导体市场。

有几个信息表明，MEMS市场的未来至少比Yole与iSupply的预测还要大一个数量级。2010年，HP公司在展示中描绘了一个地球中枢神经系统，将会需要数万亿微纳传感器和执行器，用于气象监测、石油勘探和生产、物流链追踪、智能高速公路建设、海啸和地震预警、智能电网和智能家居、结构的健康监测，到2013，会创造700亿美元的全球传感器市场。2010年10月在斯坦福大学召开的MEMS技术峰会上，Horst Muenzel，博世公司的区域主席，展示了一个由7万亿设备组成的传感群，它连接到互联网，将在2017年为

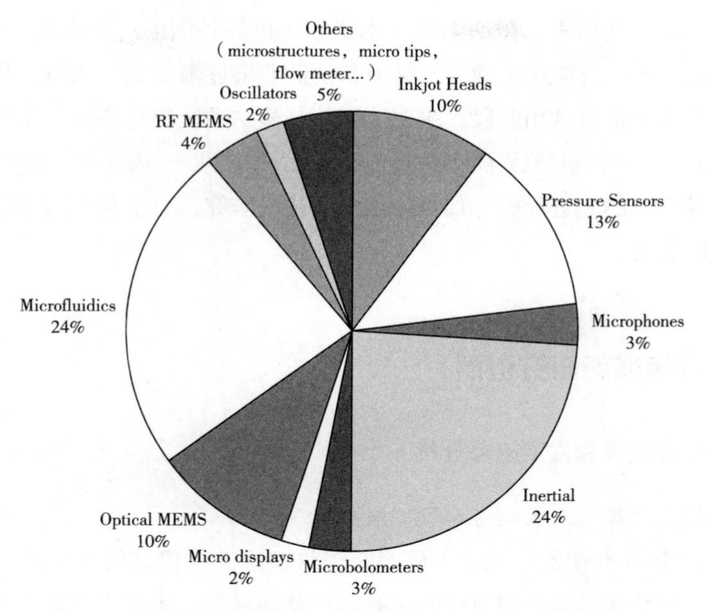

图 4　预测的 MEMS 市场及产品分布

70 亿人服务。所有这些设备将会成为“互联网”和“物联网”的一部分。

国内 MEMS 市场前景乐观，预计到 2013 年，市场增速将达 29.2%，进入快速发展轨道，其中发展最快的是汽车用传感器，包括 MEMS 加速度计、MEMS 压力传感器、流量计等，到 2013 年这一领域的 MEMS 市场需求将达 120 亿元，年平均增长率达 31.4%。市场广阔，而且发展迅速，主要应用领域包括汽车、手机、玩具、能源勘探、仪表等，主要的 MEMS 产品包括 MEMS 陀螺仪、加速度计、压力传感器、微麦克风、振动传感器等，目前多数产品被国外垄断，如汽车用传感器。

目前，微纳系统技术已经引起了世界各国的广泛关注。微纳器件或系统可实现宏观机电系统所不能实现的功能，将系统的小型化、自动化、智能化和可靠性提高到新的水平，在国防、工业、航空、航天、信息产业、医疗卫生以及环境科学等领域有巨大的应用前景。利用微纳技术制造的基于新原理、新功能的微型化器件和系统已经成为 21 世纪崭新的技术领域，并逐步向大批量产业化方向发展。大多数微纳器件或系统具有可动结构，并且需要与外界物质相互作用并使之产生运动，因此，相对于微电子器件来说，微纳器件对封装的要求更高。当今微电子器件采用的低成本封装不能满足大多数微纳器件的需求。种类繁多、需求各异的微纳器件为现有封装技术提出了极大的挑战，使封装难度和封装成本大大增加。目前电子器件的封装成本仅占总成本的 4% ~ 5%，而 MEMS 封装的成本比内部器件本身要高出许多。封装成本占总成本的 50% ~ 80%，这使 MEMS 器件无法应用于许多对成本敏感的和有吸引力的市场领域，从而限制了 MEMS 器件的发展。针对微纳系统的需求，开展微纳系统封装技术研究，对于增强微纳器件或系统的性能、降低成本，加快微纳器件或系统产业化非常重要。

自20世纪80年代以来，微纳系统技术受到了世界各国的广泛重视。经历20余年的发展，微纳产品开始广泛应用，微纳器件或系统产业链逐渐形成。然而，我国微纳器件多处于实验室研究或小批量试用阶段，主要原因就是微纳系统的封装技术相对滞后。长期以来，"封装无技术"的思想导致了微纳系统封装水平的落后，成为制约微纳器件实用化的瓶颈。借鉴国外已有的先进经验，加强微纳封装技术研究，对于我国微纳技术产业的发展具有极为重要的意义。

二、本学科近年最新研究进展

1. 国内外研究状况和发展趋势分析

（1）国外研究状况、发展趋势和预测展望

虽然目前封装技术在器件级水平已经获得许多成功，但总的形势依然是封装技术依然滞后。微电子中传统的器件级管壳封装技术已比较成熟，不是本章研究的重点，只是针对微纳系统的封装需求开展论述，如器件级管壳真空封装技术。在国外开始人们错误地认为现有的技术已经足够了，所以对封装发展投入的资金非常有限。但目前绝大多数的封装专家却认为，MEMS封装及生产对他们这一行业提出了前所未有的挑战。不仅因为最新的MEMS器件微小而复杂，更重要的是它与外界常常存在电连接以外的连接形式（见图5）。

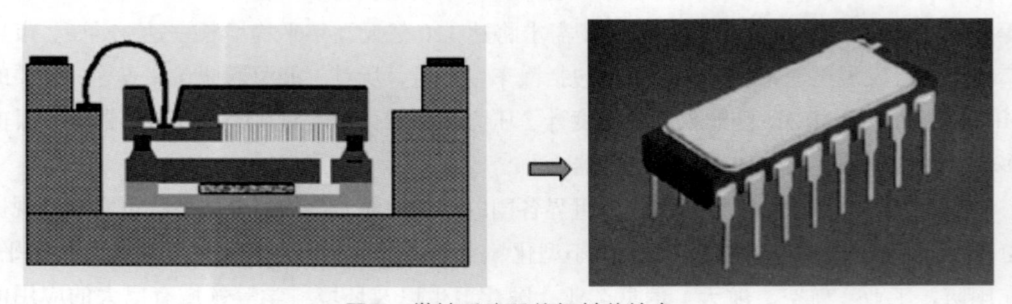

图5　微纳系统器件级封装技术

封装成本是目前微纳器件实用化的一个重要制约因素，为了降低成本提高批量，国外在20世纪90年代就开始了微纳系统的圆片级封装（WLP）技术（见图6），代表性的研究单位有德国Bosch、VTI、Hymite、IMEC等，开始的圆片级封装只是对微纳器件进行盖帽（wafer capping）达到保护微纳结构的目的，随着技术发展，出现了具有表面贴装功能的圆片级封装技术，圆片级封装表面贴装元件（SMD）的技术难点主要在于穿硅通孔（TSV）制

图6　微纳器件圆片级（WLP）封装技术

作及金属化，目前此技术是国外的一个研究热点，一些关键技术得到了突破，如高深宽比（HAR）的通孔金属填充技术。另外在圆片级封装的基础上进行多圆片或芯片的垂直堆叠集成封装（VSI），将 CMOS、MEMS 等不同功能的圆片垂直堆叠集成封装，用较短的垂直互连取代很长的二维互连，从而减低了系统寄生效应和功耗，并达到体积最小化和优良电性能的高密度互连目的。目前 VSI 技术也是国外的一个发展方向和研究热点。图 7 是 Yole 发布的微纳系统封装发展趋势图，片上系统（SOC）、单片集成等封装技术是发展趋势，这些封装技术具有更小的体积和更低的成本，这些封装的基础都是基于圆片级（wafer level）以及 TSV 技术。另外目前系统级封装也还应用于产品的生产。

图 8 是 Yole 发布的微纳系统圆片级封装发展趋势，由最初的单芯片封装到圆片级封装再到 3D 多层圆片级封装（3D-WLP），这些封装技术用到的关键技术包括硅—硅圆片键合、硅—玻璃圆片键合、薄膜盖板、TSV 等。

比利时的 IMEC 在微纳系统的封装方面在国外处于领先地位，IMEC 采用金属焊料与 BCB 聚合物键合技术开发的微纳器件圆片级封装技术已成功应用的微传感器与 RF MEMS 器件，并已实用化。该研究单位在 3D-WLP 方面取得了众多研究成果，图 9 是 IMEC 在 TSV 三维圆片封装方面的研究进展路线图，目前圆片的厚度可减薄到 30um，通孔深宽比达到 3，采用电镀铜等多种方法对 TSV 进行填充。图 10 是 IMEC 研究机构的三维圆片级封装技术发展路线图，发展路线是倒装焊（flip-chip）→面对面（face to face）焊接→两层 TSV 技术→多层 TSV 技术，IMEC 的研究代表了国外的最新研究进展。

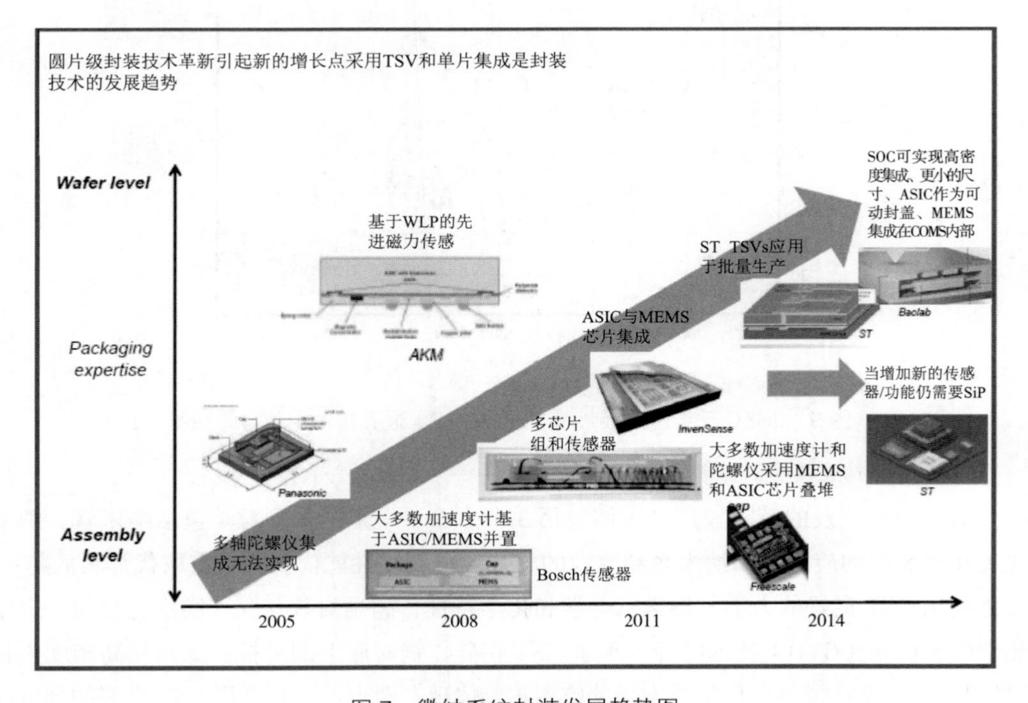

图 7　微纳系统封装发展趋势图

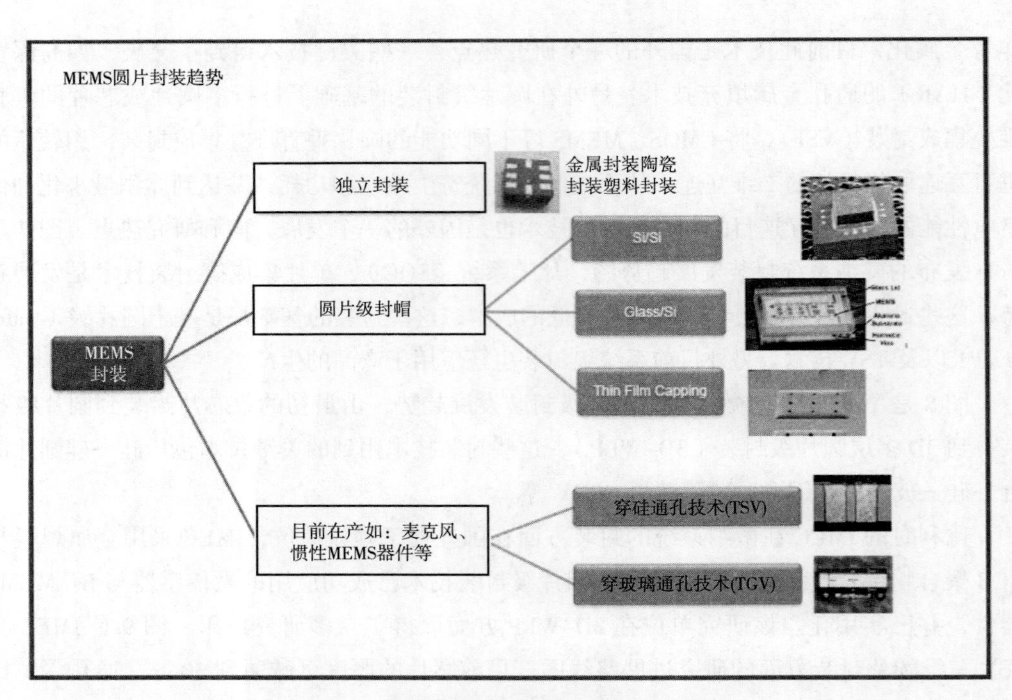

图 8　微纳系统圆片级封装发展趋势

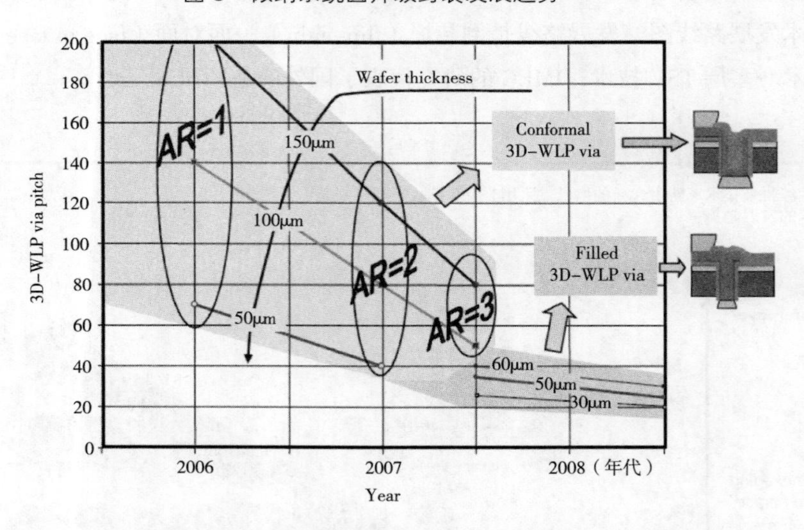

图 9　IMEC 三维圆片级封装（3D-WLP）通孔技术现状与路线图

（2）纳米封装研究进展

纳米封装涉及的范畴较广，大体包括 3 个方面。一是纳米颗粒（包括纳米管、纳米线）在封装中的应用。如纳米颗粒改性的导热导电胶，性能优良，大有取代焊料的趋势；二是利用 CNT 良好的力学、热学、电学和化学特性，满足封装与互连需求。目前，采用化学气相沉积（CVD）技术已经实现了 CNT 在硅、铜衬底上的可控、定向和高密度生长（见图 11）。其在微纳器件集成方面的应用主要体现在两点：一是利用 CNT 良好的导电能力，取代铜、铝实现纳米互连（见图 12、图 13），相关研究包括 CNT 水平（侧向）生长、

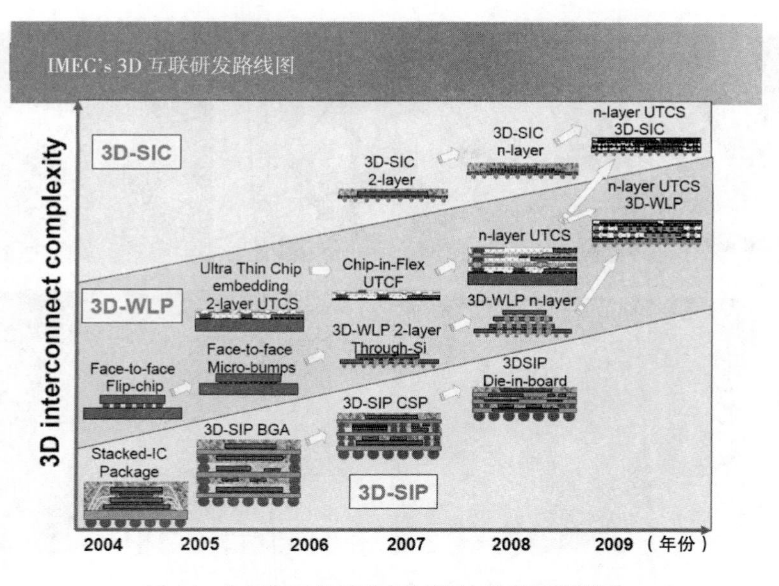

图 10　IMEC 三维圆片级封装技术发展路线图

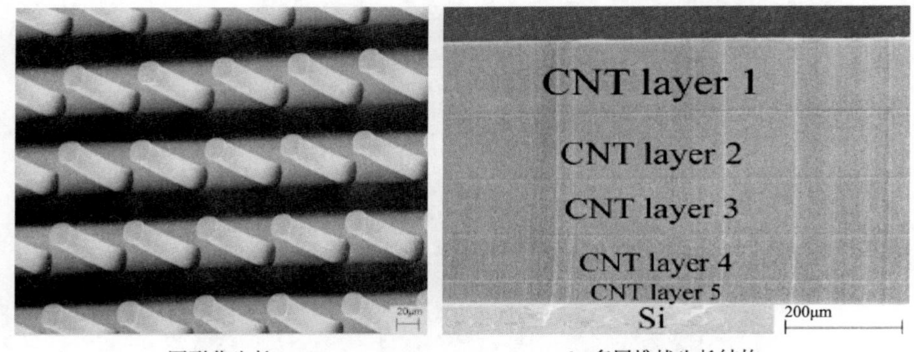

a. 图形化生长　　b. 多层堆栈生长结构

图 11　定向生长 CNT 制备

CNT 操控、CNT 与电极焊接等；二是利用 CNT 良好的导热能力实现低热阻封装，特别是在极端条件下（如军用、航空、航天电子产品的极端高、低温环境），CNT 基热界面材料更显示出其独特的技术优势（如满足大的热失配，使用温度范围广等），目前相关技术正处于研发阶段。如 2007 年 11 月，欧盟正式启动投资总额为 1100 万欧元的大型合作项目“NANOPACK”，共有来自欧洲 8 个国家的 14 家单位参与，研究内容包括采用碳纳米管、纳米颗粒和纳米结构表面等技术，结合不同的热导增强机制和制造技术，研发出满足低热阻封装和互联的新材料和技术；2008 年 5 月，美国国防部高级研究计划署（DARPA）也正式发布了“纳米热界面（nano thermal interfaces，NTI）”的项目指南，重点研究基于 CNT 的低热阻技术与应用研究。

此外，基于纳米尺度效应，还可对微纳器件封装技术进行改进。纳米尺寸效应是指随着颗粒尺寸变小，材料物理性能随之发生变化的现象，如熔点下降，特别是尺寸小于

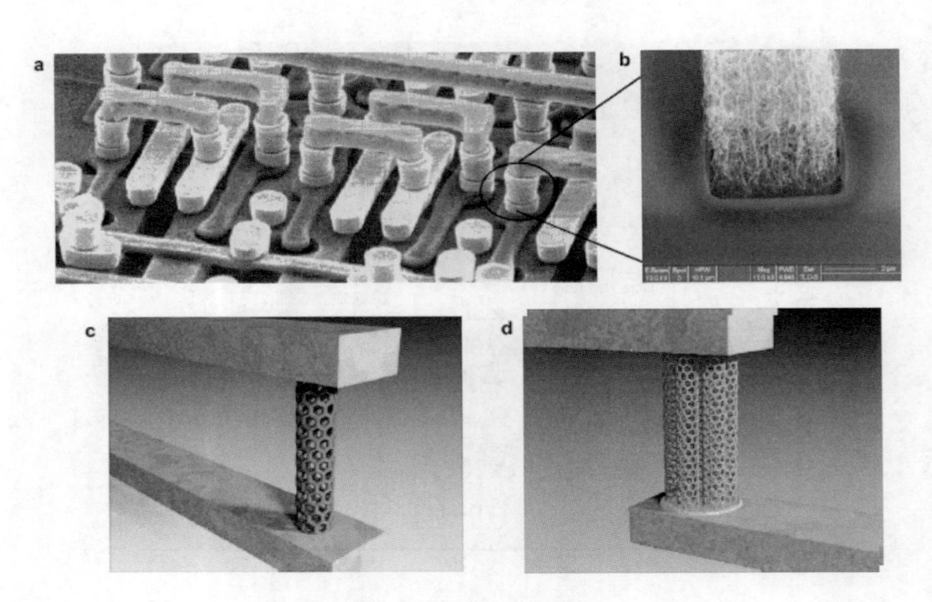

图 12　定向生长 CNT 互连技术

注：a. 多层互连结构；b.CNT 生长束；c. 单壁 CNT 互连；d. 多壁 CNT 互连。

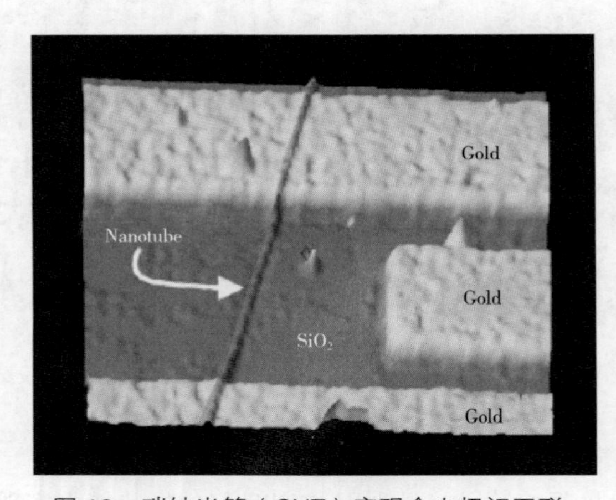

图 13　碳纳米管（CNT）实现金电极间互联

10nm 后。由于纳米材料具有大比表面积，高表面活性以及纳米尺寸效应等，因此采用纳米材料作为键合层，有望降低封装温度。实际上，美国佐治亚理工学院 K. S. Moon 和弗吉尼亚大学 G. F. Bai 早在 2005 年就报道了纳米银颗粒的低温烧结行为。由于纳米尺寸效应，纳米银颗粒（直径 20nm）可在低于 200℃下实现烧结。随后，研究人员开发了采用纳米银颗粒的纳米银胶和纳米银膏，企图取代现有的无铅焊膏，满足电子器件低温封装要求。G. Chandra 则采用纳米铜颗粒作为键合层，在温度为 370℃，压力为 1M ~ 1.5MPa 下实现了铜—铜热压键合，键合强度高达 9M ~ 11MPa。P. I. Wang 等采用斜角沉积法制备出纳米铜柱，并在远低于铜熔点（1083℃）的温度下，观察到纳米铜柱阵列的表面熔化现象。基于这种特性，他们采用纳米铜柱作为键合层，在压力为 0.32MPa，温度为 200 ~ 400℃

范围内实现了铜—铜热压键合[24]。华中科技大学则采用纳米多孔铜作为键合层，实现了硅—硅间低温键合（280℃）。

当前与微纳制造相关的自组装技术主要有两类：一是分子纳米自组装技术。主要指各种纳米结构和分子体系的自组装技术，包括纳米线、纳米环、纳米管、纳米粒子、各种功能材料、功能薄膜材料，甚至分子纳米器件的制作；二是微器件自组装技术，主要针对毫米亚毫米尺度微器件的集成装配，主要利用表面张力、电、磁、重力等形成势阱，在组装环节中投入大量待组装的微纳器件并使其随机移动，当微纳器件与待组装表面接近时被基座上的势阱所捕捉，随后在能量最小化过程中完成器件与组装位置地对准。目前，国内外在纳米自组装领域的研究聚焦于纳米颗粒，自组装理论模型研究正在逐步深入，纳米自组装技术所采用的驱动力和黏合固定方法趋于多样化；自组装结构向三维方向发展，对纳米自组装材料的应用集中于生化传感器。主要研究方向包括：①对纳米管和纳米线自组装薄膜进行简单高效的合成；②拓宽纳米自组装材料的应用范围；③利用自组装技术对单纳米管和单纳米线进行定位定向固定，开展单纳米管和单纳米线器件制备；④将纳米自组装技术与其他纳米制造技术结合起来，为制备纳米集成电路、纳米器件多功能系统寻求解决方法。

目前国外在微纳系统封装方面的研究热点是圆片级封装技术，总的研究趋势是多层垂直堆叠的圆片级封装技术。另外由于多种微纳器件或系统都需要真空封装，因此真空封装技术也是国外的一个研究热点，国外在器件级与圆片级真空封装方面都取得了突破，一些研究已经实用化。随着与纳米技术的结合，纳米封装技术已成为重要的发展方向，也取得重要进展。

（3）国内研究状况、发展趋势和预测展望

国内在微纳系统封装方面研究起步较晚，多数还是采用微电子中传统的器件级封装技术，对圆片级封装技术与真空封装技术开始了初步研究，突破了一些关键技术，离实用化还存在差距，主要表现在成品率低、工艺稳定性与重复性差。对基于 TSV 技术的多层垂直叠加封装技术研究也刚刚涉及。国内的主要研究单位包括中国电子科技集团公司第十三研究所、哈尔滨工业大学、苏州大学、南京理工大学、北京大学、中科院微系统研究所等，其中中国电子科技集团公司第十三研究所在圆片级封装与真空封装技术方面取得了较大进展，已在微陀螺、RF MEMS 开关等多个微纳器件中应用。

中国电子科技集团公司第十三研究所在“十五”“十一五”期间共承担了两项 MEMS 封装技术相关课题，开展了器件级、圆片级封装技术研究，重点开展了圆片封装技术研究，圆片尺寸从 4 英寸（1 英寸≈ 2.54 厘米）到 6 英寸，目前已具备 6 英寸圆片级封装技术，包括了从非气密、气密到真空封装，解决的用于圆片级封装的圆片键合技术包括硅—硅键合、硅—玻璃键合、共晶键合、热压键合等，目前这些技术已批量应用于 MEMS 陀螺仪、MEMS 加速度计与 RF MEMS 滤波器等多种 MEMS 器件的生产，自主知识产权方面取得了 5 项发明专利，形成了批量化的 MEMS 圆片级封装工艺平台与封装基地。另外与哈尔滨工业大学合作开发了 MEMS 封装设备，也取得了较大突破。

突破的关键技术主要有以下 7 个方面。

1）多种圆片—圆片键合技术。圆片—圆片键合技术是将多层圆片黏接在一起，是圆片级封装的基础，目前解决的圆片键合技术主要有硅—硅键合技术、硅—玻璃键合技术、金—硅键合技术、金—金热压键合技术、CuSn 共晶键合技术。目前圆片的直径已经从 4 英寸扩展到 6 英寸（见图 14、图 15）。

下图是采用硅硅键合与金硅键合完成的 3 层硅结构圆片封装 MEMS 陀螺仪 SEM 照片。上层是带通孔的硅盖板，中间层是 MEMS 器件结构层，下层是硅支撑层。

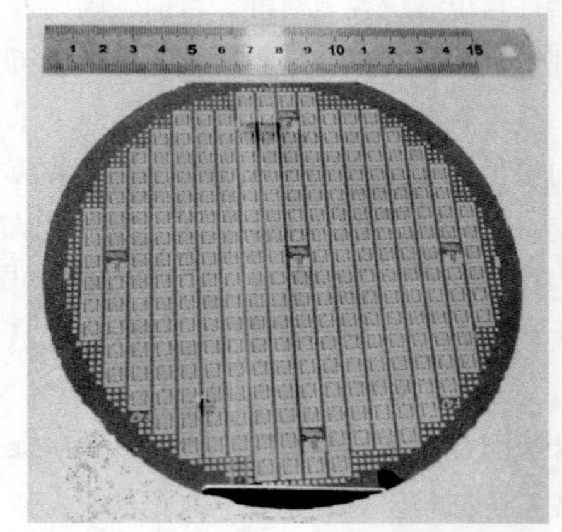

图 14　中电十三所圆片级封装 6 英寸圆片

图 15　硅—硅键合与金—硅键合完成的 3 层硅结构圆片封装 MEMS 陀螺仪 SEM 照片

2）硅通孔（TSV）电极引出技术。采用干法与湿法腐蚀组合技术完成了高密度 TSV 制作，在 TSV 形成后，就露出了结构层上的金属电极，这是我们的一个创新技术（见图 16）。

图 16　硅通孔（TSV）电极引出 SEM 照片

3）气密圆片级封装技术。气密性是多种 MEMS 器件所需要的，我们采用硅—硅键合、金—硅键合方法解决了气密键合技术，采用气密性测试技术对键合样品进行测试，主要包括漏率测试，达到了国标（GJ B548A）要求。

4）圆片级真空封装及保持技术。在气密封装的基础上，采用在硅盖板上生长真空保持薄膜，在真空状态下，实现了真空封装，真空保持薄膜使硅墙体内长期保持真空状态，生长真空保持薄膜是一项创新技术，目前用于MEMS陀螺仪圆片级真空封装，使陀螺仪的Q值（品质因数）达到了5万以上（非真空封装的Q值一般只有2000左右）。图17是MEMS陀螺仪批量化生产中对Q值统计数据，显示75%以上的陀螺的Q值在1万以上。目前该技术已应用于生产。

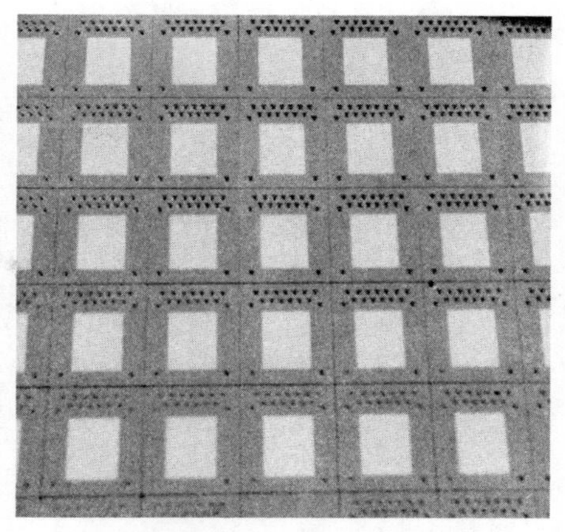

图17　硅通孔（TSV）电极圆片照片

5）其他先进封装技术。采用干法与湿法腐蚀组合技术完成了高密度TSV制作（见图16）。开发出基于感应局部加热的封装技术，已成功应用于大功率LED封装。开发出激光凸点重熔工艺和重熔互连键合技术，采用激光做热源实现了高速微钎料凸点制作，解决了导电颗粒植焊工艺、导电颗粒转印等MEMS器件倒装互连的弹性凸点关键技术，开发出MEMS芯片弹性凸点热压系统。制作出LTCC（低温共烧陶瓷）基板内嵌微管道的单层基板，并掌握了其相关工艺技术。

6）纳米封装技术。在纳米封装研究方面，特别是CNT作为导热材料的研究方面，国内外基本处于同一水平。清华大学范守善院士领导的研究小组，近年来在CNT可控生长与导热应用等方面的研究一直处于国际领先水平。此外，香港科技大学在定向生长CNT应用于LED封装散热，上海大学在CNT纳米复合热界面材料，华中科技大学在CNT操控与焊接、定向生长CNT作为热界面材料，哈尔滨工业大学在基于双FAM探针的纳米线互连等方面都开展了深入研究，并取得了一批有代表性的研究成果。

7）微纳封装装备。国内在微纳封装技术设备研制方面也取得了重要研究成果，针对微纳器件与系统的品种多和特异性大的特点及批量化、高质量、低成本制造的要求，哈尔滨工业大学、华中科技大学、中南大学、苏州大学、苏州博实机器人公司等单位研发出MEMS柔性点胶设备、自动贴片设备、MEMS阳极键合设备、柔性引线键合设备、立体封装和组装的锡球凸点键合设备等封装设备。在特种压力传感器、微麦克风等研发和生产中得到实际应用。图18～图21是国内研发的微纳封装设备照片。

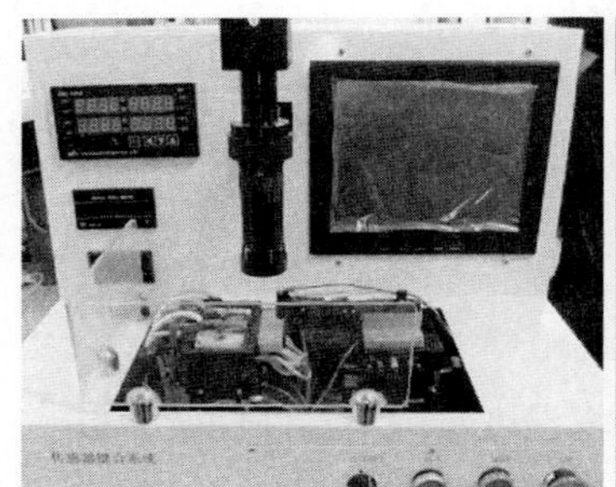

图18　MEMS阳极键合设备

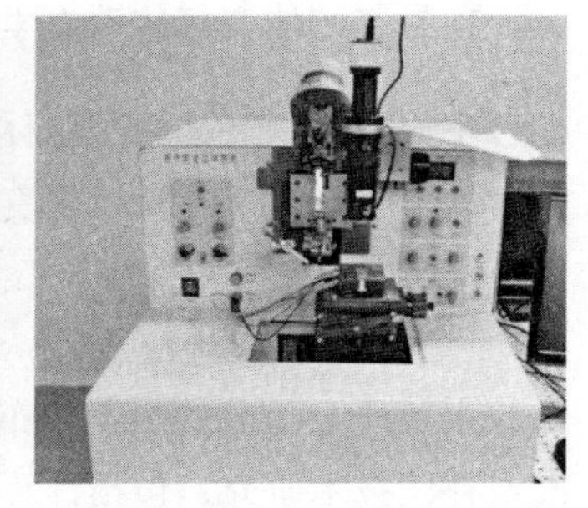

图19　MEMS引线键合设备

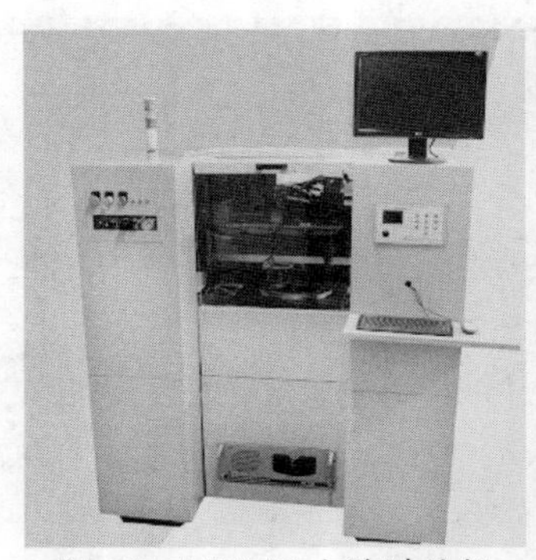

图 20　MEMS 点胶贴片机

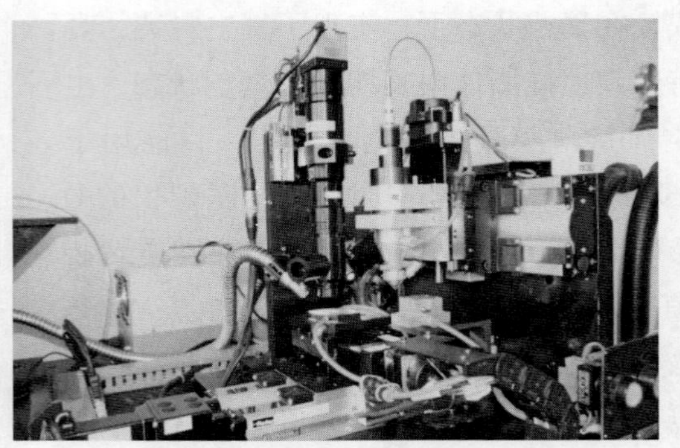

图 21　锡球凸点键合设备

三、本学科国内外研究进展比较

基础研究方面存在的问题与差距：

1）在理论研究方面缺乏系统性，还没有形成完善的理论体系；

2）一些加工设备和测试设备等基础设施严重落后于国外，几乎是空白；

3）没有自成体系，还基本依赖于传统封装理念。

技术创新方面存在的问题与差距：

1）虽然取得了一些创新技术，但总的趋势基本是跟踪国外发展；

2）创新技术的成果转化与实用性还不足。

产业化方面存在的问题与差距：

1）封装工艺的成品率、稳定性与重复性还存在较大差距；

2）国内还没有实现产业化，还处于研究阶段。

四、本学科发展趋势与展望

（一）未来基础研究中的重要科学问题

1. 封装腔体内气体动力学研究

主要研究微观的封装腔体内气体成分、压力、阻尼、腔体几何尺寸等对微纳器件结构的运动影响，包括计算机仿真以及软件研究。

2. 封装热力学研究

主要研究封装的热学分布、封装腔体内部的热分布、环境温度对微纳器件性能的影响以及补偿技术研究，包括计算机仿真与软件研究。

3. 封装应力研究

研究封装材料的匹配性、封装应力对微纳器件的性能影响，包括计算机仿真与软件研究。

4. 封装新材料研究

研究工艺兼容性好、电绝缘性好、气密性好以及封装成本低的材料。

5. 封装机理研究

对封装中应用的键合黏接技术的机理开展研究。

6. 适用于微纳系统封装设备研制

主要开展圆片级封装设备、真空封装设备以及多功能集成设备的研制。

（二）未来技术创新中的重要研究方向

1. 高性能低成本的圆片级封装技术

主要开展采用新键合机理及组合的圆片键合技术，解决工艺兼容性、电隔离、电极通孔引出、封装气密性技术难点。

2. 真空封装与保持技术

研究圆片级及器件级真空封装技术。

3. 穿硅通孔（TSV）技术

解决硅通孔绝缘以及金属化等技术难题。

4. 多层 3D-WLP 垂直堆叠封装技术

主要进行工艺兼容性以及高精度对准研究。

5. 纳米封装技术

主要针对纳器件与系统的纳米互连与封装。

（三）未来产业化方面的重要研究课题

1. 封装工艺稳定性、重复性研究、成品率控制研究

以典型的微纳器件与封装工艺进行稳定性、重复性与成品率控制研究，形成工艺规

范，实现产业化的目标。

2. 封装工艺标准化研究

对成熟的微纳系统的封装工艺进行标准化研究，形成封装工艺平台，加快产业化进程。

3. 封装性能测试技术研究

开展适用于微纳系统封装的性能测试研究，主要包括封装强度、气密性等方面的研究。

4. 封装可靠性研究

开展微纳系统封装的可靠性研究与试验，建立可靠性规范。

（四）基础研究发展的目标、优先领域、战略措施及规划建议

形成微纳系统封装的系统理论，优先开展气体动力、热、应力对微纳系统封装的影响的理论研究以及封装基础设施的研制。建议将此研究领域分散给更多研究单位，加快研究进度。

（五）技术研发发展的目标、优先领域、战略措施及规划建议

解决关键技术与技术瓶颈，形成成套的封装工艺，并在典型微纳器件中进行小批量加工应用，优先开展高性能低成本圆片级真空封装技术与穿硅通孔技术研究，建议将此领域的研究集中到技术力量强和具有较强研究基础的单位，加大投入，加快技术攻关进度。

（六）产业化发展的目标、优先领域、战略措施及规划建议

从少数的几个品种进行突破，实现产业化目标，形成标准化的封装工艺平台，建立产业化加工基地。

参考文献

[1] Pan MQ, Chen T, Chen LG, et al. Analysis of Broken Wires during Gold Wire Bonding Process [J]. Key Engineering Materials, 2012, 503: 298-302.

[2] Pan MQ, Chen LG, Chen T, et al. Study on Anodic Bonding Process of Slender Vitreous Body [J]. Key Engineering Materials, 2012, 503: 435-439.

[3] 曲东升，张世忠，荣伟彬，等．基于高精度测微仪的晶圆预对准方法［J］．纳米技术与精密工程，2009，7（3）：249–255.
[4] 孙立宁，陈立国，荣伟彬，等．面向微机电系统组装与封装的微操作装备光剑技术［J］．机械工程学报，2008，44（11）：13–19.
[5] 荣伟彬，宋亦旭，桥遂龙，等．硅片处理与对准系统的研究［J］．机器人，2007，29（4）：331–336.
[6] 刘曰涛，魏修亭，孙立宁．基于IC封装的Au凸点切断丝模拟机实验［J］．半导体技术，2013，38（4）：306–311.
[7] 肖磊，吴卫国，卢铁城，等．SiO_2胶体晶体的自组装技术［J］．强激光与粒子束，2010，22（6）：1275–1279.
[8] 夏艳．3D集成的发展与趋势［J］．中国集成电路，2011，146：23–28.
[9] 童志义．3D IC集成与硅通孔（TSV）互联［J］．电子工业专用设备，2009，170：27–34.
[10] 李丙旺，徐春叶，欧阳径桥．芯片叠层封装工艺技术研究［J］．电子与封装，2012，12（1）：7–10.
[11] 杨建生．微系统三维（3D）封装技术［J］．电子与封装，2011，11（10）：1–6.
[12] 邹贵生，闫剑锋，母凤文，等．微连接和纳连接的研究新进展［J］．焊接学报，2011，32（4）：108–113.

撰稿人：孙立宁

微纳米测量与测试领域科学技术发展研究

一、引言

微纳米测量与测试技术是微纳制造技术的基础与前提，它包括在微纳器件的设计、制造和系统集成过程中，对各种参量进行微米纳米级检测的技术。微米测量主要服务于精密制造和微加工技术，目标是获得微米级测量精度，或表征微结构的几何、机械及力学特性。纳米测量则主要服务于材料工程和纳米科学，特别是纳米材料，目标是获得材料的结构、形貌和成分的信息。由于微米纳米技术，特别是纳米技术，是由众多传统科学技术领域因微型化的不断发展而汇集形成的（见图 1[1]），因此微纳米测量与测试技术具有明显的多学科交叉特性。

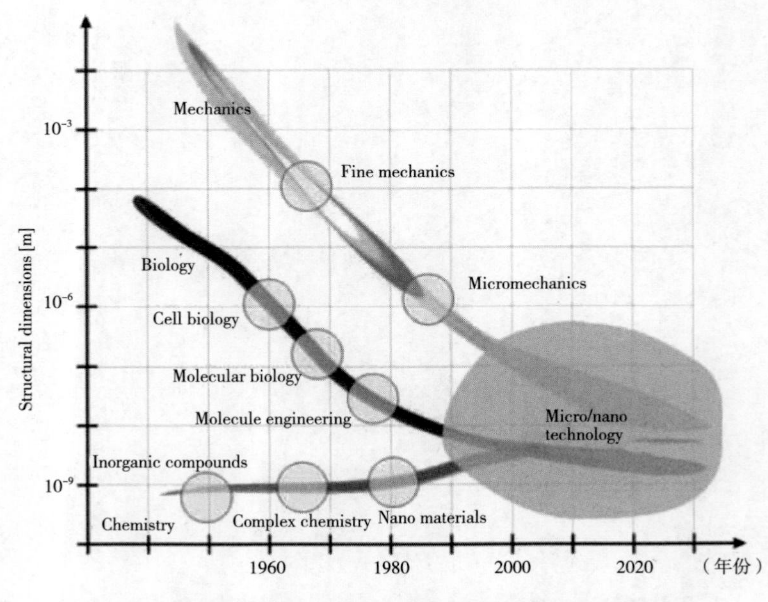

图 1　传统科学技术领域向微米纳米技术领域的发展

在半导体领域人们所关心的与尺寸测量有关的参数主要包括：特征尺寸或线宽、重合度、薄膜的厚度和表面粗糙度等。除了这些几何测量量外，与集成电路制造工艺相关的检测还包括材料污染分析、杂质分布、力学和电学性能检测以及过程控制参量的监测等。与集成电路制造工艺相关的尺寸测量，除了因为尺寸在微纳米范围，还由于测量要在制造过程中进行，因此十分复杂。

微机电系统（micro-electro-mechanical system，MEMS）中的典型几何测量量包括台阶高度和表面形貌。和常规尺寸的测量相比，微尺寸测量有一些特点：由于被测尺寸很小，所以定位误差对测量结果的影响较大；微尺寸接近光波长，因此如果用光波作为测量介质，就必须要考虑衍射效应，尤其是测量周期性结构，如微反射镜阵列、光栅等，不能用简单的几何光学来处理，而必须用衍射理论来分析测量结果；由于外部作用力容易引起微结构的变形，引起大的测量误差，所以微尺寸的测量一般要采用非接触测量方法；由于微结构尺寸很小，其轮廓容易受外来污染物的影响，带来测量误差；但是尺寸小，温度在整个结构中的分布趋于均匀，所以温度变化引起的测量误差可以忽略。MEMS 器件虽然主要是基于半导体制造工艺来设计的，但 MEMS 器件的结构特点，通常是比一般集成电路具有较高的深宽比。由于绝对尺寸相对于宏观机电系统来说小得多，因此这种高深宽比结构就带来了测量上的难度[2]。

用于化学和生物化学分析的微流体器件是 MEMS 技术的一个重要研究课题。这些被称为“芯片上的实验室”的微系统，既可以采用硅材料制造，也可以采用聚合物材料制造，但目前采用聚合物材料已成为趋势，因此出现了不同于传统半导体工艺的新的制造技术，如浇注和热压印等。基于光刻、刻蚀和淀积的半导体工艺本质上是二维或 2.5 维的，而采用热或机械方式对聚合物材料进行加工的新技术则可以实现真正的三维特征，对应的微尺寸三维测量技术就成为该领域的一个挑战。

绝对尺寸在几十到几百微米范围的微光学系统已成为通信、医学成像及诊断的关键技术。根据光学器件的类型，微光学系统的典型测量量包括：微镜表面粗糙度（要求小于 5nm）、光栅特征距离、光纤对准度等。微光学系统的制造技术到目前为止主要是基于光刻的方法，得到深宽比相对较低的二维结构。目前采用超精密加工与铸模成型等体加工工艺相结合可得到用于光学工程的三维微结构。

加工制造中使用的微工具是真正的三维微测量问题。微工具几何形状参数的绝对值和变化量直接影响铣削加工的性能。对于常规尺寸的模具，传统的测量方法已经非常有限，而工具尺寸的减小更增加了模具尺寸和形状测量的难度。微模具的特征测量量，主要包括有效工具直径、刀刃曲率、螺旋角、前刀面粗糙度等。

硬盘驱动悬架组件的设计难度因硬盘面积密度不断增加而不断提高。硬盘驱动工业中的测量技术已从基于实验室仪器的方式发展到在线产品控制，目前的趋势是实现 100% 的在线检测。为了检验硬盘驱动悬架组件，测量系统应有能够集成测量高度、厚度、轮廓、俯仰、翻滚等参数的功能。

纳米技术不仅仅是微米技术的简单延续，它是材料科学的终点，是材料特性停止而分子特性开始的尺度。纳米技术中的特征尺寸是指对样品功能来说最重要的尺寸，而样品的尺寸不一定要非常小，如对汽车的喷漆性能至关重要的汽车金属外壳的粗糙度，用于先进给药装置中的聚合物分子膜过滤孔的直径等。纳米技术中的典型尺寸测量任务包括：基底上的各种膜层，包括有机材料和无机材料，测量量包括薄层厚度和粗糙度；硬盘上的磁性结构，材料为金属，测量量包括尺寸和形状等；纳米颗粒，材料为金属、氧化物、碳等，测量量包括尺寸和形状等；纳米光子学系统，材料为半导体和绝缘体，测量量包括距离和粗糙度等。

细胞生物学的基础科学已发展了100多年，但只有在电子显微镜出现以后，才成为一个可以定量的学科，并由此导致了分子生物学，并与现代生物化学相结合，又建立了分子工程。纳米测量在生物学中的应用主要包括：生物纳米结构和生物表面的形状、尺寸和特性的表征；生物材料的定量、分布、结构和活动的测量；对于生物表面来说，很多时候需要对分子的数量、分布、结构以及分子在表面的活性进行测量；纳米颗粒在生物系统中的定量和分布测量，纳米颗粒的剂量测量等。

化学分析虽然历史悠久，成就辉煌，但测量结果实现可比性和一致性还存在一定的困难。化学成分的定量大多数以质量分数或质量浓度来表示，而不是以摩尔表示的物质的量。如果是物理特性的测量，通过一系列的仪器标定，可以与一定的国际标准单位建立起溯源关系，但建立化学成分测量的标准物以及建立化学测量的溯源性是很困难的。纳米化学测量的典型测量量包括：固体材料的化学组分（表面分析）、气体分子的浓度等。测量技术一般可分为非选择性的各种谱分析技术和具有选择性的各种传感器技术。在极少剂量下进行高精确性的化学测量是目前面临的主要挑战。

图2[1]给出了微纳米测量与测试技术的典型对象的尺度。综合起来，微纳米测量与测

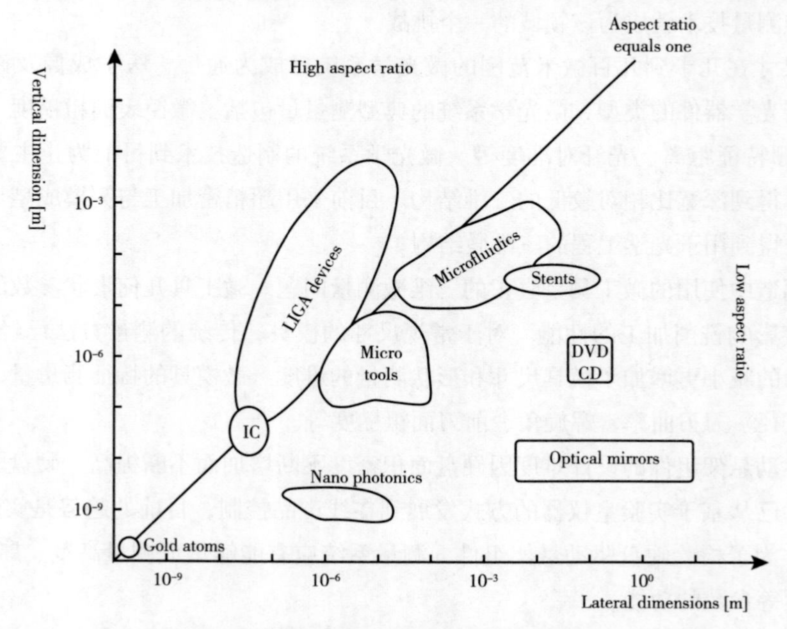

图2 微纳米测量与测试技术的典型任务

试技术的主要内容包括：特征尺寸的测量、膜厚的测量、材料和污染的分析、三维结构测量、新材料与器件的研究、参考材料和参考测量系统等，此外还有设备标定、测量精度分析和工艺过程控制等问题。微纳米测量与测试技术应用于半导体工业、MEMS 技术、材料科学及纳米技术。微纳米测量与测试系统应包括测量设备、传感器、控制器、参考材料。微纳米测量与测试技术的发展将不断促进测量测试设备的进步，提高微纳制造工艺控制水平，从而减小生产成本、提高产量、缩短新产品投入市场的周期。

二、本学科近年来的最新研究进展

（一）微纳米测量与测试技术面临的困难与挑战

特征尺寸的减小决定着测量技术解决新材料、新工艺和新结构问题的时间表。微纳米测量与测试技术一如既往地要能够测量接近或达到原子尺度的尺寸，因此需要彻底理解纳米尺度材料特性和测量中的物理问题。微纳结构和器件的多样性，使得目前有限的测量手段面临严峻的挑战。新材料和新结构的出现，更增加了测量的复杂性。

具有三维微纳结构的器件使得许多传统测量技术的建模和分析的初始假设失效，因此要求测量技术能够提供真实的三维信息。三维结构给测量技术的方方面面都带来挑战。尽管材料特性分析方法，如像差校正透射电子显微镜，对二维结构，如单层石墨烯可以达到原子级分辨率，但对三维结构来说，纳米级精度的临界尺寸测量还是很困难的。未来二维形貌分析和测量中很多方法需要引入到三维。除三维结构的测量外，未来微纳制造中的三维测量还包括晶片对准、界面键合、直通硅晶穿孔技术等。

对微纳制造来说，不同制造商使用不同的材料在未来是完全有可能的。发展针对新材料和新结构的测量工具，如人们对（extreme ultraviolet，EUV）光刻技术的强烈兴趣驱动着新的掩膜测量技术。EUV 光刻技术的应用推动着用于测量新的掩膜材料的测量设备的发展，而现有特征尺寸测量技术已接近其极限，需要发展新的技术以满足光刻特征尺寸的要求。未来尺寸减小以及新材料和新结构的引入，威胁着现有的测量技术。在有些情况下，现有测量方法可以延伸到新一代技术中，但在另一些情况下，现有测量设备则可能不够。

从长远来说，纳米器件的研究不仅需要新的工艺设备还需要新的测量方法，纳米工艺的发展与纳米测量的发展越来越紧密的联系在一起。当良好的工艺过程和工艺设备与合适的测量技术相结合，就能在维持可接受的成本下最大限度的提高产量。晶片表面形貌的建模和测量相结合，理解测量数据和信息与最优反馈、前馈以及实时工艺控制的相互作用是重建测量与制造技术关系的关键。

总的来说，特征尺寸不断减小、器件参数控制要求越来越高、基于三维结构的新的微纳器件的出现、新的光刻技术的产生等，是物理测量方法面临的主要挑战。

（二）显微技术

显微技术用在微纳制造的大多数核心工艺上，在微纳制造“显示、测量、控制”这个链条上，显微成像通常是首要步骤。显微技术通常采用光、电子束或扫描探针的方法，获得二维分布信息，如集成电路结构形状的数字图像。除了成像，在线显微技术还包括关键尺寸和膜厚的测量，缺陷和粒子的探测及原子鉴别等。图3[1]给出了现有各种显微技术的尺度测量范围。

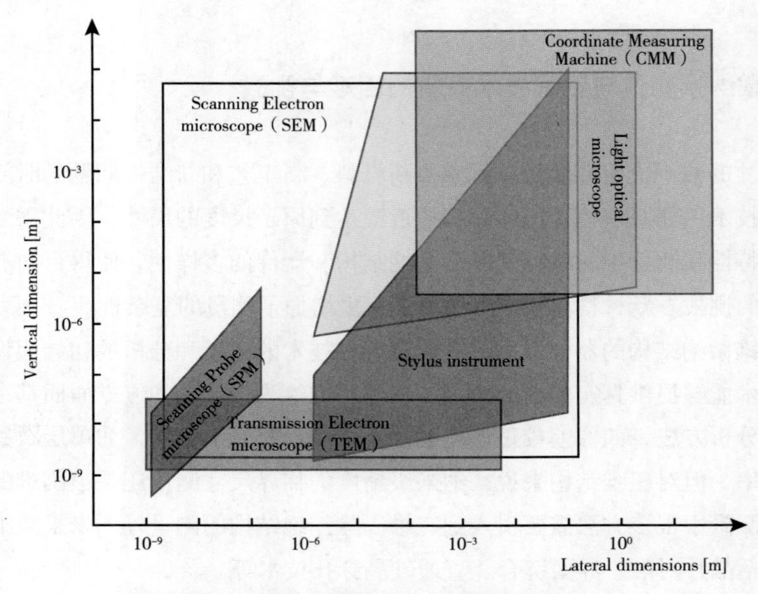

图3 各种显微技术的尺度测量范围

随着晶片价值和数量的提高，快速、无损、在线成像和测量的需求不断增加。由于集成电路（integrated circuit，IC）结构的深宽比的改变，除了传统的横向特征尺寸，如线宽的测量、完全三维形状测量也越来越重要，并且需要实现在线测量。为满足未来IC技术的发展，需要发展充分利用先进数字图像处理和分析技术的新的测量方法，如网真技术和网络化测量设备。基于这些技术的显微技术和测量方法必须服务于能够给出工艺更快、更详细、更充分的信息的系统，用以建立更加自动化的工艺控制。

对于所有的显微技术和基于显微技术的测量技术，发展和提供仪器性能可监测的可靠和易用的方法越来越重要。由于微纳结构的尺寸非常小，这些仪器必须工作在其极限性能，而达到并保持极限性能并不容易，目前，仅有基础的方法可以保证足够的性能。除了成像和测量分辨率之外，众多依赖于设备的参数也需要定期监测和优化。这些关键参数对测量结果有很大的影响，在测量不确定性说明中必须把它们的影响包括进来。

有很多利用电子束作为“光源”的显微技术，包括扫描电子显微镜、透射电子显微镜、扫描透射电子显微镜、电子全息和低能电子显微镜等。扫描电子显微镜（10 ~ 200kev）可能需要克服由于样品表面的电荷、污染和辐射损伤等造成的图像质量降低，同时还要保持足够的分辨率和景深。通过减小球差来提高扫描电子显微镜的分辨率会使景深小到不能接受，并且可能需要多个聚焦步骤或 / 和使用考虑电子束形状的算法。采用源于透射电子显微镜的像差校正电子透镜技术可使扫描电子显微镜的性能显著提高。其他非传统扫描电子显微成像技术，如纳米劈尖和电子全息术的应用，需要进一步发展具有生产价值的测量方法。高压电子显微镜或环境显微术可能是一条新的替代途径，它能够提供更高的加速电压，以及高分辨率成像和测量的可能性。二元和相移石英上铬光学掩模已研制成功，具有高分辨率扫描电子显微镜的模式。研究发现，气相样品环境能够使样品的电荷和污染最小化，这种方法也使晶片的检测、成像和测量成为可能。

基于测量原理，并使用所有采集到的信息的数据分析方法经证明优于其他方法。测量得到的并且模式化了的图像以及快速精确的比较技术在扫描电子显微镜尺寸测量中可能被重视。更好的理解实际物体与仪器所做的波形分析之间的关系有望提高特征尺寸的测量精度。样品损伤是由样品的直接离子化损伤和门结构中的电荷沉积引起的，可能决定了基于带电粒子束的显微技术的基本使用极限。收缩是电子束在聚合物薄膜（如光刻胶）上造成的一种损伤，目前对其理解已加深，在很多情况下，可在特征尺寸的测量中进行预测和补偿。对于亚 100nm 的微纳结构，确定真实的三维形状要求现有显微技术和样品制备方法不断提高。

氦离子显微镜是用来解决因被聚焦的很细的电子束与样品的相互作用而导致有效探针尺寸的扩大所引起的问题。这项技术的潜在应用包括特征尺寸测量、缺陷检测、纳米技术等。虽然氦离子显微镜可以达到亚纳米分辨率，但样品相互作用问题仍没有解决。对于微纳制造的测量技术，氦离子显微镜希望能填补关键空白，进行高深宽比刻蚀的接触孔和沟槽的成像，而不引起太多的损伤，并作为一种耐用的晶片在线测量方案。

扫描探针显微术通常用于标定（critical dimension scanning electron microscope，CD–SEM）的测量。触针显微技术，如原子力显微镜，能够提供三维测量，而对所测材料不敏感。当探针太细长时，探针的弯曲会影响测量。因此，探针的形状和纵横比必须对探针所用的材料和所遇到的力来说最合适。高刚度的探针材料，如短的碳纳米管，可能会减轻这个问题。

远场光学显微镜受到光波长的限制，深紫外光源和近场显微镜有望突破这些限制。光学显微技术需要提高软件性能来鉴别原子级别的缺陷。光学显微镜将继续用在较大特征的检测中，如焊点。其他新的实验中的光学技术具有测量更小特征的潜力，但如果用于在线测量，其中还有许多科学问题需要理解。

对于缺陷探测，每种显微技术都存在限制。缺陷被定义为影响生产的任何物理、电学或参数的偏差。对光学显微镜来说太小的缺陷用现有的扫描电子显微镜和扫描探针显微镜来说又太慢。研究报道高速扫描阵列的扫描探针显微镜（scanning probe microscope，SPM）与探针寿命、一致性、特征描述、耐磨性相关的问题还需要研究。这项技术的应用需要通过扩大阵列尺寸和发展附加工作模式来实现。阵列化的微柱扫描电子显微镜被作为提高扫描电子显微镜通量的方法提出，但静电透镜和磁透镜的设计局限需要进一步研究。

（三）关键尺寸测量与光刻过程控制

随着微纳结构日趋复杂，光刻测量技术不断面临新的挑战，而新材料在各种工艺中的应用更增加了挑战性。由于光刻确定了器件的关键尺寸，许多微纳器件的参数控制始于光刻掩模测量。掩模测量技术包括确定印刷光的相位。尽管光刻掩模板上的图形特征比印到光刻胶上图形特征大 4 倍，但相移和光学邻近效应修正差不多是印出来的一半。实际上，掩模误差因子越大，可能要求掩膜级的工艺控制更严格，因此要发展更精确的掩膜测量技术。无论是晶片上的关键尺寸测量还是光刻胶上的关键尺寸测量都越来越困难。过程控制和产品检测所需的测量技术不断驱动光刻测量不确定性的改善。

在线有效曝光量和焦距监视器将传统基于显微镜的尺寸测量技术的应用扩大到了光刻过程控制，因为同样的系统可以进行关键尺寸和光刻胶的测量，以及光刻过程的监视。目前这种测量技术的过程控制能力和效率正在提高，支持这一新用途的基础设施通常也是具备的。针对光刻过程控制的有效曝光量和焦距检测器也被用于传统的光学测量系统，如用在光刻胶的测量上。同样的功能，不仅用于关键尺寸的测量，还可用于微纳结构的侧壁和高度的测量。在这些情况下，系统输出的是光刻过程控制参量（曝光量和焦距）自身的测量值，而不是为了过程控制而进行关键尺寸的测量。前者对曝光量的 3σ 测量误差低于 1%，对焦距的 3σ 测量误差小于 10nm，而后者，每个结构的关键尺寸是曝光量和焦距的复杂函数。

没有哪一种测量方法或技术能够给出所有需要的信息。因此，为了使不同的尺寸测量设备和方法的结果可以进行有意义的比较，重复性和精度以外的参数也需要被强调。测量技术需要考虑相对精度（对关键尺寸的变化敏感，对二次特征的变化不敏感）、绝对精度（可溯源到绝对长度单位）、线边缘粗糙度、抽样以及测量的破坏性。

（四）材料和污染物的检测

新材料的应用、特征尺寸的减小、低温工艺、新器件的出现，不断挑战着工艺发展和质量控制所需进行的材料检测和污染分析。为了对器件的性能和可靠性很关键的指标进行精确测量，通常需要将不在线检测方法相互关联，并与在线物理和电学检测方法相关联。对膜厚或元素浓度等信息的检测精度的要求继续向着更小的误差容限发展。检测方法必须不断向着全晶片测量能力和超净间兼容性的方向发展。

薄膜的倾斜厚度测量已步入亚纳米范围，对现有的光学和声光技术造成困难。目前采用更短的波长甚至 X 射线来克服在线膜厚测量和成分检测中的问题，能够完整理解过程控制的方法更理想。如 X 射线干涉仪可以用来确定薄膜厚度和密度，而 UV 椭圆偏振法可以确定厚度和光学折射率。

通常，非在线方法能够提供在线方法不能提供的信息。例如，透射电子显微镜（transverse electron microscope，TEM）和扫描透射电子显微镜（scanning transverse electron microscope，STEM）可以提供最高的空间分辨率或超薄薄膜和界面层的横截面特性。装配X射线探测和电子能量损失谱（electron energy loss spectroscopy，EELS）仪器的STEM系统可以提供关于界面化学键的信息。高性能二次离子质谱仪（secondary ion mass spectroscopy，SIMS）及其变体飞行时间质谱仪TOF-SIMS，可以提供表面和薄膜堆的污染分析。掠入射X射线反射法可提供薄膜厚度和密度的测量，而掠入射X射线衍射法则能提供关于薄膜晶格结构的信息。场致发射俄歇电子显微镜（auger electron spectroscopy，AES）提供尺寸小于20nm的微粒污染的成分分析。物理特性的非在线检测，如空隙度、孔的尺寸、薄膜黏附性、机械性能等，可用于评价新的材料。

TEM和STEM的成像功能还需要不断发展。TEM/STEM方法需要合适的样品制备方法，如果不注意将会导致虚假测量。为STEM中的环形探测器选择测量角度可使成像对比度从对质厚敏感的不相干成像变为对晶体取向和应力敏感的相干成像。电子能量损失谱EELS对晶格定向的样品可以获得原子间距级的空间分辨率，因为这个极高的空间分辨率，EELS可以用来检测界面区域。

环形暗场成像的STEM和EELS正在成为实验室的常规手段，但在实际应用中，其空间分辨率通常被真实的器件样品所限制，因为无定形和无序结构的界面增加了探针相互作用体积，超过了完美晶体中的原子间距。基于聚焦离子束的常规样品制备方法得到的样品通常在100nm的厚度范围。对于如光刻胶横截面测量和门侧壁角度的测量等应用是够用的，但有些应用为了优化成像和分析中的空间分辨率，要求样品厚度小于50nm。图像重建软件的发展提高了界面成像的图像分辨率。TEM/STEM技术的多项进步目前已实现商业化，包括透镜像差校正和电子束单色器等。像差校正扫描STEM方面的突破很有希望，能够显示结中的单个错位原子。通过采用高亮度电子源，可以降低加速电压而提高分辨率，这使TEM能在低于损伤能量阈值的情况下进行测量，解决了脆性材料（如碳纳米管和石墨烯）的高分辨率检测问题。所有这些TEM/STEM工具的进步也提高了对样品制备的要求，如要求样品更薄、样品表面损伤更小。

虽然目前普遍认为距离应用还很远，但能够产生器件结构的三维模型的电子形貌测量技术，可能在微纳米测量与测试中扮演越来越重要的角色。形貌测量对样品制备的要求相对较低，因为表面损伤区域可以从重建中被去除，而样品通常希望更厚。

传统能谱仪和一些色散光谱仪的改进使得可以在超净间内的扫描电子显微镜（scanning electron microscope，SEM）上进行粒子和缺陷分析。新的X射线探测器将可以分辨X射线峰的细微化学位移。微热量计能谱仪和超导隧道结技术具有X射线能量分辨能力，能够使重叠的谱峰分开，而目前采用锂漂移硅探测器的能谱仪是不能分辨的。这些探测器也可以用于微X射线荧光系统，用电子束或微聚焦X射线束作为激发源。X射线光电子能谱仪（X-ray photoelectron spectroscopy，XPS）目前广泛用于确定厚度在50nm以下薄膜的厚度和成分。

（五）新材料和新器件引起的微纳米测量与测试技术

新的材料和器件的研究工作对交叉学科的微纳米测量与测试技术提出了如下需求：

- 纳米尺度结构的特性描述和成像；
- 界面和嵌入纳米结构的测量；
- 纳米尺度结构中的空缺和缺陷检测；
- 纳米尺度缺陷在晶片级上的特性分布图；
- CMOS（Complementary Metal-Oxide-Semiconductor Transistor）系统中的测量；
- 分子器件的测量；
- 大分子材料的测量；
- 直接自组装中的测量；
- 对探针—样品相互作用的建模和分析；
- 极端缩减器件的测量；
- 对微纳制造环境安全性和健康性的检测。

目前多学科交叉微纳米测量与测试技术的研究热点主要有[3-10]以下 3 个方面。

1. 石墨烯测量技术

目前，国际上很多学者在研究石墨烯材料、器件和测量技术。测量技术是决定石墨烯性能的关键促成者。化学气相淀积（chemical vapor deposition，CVD）工艺是制造大面积石墨烯的一个方便的途径，很多关键性能可以用常规方法测量，如层数是否存在空隙（可能是缺失的颗粒），以及载体迁移率等。确定整个样品上的石墨烯的层数是石墨烯研究中的一个重要问题。低能电子显微镜、拉曼光谱技术、光学显微镜（当空间分辨率要求较低时）已被成功用于确定石墨烯的层数。双层石墨烯的旋转错定向可以用高分辨率 TEM 和 STEM 来确定。单层石墨烯中的电子—空穴涡流可用单个电子显微镜观察到，归因于下面的二氧化硅层的电荷不均匀性。CVD 石墨烯的颗粒尺寸可以用常规方法测量，采用暗场 TEM。这些测量研究工作证明了基底特性对整个器件性能的重要性。

2. 三维形貌测量

随着微纳器件几何复杂性的持续增加，越来越需要将三维形貌测量技术扩大到亚纳米级分辨率。电子和 X 射线形貌测量技术都有达到亚纳米级分辨率的潜力。在任何形貌测量技术中，成像技术需要在多个不同角度成像。通过采用像差校正的 STEM，电子形貌术的原子级分辨率已得到验证，而亚纳米级分辨率的 X 摄像形貌术，样品制备要求较简单，随着劳埃透镜的采用，也显示出应用潜力。

3. 扫描探针显微术

扫描探针显微术 SPM 是一个平台，在此平台上，各种具有横跨 50 ~ 0.1nm 空间分辨率的研究局部结构和特性的工具不断被研发出来。扫描电容显微镜、扩散电阻显微镜和导电针尖原子力显微镜被用于掺杂浓度分布图的测量，空间分辨率由掺杂浓度决定。最近在 SPM 方面的发展包括样品和针尖上的与频率相关的信号、多频率的同时扰动、针尖扩展测量范围和分辨率。

高空间分辨率局部特性探测技术面临的挑战是，这些工具要用在工业环境下的不断缩小的有源器件和复杂的材料系统中。首先，把一项测量方法从实验室应用到商业化所用的时间导致其可能性和可用性之间存在距离。其次，随着尺度的不断减小，需要不断提高空间分辨率。对一些 SPM 工具，其基本原理限制了极限分辨率，而另一些工具因为太新，其极限分辨率还没有被充分研究。目前对针尖和悬臂梁的研究，很多商家提供专用的 SPM 悬臂梁和针尖，但其复现性通常是一个问题，更重要的是，市场上的悬臂梁和针尖与 SPM 工具发展所需要的悬臂梁和针尖之间存在差距，尤其是当为 SPM 工具的研究而设想的针尖具有内嵌的电路和复杂的结构时，就更为困难。另外，纳米尺寸的物理结构缺乏标定标准也是一个严重的问题。在高空间分辨率下，可以用原子结构作为长度标准。碳纳米管被推荐作为另一个通用的标准，它也可以用于静电特性的标定。纳米长度的标准标定过程还需要继续研究。

（六）参考物与参考系统

测量中的参考物具有一种或多种用于标定测量仪器的稳定特性。参考物是测量技术的一个关键部分，因为他们为通过不同测量方法或类似测量仪器在不同地点、模型或实验中获得的数据进行比较建立了一个码尺。参考物在仪器的调试和基准测定中也非常有用。

微纳米测量与测试的参考物有两种基本类型。

第一种是被标定的人造物体，能够给测量提供一个参考点。这种参考物可以有各种来源，形式和等级也多样。这种标准很重要且很有用，但其用途趋于受限。对参考物的不正确使用和对结果的不正确解读都是要避免的。与这种参考物及其测量认证有关的技术要求包括：参考物的材料必须具有在使用中保持稳定的特性；认证合格的材料特性中的空间和时间变量必须小于所追求的标定不确定性；参考物材料的测量和认证必须以标准化的认证程序进行。在很多测量领域，目前还没有满足这个要求的测量方法，只有当基本的测量程序被证明，参考物才可以被生产。

在一个使用参考物进行的工业测量中的最后的测量不确定性是参考物的被认证的不确定性与参考物和被测物相比较的附加不确定性的组合。因此，参考物中的不确定性必须小于测量最终所追求的不确定性。工业上的经验法则是，参考物的认证值的不确定性必须小于被评价制造过程的变化量的 1/4，或者用被参考物标定过的仪器进行控制。在需要精确测量的应用中，参考物的精确度应高于 1/4 所追求的最终测量精度。

第二种参考物是用来对测量工艺控制关键参数的工具的精确性进行测试。最典型的参考物是来自于制造过程中的产品。被测试的测量工具被设计用来精确测量一个给定产品的某种特征，如线宽。这个产品包容细微的，但非常重要的可能影响测量精确性的过程变化。测量者的责任是理解重要的难以被被测工具测量的过程变量，并将它们合并到一系列测试参考物中。这些测试参考物必须被合格的参考测量系统精确测量。

参考测量系统是一台或一系列仪器，其在尺寸测量中的优势能力能够相互补充。一个参考测量系统的特征描述要用尺寸测量技术能够提供的最好的科学和技术：应用物理、统计学、相关标准、测量误差处理等。由于参考测量系统的特征被很好地描述，它就比任何生产制造中用到的仪器更精确，可能高出一个数量级。一个参考测量系统必须足够稳定，使得其他测量系统可以与之相关联。参考测量系统可用于追踪一个工厂的测量仪器之间的测量差异，从而一直控制这些制造中使用的测量仪器的性能和匹配性。由于对这些仪器的性能和可靠性的要求，参考测量系统需要比其他仪器高得多的保养、安全和测试。通过这些“黄金”仪器可以促进生产和降低成本。但是，由于微纳制造的特点，这些仪器必须放在超净生产环境下，这样测量才可以进入工艺流程。

三、本学科国内外研究进展比较

（一）微细测量技术

目前，在微细几何量和表面形貌测量方面国际上仍主要采用光学方法。外差干涉法是将被测位移量引入到外差信号的频率或者相位变化中，再将这种变化测量出来。这种方法很容易达到较高的测量分辨率，且抗干扰能力强，但普遍存在非线性问题。显微干涉法的测量范围为微米级，垂直分辨率可达亚纳米级，水平分辨率为微米到纳米级，在边缘具有大于2λ的高度跳跃模糊点。X射线干涉法是一种测量范围大，较易实现的纳米级测量方法，采用 X 射线经过硅晶格衍射后的干涉信号作为测量信号。该方法具有皮米级的测量分辨率和较好的测量稳定性，但是测量范围很小。法布里—珀罗干涉法将来自可调谐激光器的某一频率的光穿过 F–P（Fabry–Perot）标准具，将此频率与一参考激光的输出进行混频，测出两者的频差，据此可测出 F–P 标准具腔长的变化。该方法可达到皮米级的测量分辨率，但其测量范围很小，对环境条件要求比较高。光栅干涉仪是采用光栅作为分光元件，使其衍射光束相干。光栅干涉法使光程差不受被测位移的影响，测量基准为光栅常数。光栅的刻线精度成为影响测量精度的主要因素，目前这种方法可以达到的分辨率为纳米级。偏振干涉法是利用激光的偏振特性，通过相位测量实现的，该方法可达到亚纳米级分辨率。但是偏振干涉法给测量带来了一定的非线性误差，这主要是由偏振分光器件、四分之波片等缺陷及位置误差引起的。基于光学法测量几何参数的优点，综合各种光学微纳米测量与测试方法的光学自动化监测（automatic optical inspection，AOI）广泛应用于各种领域。目前各国都在加大力度研究光学微纳米测量与测试方法，开发各种自动、精密、智能的光学微纳米测量与测试系统。

国内在微米及亚微米级测量精度的几何量与表面形貌测量技术方面已趋于成熟，出现了具有 0.01μm 精度的双频激光干涉测量系统，具有 0.001μm 精度的光学与触针式轮廓扫描系统等。清华大学研究成功的在线测量超光滑表面粗糙度的激光外差干涉仪，以稳频半导体激光器作为光源，其纵向和横向分辨率分别为 0.39nm 和 0.73μm。中国计量学院、浙江大学等设计研制了基于双 F–P 干涉仪的新型纳米测量系统，仿真实验表明，纵向分辨率可达 0.1nm。中国计量学院、清华大学等研制了用于大范围纳米测量的差拍 F–P 干涉仪，其分辨率达 0.3nm，测量范围 ±11μm，总不确定度优于 35nm。天津大学提出了一种高分辨率、高频响的光栅纳米测量细分方法——动态跟踪细分法，能够在 400 细分时实现 100kHz 以上的频率响应速度，配合信号周期 2μm 的光栅传感器，可以得到 5nm 的测量分辨率，较好地解决了光栅纳米测量的信号处理过程中的高速度与高分辨率、高准确度的矛盾。

（二）高深宽比微纳结构测量

在微纳器件，特别是纳米器件的设计与制造工艺过程中，常常采用深沟槽结构。为了吸纳有效的工艺控制，在制造过程中需要对深沟槽结构尺寸进行在线、非破坏性的纳米级精度检测。已有的用于深沟槽特征精密测量的方法包括表面形貌测量仪、原子力显微镜（atomic force microsope，AFM）、扫描电子显微镜、聚焦离子束显微镜等。表面形貌仪更适合于测量表面形貌变化较慢的浅沟槽，由于光线无法入射到深沟槽底部并有效反射出来，因此很难测量特征尺寸很小且深宽比很大的深沟槽。用原子力显微镜测量高深宽比结构时需要改进 AFM 针尖，使针尖深入到沟槽内部时能够避碰。当特征尺寸达到纳米级时，进一步改进 AFM 针尖将面临更大的困难和挑战。用扫描电子显微镜测量深沟槽结构时，需要切开器件并制成剖面试样，本身是一种具有破坏性和损伤性的测量方法。如何实现深沟槽结构的高效、高精度、无破坏、低成本的测量，是纳米测量中一个待解决的关键问题。

近年来出现的红外光谱测量技术为解决深沟槽结构的纳米测量提供了一个方向。与其他方法相比，红外光谱由于对样品没有任何限制，因而成为一种公认的重要分析工具，并在很多领域获得了广泛的应用。由于硅具有非常好的红外透过性，因此傅里叶变换红外光谱技术作为一种快速、无损的检测技术，已逐渐成为微电子加工过程中一种理想的检测手段。德国英飞凌公司研究基于傅里叶变化红外光谱方法，用于常规深沟槽、瓶状深沟槽和多晶硅填充沟槽的无损检测，对不同沟槽填充深度进行了测量，获得了满意结果，并且可以获得全场硅片的测量结果分布图。与之相比目前国内在这方面的研究几乎还是一个空白。华中科技大学对深沟槽结构纳米测量的关键科学问题进行研究，并开展基于模型的红外反射谱测量设备原理样机的研制和测量设备在纳米制造工艺检测与控制中的应用研究。

（三）微纳结构动态特性测试

与宏观机械结构一样，纳米器件或纳米系统的实验模态分析也包括振动激励、振动测量和模态分析三个基本环节。由于纳米器件的尺寸小、质量小、运动幅度小、振动响应频率高等特点，使得传统的接触式测量和力锤激振等常规手段难以满足这些要求，因而对纳米器件的运动量测量和激振技术都提出了新挑战：①纳米器件或纳米系统结构共振响应的最大振幅从微米级到纳米级，其运动速度往往很大，因而要求纳米结构动态测试技术及设备达到纳米级甚至更高测量精度；②纳米结构的共振响应频率非常高，因而要求纳米结构动态测试设备也具有这样高的频率响应特性，应具备捕获纳米结构超高频超高速运动细节的能力；③纳米结构本身的尺寸非常微小，基于压电、光弹、应变等效应的接触式测量方法显然无法胜任，因而要求采用基于光学的非接触式无损测量设备，如激光多普勒测振仪、频闪显微干涉系统、微视觉系统、电子散斑干涉测量系统、光纤干涉测量系统等。其中，激光多普勒测振仪是一类应用最广的非接触无损测量设备，在宏观结构和微纳结构的动态测量方面获得了广泛应用。

美国麻省理工学院开展了基于频闪微视觉系统的微纳结构动态特性测试研究，测量精度高达2.5nm，最高测量频率达100kHz以上，平面内空间分辨率为500nm。美国加州大学伯克利分校研制开发了集频闪干涉测量与频闪视觉测量为一体的系统，可同时实现平面垂向运动和平面内运动测量，测量精度分别达1nm和5nm，最高测量频率达1MHz，平面内空间分辨率为500nm。美国圣地亚国家实验室开展了基于基础激励的微系统动态测试研究，采用压电激振台实现微结构的基础激励，其中激励频率范围为1～100kHz，在微悬臂梁的动态测试中得到了良好的效果。国内在微纳结构试验模态分析方面也进行了尝试。清华大学开展了原子力显微镜悬臂梁的动力学测量，采用了多普勒激光测振仪，实现了单个点频率响应函数的获取。华中科技大学和天津大学各自开发出来具有自主知识产权的频闪视觉干涉三维测量系统。在微纳结构实验模态分析研究上，西安交通大学、中北大学、中国科学院上海微系统与信息技术研究室、清华大学、北京邮电大学等分别对某个具体结构的模态分析模型开展了研究，但在实际应用中还有很大局限性，还不能作为纳米器件设计和开发的理论依据。

（四）纳米测量技术

纳米技术的研究离不开分析测试工作——纳米测量技术或纳分析和纳探针技术。其中纳探针技术发展迅速并较为成熟，随着20世纪80年代扫描隧道显微镜（scanning tunneling microscope，STM）的出现，使人们能直接观察到物质表面的原子结构，把人们带到了微观世界。STM 具有极高的空间分辨率（横向可达 0.1nm，纵向可优于 0.01nm）和广泛的适用性，在国际一度掀起 STM 的热潮，并在一定程度上推动了纳米技术的产生与发展。基于 STM 发展起来了一系列利用探针与样品的不同相互作用来探测表面或界面纳米尺寸上表现出来的物理与化学性质扫描探针显微镜 SPM，如原子力显微镜，AFM、磁力显微镜（magnetic force microscope，MFM）、摩擦力显微镜（lateral force microscope，LFM）、弹道电子发射显微镜（ballistic electron emission microscope，BEEM）、光子扫描隧道显微镜（photon scanning tunneling microscope，PSTM）、扫描电容显微镜（scanning capacity microscope，SCaM）、扫描近场光学显微镜（scanning near field optical microscope，SNOM）等。另外，光学测量技术在纳米测量方面也得到长足的发展。超短波长干涉测量技术随着一些新技术、新方法的应用亦具有纳米级测量精度，如外差干涉光学轮廓仪具有 λ/2000 约 0.1nm 的分辨率，X 射线干涉测量仪是以硅的 101 面的晶格间距约 0.2nm 作为测量基准，具有 0.01nm 的分辨本领。而微细结构的缺陷如金属聚积物、微沉积物、微裂纹等测试的纳米分析技术目前发展尚不成熟。据报道国外在该领域的研究工作主要有用于体缺陷的激光扫描层析技术（laser scanning tomograph，LST），其探测微粒尺度的分辨率达 1nm；用于研究样品顶部几个微米之内缺陷的情况的纳米激光雷达技术（Nanolidar），其探测尺度分辨率亦达 1nm。

从我们国家质量技术监督局的标准化管理来看，除了透射电子显微镜、扫描电子显微镜、粒度仪有计量检定规范外，其他纳米测量仪器尚无计量检定规程。这些检定规程和标准中使用的标准参考物质均为微米级，还不能标定纳米量级的尺寸。这些标准物目前尚无溯源性要求，这对计量量值的统一和传递是不利的。

四、本学科发展趋势及展望

微纳加工和制造离不开微纳米测量与测试技术，微纳米测量与测试是微纳技术的重要方面之一，因此，微纳米测量与测试技术不仅是微纳技术实用化过程的焦点，而且是计量测试领域的研究重点。微纳米测量与测试技术的研究可分为两方面：应用与研制先进的测试仪器，解决微纳加工中的微纳米测量与测试问题；从计量学的角度出发分析各种测试方法的特点，如使用范围、精等级、频率响应等。

图 4[11] 是欧洲计量研究领域项目 iMERA 绘制的微纳米测量与测试技术随着微米纳米技术的发展路线图。未来微纳米测量与测试技术的主要研究工作包括：新型微纳米测量与测试原理、测量方法的研究；微纳米测量与测试系统中的控制机理研究；新型微纳米测量与测试系统的设计与制造，包括涉及纳米级探针的研究制造；测量精度理论研究与误差修正；纳米测量中的尺寸标定技术；标准参考物的溯源性研究；用标准参考物标定其放大倍率的各种仪器（各种电子显微镜、各种扫描探针显微镜、粒度仪等）的标准测试方法的制定；测量系统中的非线性补偿技术、信号图像的计算机处理技术等。微纳米测量与测试

技术的发展重点将主要集中在提高检测系统的性价比，实现在线监测，通过一系列相关技术的研究，使微纳米测量与测试技术向实用化方向发展，开发研制适用于微电子、精密机械、精密加工、微机电系统、纳米材料、生物工程等领域的纳米测量仪器等。纳米测量技术与计算机通信及网络技术的结合将是其发展的一个新趋势。测试与通信、网络技术的结合可实现远距离控制与传输，并且可实现测试硬件、软件、测试技术、经验及测试信息的共享，可实现任何地点、任何时间对测量信息进行远程访问。

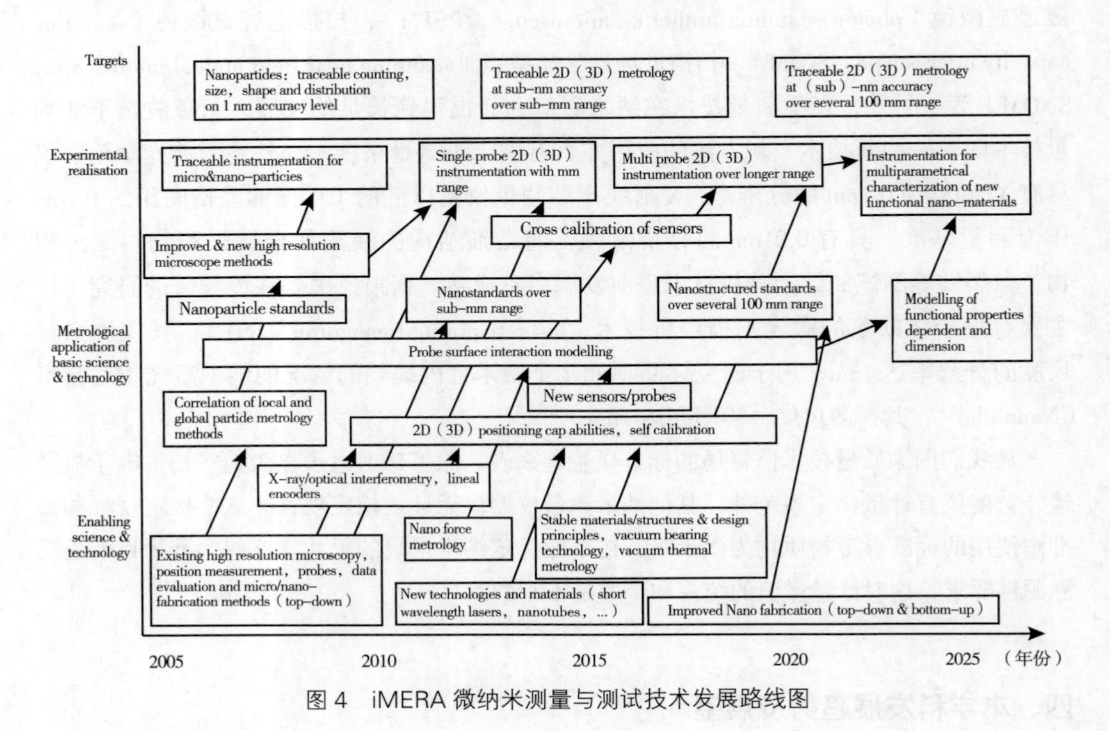

图 4　iMERA 微纳米测量与测试技术发展路线图

参考文献

［1］Hansen H N，Carneiro K，Haitjema H，et al. Dimensional Micro and Nano Metrology［J］.Annals of the CIRP，2006，55（21）：721–743.

［2］MEMS industry group. MEMS testing standards：a path to continued innovation，workshop report on MEMS testing standards workshop，MEMS industry group［R］. San Jose：CA，2011.

［3］Huang P Y，Ruiz–Vargas C S，Van der Zande A M，et al. Grains and grain boundaries in single–layer graphene atomic patchwork quilts［J］. Nature，2011，469：389–392.

［4］De Chiffre L，Carli L，Eriksen R S. Multiple height calibration artefact for 3D microscopy［J］. CIRP Annals–Manufacturing Technology，2011，60（1）：535–538.

［5］Hansen HN，Tosello G，Gasparin S. Dimensional metrology for process and part quality control in micro manufacturing［J］. International Journal of Precision Technology，2011，2（2–3）：118–135.

［6］He M X，Lu X，Chen X，et al. Design and Fabrication of a Micro–Capacitor for Nano Probing System［J］.

Applied Mechanics and Materials, 2012, 105-107: 2255-2258.
[7] Andrew Yacoot, Ludger Koenders. Recent developments in dimensional nanometrology using AFMs [J] . Meas. Sci. Technol., 2011, 22 (12): 122001.
[8] Guo T, Wang S M, Fu X, et al. Development of a Hybrid Atomic Force Microscopic Measurement System Combined with White Light Scanning Interferometry [J] . Sensors, 2012, 12 (1): 175-188.
[9] Zhao J, Guo T, Ma L, et al. Metrological atomic force microscope with self-sensing measuring head [J] . Sensors and Actuators A-Physical, 2011, 167 (2) 267-272.
[10] Osten W, Ferreras Paz V, Frenner K, et al. Different approaches to overcome existing limits in optical micro and nano metrology [J] . Proc. SPIE. 2011 (8011): 80116K- (1-30) .
[11] Eberhard M, Gerd J, Tino H, et al. Recent developments and challenges of nanopositioning and nanomeasuring technology [J] . Meas. Sci. Technol., 2012, 23 (7): 074001.

撰稿人：尤　政　董　瑛　王晓浩

ABSTRACTS IN ENGLISH

Comprehensive Report

Non-traditional Machining and Micro & Nano Manufacturing

In the past three decades, non–traditional machining technologies and micro&nano manufacturing technologies have made remarkable achievements, and have been widely used in aviation and space flight, energy power, automobiles, biomedicine, communications, consumer electronics and other fields.

In the field of electrical discharge machining (EDM) , five axises CNC EDM sinking machine and high performance high speed travelling wire EDM machine have been developed. Meanwhile, some new EDM methods, such as blasting erosion arc machining, controllable combustion induced by EDM, micro–detonation of striking arc machining, have been proposed to efficiently prepare the so called difficult–to–cut materials especially the refractory alloys. In the field of electrochemical machining (ECM), some new methods, such as three–electrode feeding ECM, an active distributary electrolyte flow mode, W–shaped electrolyte flow mode, high performance electroforming, have been developed to improve the machining precision and surface qualify. The ECM machine for shaping blade profiles of blisk has also been successfully developed in China. In laser machining, a series of important progresses have achieved in thin–walled titanium alloy laser welding, laser surface hardening material system and laser etching. In the area of additive manufacturing, the world's largest laser direct manufacturing equipments for high–activity difficult–to–machine metals such as titanium alloy structure and the high performance key integral components with the largest size and the most complicated structure of titanium alloy or high strength steel have been successfully fabricated. It indicates China is in the world leading level in some aspects of additive manufacturing.

In the field of micro&nano design technologies, the device design cycle has been effectively shortened for emerging of MEMS pan–structured design method, three–dimensional design software, and the research of structure and circuit co–design technologies, which meet the MEMS design requirements. In area of micro&nano fabrication technologies, researches have greatly improved resolution, mass production and controllability of micro&nano fabrication. Applications of nano materials in micro&nano fabrication technologies have showed promising prospect in biological and medical areas. After years of efforts in China, micro&nano fabrication technologies have been enhanced significantly, and have possessed the capability from laboratory to pilot scale experiment.

In micro&nano packaging technologies, wafer level packaging technologies and vertically stacked integrated packaging technologies gradually become the mainstreams. Nano packaging technologies can effectively make use of good physical characteristics of nano materials. In recent years, wafer level packaging technologies and vacuum packaging technologies have been used in mass production of MEMS gyroscopes and accelerometers in China. Currently, achievements of micro&nano measurement and testing technologies have reached accuracy of nanometer level, and realized non-destructive measurement and testing. But with the development of micro&nano manufacturing technologies, micro&nano measurement and testing technologies will encounter more challenges.

With the demand drawing from national strategic industries such as aeronautics and astronautics, as well as finical support provided by "National High Technology Research and Development Program of China" and "High-Grade CNC Machine Tools and Basic Manufacturing Equipments-Key National Science and Technology Special Project", nontraditional machining technical gaps with the foreign countries have been shorten with numerous high-level scientific achievements. Original techniques that possess independent intellectual property have attracted extensive attention worldwide. Research on nontraditional machining technologies in China has developed from tracking imitation to independent innovation, and some achievements are at the leading level worldwide. Although a wide gap exists in high-end equipments of nontraditional machining, China has been one of the global research and production centers for nontraditional machining technologies.

In field of micro&nano manufacturing technologies, China has mastered related technologies of design, fabrication, measurement and testing, packaging, and so on. A series of typical MEMS devices have been created and some of achievements have reached the international advanced level. There are also bright spots in aspect of commercialization. The transforming performance of scientific and technological achievements to productivity has gradually increased. However, the following research and application are still the main directions. There are few achievements with innovation and independent intellectual property rights. High-end equipment of fabrication, measurement and testing, and packaging relies heavily on imports, and related research and development are badly lagged behind.

With the developing of modern aerospace, energy, medical and automobile industries and the applying of more and more new engineering materials, nontraditional machining will be applied more and more widely in processing difficult-to-cut material, acquiring complex shape and machining micro parts. The great progresses should be made in machining precision, machining efficiency, machining stability, automatic machining, and intelligent machining in the future.

The directions of micro&nano manufacturing technologies, which should be paid long term attention and researched extensively, are research of basic micro&nano theories, micro&nano cross-scale research of fabrication and modeling, research of micro&nano devices with new principles, research of new manufacturing equipment, and so on. Meanwhile, the Chinese government must play a driving and guiding role in micro&nano manufacturing industry to promote its commercialization.

Written by Zhu Di, Zhao Wansheng, Yuan Weizheng

Reports on Special Topics

Research on the Development of Electrical Discharge Machining

As a typical nontraditional machining process, electrical discharge machining (EDM) removes the workpiece material based on the electro discharge erosion effect of electric sparks occurring between the tool and the electrode that are separated by a dielectric working media. The advantage of almost no reaction force makes EDM a powerful process for machining cavities with thin walls and complex geometries. The temperature of discharge channel is usually about 8000 to 12000 ℃, which make it able to process so called difficult-to-cut materials such as quenched steel, tungsten, CBN or even PCD regardless to their hardness. This report will give a detailed summarization about the latest progress and put forward the development strategy in the future from the aspects of EDM mechanism, equipment, novel processes, and micro EDM.

In the field of EDM equipment, some research teams independently developed five axis CNC-EDM sinking machines. For example, Suzhou Electrical Machining Machine Tool Research Institute revealed its 30, 40, and 50 series of 5-axis precision EDM machines based on their researches together with Suzhou Sanguang Co. and Shanghai Jiao Tong University. These machines successfully demonstrated the capability of machining complex parts such as turbine blisks. Beijing Electrical Machining Research Institute also has concluded their development of a series of 5-axis precision CNC-EDM machines, such as DK7132, DK7140, DK7150 (AA50) and N850. They won a first-grade prize of China Machinery Industry Science and Technology Award China in 2011. Other achievements related to 5-axis CNC-EDM machine including high efficiency, high precision numerical controlled pulse power supply, 5-axis numerical control system, high speed tool jumping system, CAD/CAM system for shrouded blisk machining, et al.

For processing the difficult-to-cut materials especially the high-temperature alloys more efficiently, Chinese researchers also developed a high efficiency electro machining method to satisfy the requirement of bulk stock removing. A novel low cost, high efficiency material removal process namely the Blasting Erosion Arc Machining (BEAM) is proposed by Shanghai Jiao Tong University and is implemented to perform bulk removing of difficult-to-cut alloys. Compared with conventional EDM process, the BEAM process erodes the workpiece materials with electrical arcing instead of sparking. While machining the Inconel718 with current of 450 A, its MRR exceeds 14000 mm^3/min, meanwhile, the relative tool wear ratio is about 1%. The mechanism of arc breaking in BEAM is dominated by the hydrodynamic arc breaking, which induced by the strong flushing enabled by a multi-hole electrode. The hydrodynamic force distorts, elongates or even breaks the arcing plasma column, resulting in an extremely drastic explosive removal of molten material, thereby contributing to the significantly high efficiency machining. Suzhou Electrical Machining Machine Tool Research Institute also launched a high efficiency electrical discharge milling machine and achieved material removal rate of 3000mm^3/min when removing high temperature alloy such as Inconel718.

For increasing the material removal rate of titanium alloys, Nanjing University of Aeronautics and Astronautics proposed a new process namely controllable combustion induced by EDM. In which high-pressure oxygen is supplied into the inter-electrode gap to induce a controllable combustion by the discharge of EDM. Compared with machining with conventional EDM, this process not only improves the material removal rate but also reduces the relative tool wear ratio. Furthermore, it can perform a hybrid process combined with turning-like motion to achieve a better performance.

A new machining technology was proposed by the Academy of Armored Forces Engineering. The new process is dedicated to machine the hard and brittle materials, such as engineering ceramics, it is so called micro-detonation of striking arc machining (MDSAM). This process is based on the principle of strong shockwave generating transient dynamic high-pressure, physical theory of vacuum discharge, and high-power pulse technology can be used to machine the geometries such as holes, ladder plane, column surface, and abnormity plane. Research team of Harbin Institute of Technology successfully machined profiled holes, through holes, blind holes in insulating ceramics such as zirconia and silicon nitride by using EDM with assistant electrode layer. Besides, some new approaches have been developed based on EDM process, such as electrical discharge coating (CDC), electrochemical discharge machining in low conductive electrolyte, and thick ceramic films in-situ formation with micro-arc oxidation method, et al.

In the aspect of fundamental research on the mechanism of EDM, molecular dynamics method was applied by a research teams in Harbin Institute of Technology. It simulates the material removal process and formation and distribution of surface residual stress. They also applied the method to simulate the discharging process with tip electrodes and molecular deposition process in electrical discharge coating in air. Shanghai Jiao Tong University proposed new method to study the energy distributed into electrodes during electrical discharge in EDM, and built a thermo-fluid coupling physical model to predict the crater formation process in near dry EDM. The reliability of this model is verified by comparing the crater dimensions achieved by measurement and simulation. This method provides a new idea for EDM mechanism research including micro EDM and macro EDM.

In the field of micro EDM, researchers have made considerable achievements with support from the High-tech plan of China ("863" major project) and National Natural Science Foundation of China (NSFC) respectively. Researchers in Tsinghua University developed a servo scanning process of 3D micro EDM method to compensate the tool wear in real time. By using this method, 3D micro structure within 1mm^2 can be shaped conveniently, meanwhile, the discharge rate and machining efficiency are greatly improved when applying a tool or work piece vibration. Researchers in Shandong University proposed a piezoelectric self-adaptive micro EDM method to realize self-regulation depending on discharge conditions. Compared with conventional micro EDM, piezoelectric self-adaptive micro EDM is beneficial for expelling the debris, reducing the occurrence of arcing/shorting circuits and realizing the self-elimination of short circuits. In order to eliminate the influence of stray capacitance in circuit thereby minimizing discharge energy in micro EDM, electrostatic induction feeding method was applied by Harbin Institute of Technology. A micro-slit of 32.4 μm in width, a micro-beam of 3.8 μm in width and 100 μm in length were obtained successfully. Micro EDM can not only be applied in remove material, but also can be utilized to deposit material on workpiece surface by controlling the machining polarity and pulse parameters. Researchers in Harbin Institute Technology put forward a reversible micro EDM method which can fabricate micro 3D structures of metal material with high shape accuracy and dimensional precision.

In the aspect of micro EDM equipment, more and more institutes have developed either general purpose or special-purpose micro EDM machines. With the support of 863 High-tech plan of China, Wuxi Micro Research Co. cooperating with Shanghai Jiao Tong University, Dalian University of Technology, Tsinghua University, Harbin Institute of Technology and Nanjing University of Aeronautics and Astronautics, developed a micro multi-function EDM machine which can perform micro EDM, micro ECM and micro USM processes. In order to solve the problem of micro hole machining, Suzhou Electrical Machining Machine Tool Research Institute, Beijing Electrical Machining Research Institute and Tsinghua University proposed micro hole EDM drilling machines individually. Manufacturing Technology Research Institute of China Academy of Engineering Physics and Harbin Institute of Technology also developed their specific micro EDM equipment to machine micro hole array.

With the development of aerospace, energy, medical and automobile industries, demands of applying new engineering materials keep growing continuously. EDM will be applied more and more widely in processing difficult-to-cut materials, for acquiring complex shapes and machining micro parts. The future development of EDM will show the following trends. Firstly, the mechanism of

EDM will be disclosed in depth especially by considering the multi-fields interactive effects, that also inspires people to invent new processes by the deeper understanding of the physics happening in discharge gap; Secondly, how to improve the precision as well as the efficiency of the machine tools will always be considered by the developers; Thirdly, the machining capabilities of EDM in difficult-to-cut material processing can be further extended by applying adaptive and intelligent control technology, new-style power generator, and hybrid machining methods. Furthermore, automation technology, artificial intelligence and green manufacturing should also be considered.

Written by Zhao Wansheng, Lu Zhiliang, Yang Dayong, Li Yong, Wang Zhenlong, Kang Xiaoming, Gu Lin, Xu Junliang

Research on the Development of Wire Electrical Discharge Machining

Wire electrical discharge machining (WEDM) is a special form of traditional electrical discharge machining (EDM) process in which the electrode is a continuously moving electrically conductive wire (copper or molybdenum wire). The mechanism of material removal in WEDM process involves a complex erosion effect by rapid, repetitive and discrete spark discharges between the wire electrode and the work-piece in dielectric fluid. WEDM has been a key processing technology in precision mould, aerospace, military industry, automotive industries, semiconductor and other manufacturing fields. It plays an extremely important and irreplaceable role in relevant manufacturing fields.

In this report, the concept, classification and characteristics of WEDM were firstly introduced. Then the latest development status in the field of WEDM was reviewed. In terms of reciprocating traveling WEDM, several parts are as follows. Numerical control system and automatic control technology has made great progress, mainly including WEDM automatic programming technology based on images from a scanner, closed-loop adaptive AC servo wire electrode tension control system, five axes and multi-axes movement control technology, corner machining control strategy for WEDM, intelligent expert control technology and so on. The development of pulse power technology mainly includes precision pulse power and energy-saving pulse power. Research on dielectric fluid is mainly about effects of quality and performance of dielectric fluid on process index of WEDM. Multiple cut adopts new method to optimize the processing parameters. Other aspects of the research are mainly focused on the processing of new materials and large-scale parts. The development of unidirectional traveling WEDM includes several following aspects. One is numerical control system and automatic control technology. It mainly includes development of new type of CNC system, variable thickness identification and adaptive control technology, automatic wire threading technology, thermal deformation control technology, corner machining precision control technology, wire electrode deviation measurement technology, et al. Another is pulse power, including research on new type of pulse power and discharge process intelligent control technology. About aspect of micro WEDM, micro wire electrode tension control technology and pulse power were introduced.

Through analysis and comparison of the WEDM technology between China and the developed countries, China has made tremendous progress in numerical control system and automatic control technology, pulse power, process index and so on. However, China has a long way to go to reach the international high level on WEDM technology.

Finally, the development trend and prospects of WEDM technology were put forward: high machining accuracy, high processing efficiency, fine WEDM technology, special areas and special parts of WEDM technology, development of intelligent system, green and environment-friendly WEDM technology and so on.

Written by Bai Jicheng, Liu Zhidong, Zhu Ning, Wu Guoxing, Han Fuzhu, Zhang Jianhua, Li Liqing, Jiang Wenying, Wang Yukui, Wei Dongbo, Xi Xuecheng, Li Kejun, Zhang Baohua, Zhou Yiming, Wang Yongjuan

Research on the Development of Electrochemical Manufacturing

Electrochemical manufacturing technology, including electrochemical machining (ECM) and electroforming, has play an important role in manufacturing industry. Recently, electrochemical manufacturing technology has made great progress in china.

In precision ECM, a three-electrode feeding method was developed to improve the machining accuracy of blade, in which there are three axes on the same horizontal plane of the machining tool, including one anode axis and two cathode axes. A new electrolyte flow mode was also proposed to diminish the random error caused by electrolyte flow distribution, in which the electrolyte flowed from the root of blade, across the interelectrode gap, and poured out from the tip of blade. An electrochemical machining blisk channel method with high efficiency, in which three stainless steel tubes as cathode tools moved towards workpiece parts with space trajectories and electrolyte was ejected from the outlets of the tool tube walls to the workpiece to electrochemically produce three blisk channels simultaneously, was developed. The sheet cathode and W-shaped electrolyte flow mode were introduced to prepare the convex part and concave part of blisk by ECM. Electrochemical mechanical machining with non-uniform mechanical effect was developed to solve the forming and finishing problem of roller bearing at the same time. Some new ECM equipments to prepare blade, blisk, and barrel rifle, were developed, and process parameters were also optimized.

In precision electroforming, a new electroforming technique, namely abrasive assisted electroforming technology, was developed. In the technology, hard particles are employed to polish the cathode surface in order to overcome the drawbacks in conventional electroforming processes. During the abrasive assisted electroforming process, the particles would be forced to move around and slightly polish the surface of growing deposition layer to continuously remove the hydrogen bubbles adhered to the cathode surface and smooth deposition surface. On the other hand, the movement of particles could positively affect the microstructure and properties of deposition metal by disturbing the crystallization of ions. A special technology was also proposed for rapid tooling based on rapid prototype, which combined electroforming process with arc spraying process. In this technology, electroforming was used to produce the precision metal shell of a mould, and wire-arc spraying of metal was used to thicken the electroformed metal shell and turn out molds rapidly. As a result, the precision of mould was ensured primly, the mould-making period was shortened and the production cost was reduced.

In electrochemical micromachining, micro multi-stepped cylindrical electrode, micro cylindrical electrode with a spherical end were fabricated by electrochemical micromachining and single electric discharge technology. Mass transport inside the machining gap plays an important role in electrochemical micromachining. The machining stability, the material removal rate and the surface quality for micro wire electrochemical machining can be significantly improved by the enhanced mass transport. The electrolyte flushing along the electrode and ring electrode traveling in one direction were proved to produce microstructures with high aspect ratio, and the micro-vibration of cathode wire might provide the ability to generate high precision microstructures. The side-insulation film on the electrochemical micromachining tool electrode by spin-coating technique was developed to enhance the machining accuracy. Electrical discharge micromachining and electrochemical micromachining were carried out in sequence on the same machine tool with the same electrode but different dielectric medium to enhance the machining precision and shape accuracy. The hybrid method of laser machining and electrochemical micromachining was also investigated. In microelectroforming, to reduce the voids of micro-electroformed parts, a new microelectroforming technique carried out under periodic vacuum-degassing and temperature-difference conditions was introduced.

Finally, the abroad research progress was reviewed, and development trend and prospects of electrochemical manufacturing technology was done.

Written by Qu Ningsong, Zhang Mingqi, Li Yong

Summary of Developments of Laser Manufacturing

Laser manufacturing, as a most active manufacturing technology, is a kind of advanced forming and manufacturing method on parts and components using laser as the tool. This process is achieved by the interaction between light and materials induced the variation of material' s physical state, composition, structure and stress state. This report will give a detailed summarization about the latest progress and put forward the development strategy in the future aiming at the laser manufacturing filed, such as the laser welding, laser cutting & drilling, laser surface hardening and laser etching, etc..

In the field of laser welding, the study for the welding technology of advanced materials, for example, aluminum alloys, titanium alloys, magnesium alloys, high strength steel and high-temperature alloys, is increasingly active in our country. Therein, the laser welding technology of thin sheet titanium alloy is the most mature and successfully realized the application in the field of aerospace, energy, chemical and other high-end equipment. For the laser welding of aluminium alloy, three research institute in our country have great jobs, such as Beijing University of Technology, Beijing Aeronautical Manufacturing Technology Research Institute and Harbin Institute of Technology. They focused on 6056/6156, 2524/7150, 2060/2099 and other new aluminium alloy using high brightness double-beam laser welding technology, and got breakthrough in key-hole laser welding for the stability of the welding process, the welding porosity, cracks and deformation. For the laser welding of magnesium alloys, an important progress has been made in voids formation mechanism of die-casting magnesium alloy by Professor Shan Jiguo team in Tsinghua University. For the laser welding of dissimilar metals, Beijing

University of technology came up with a method called laser deep penetration brazing, and successfully achieved the joining of copper-steel, aluminum-copper and aluminum-titanium butt joint with the thickness of 2 ~ 3mm. About the laser-arc hybrid welding, Beijing University of Technology also has rich experience by advanced testing instrument. The study on the laser and arc characteristics after laser-arc interaction has been systematically conducted and perfects the hybrid welding theory.

In the laser cutting area, hard and brittle materials (e.g. ceramic, glass, silicon, etc.) and low-densitylight materials represented by carbon fiber composite have attracted more and more attention in non-metallic material application field. High quality laser cutting technique of these materials has been highlighted as one of the modern processing techniques. Laser fracture cutting technique including dual-beam cutting and laser-controlled fracture cutting is considered as the main way for such hard and brittle material machining. A number of universities in China, such as Harbin Institute of Technology and Zhejiang University of Technology, have obtained achievements in the research of laser fracture cutting of soda-lime glass and LC glass block. However, the major obstacle of the technique is in curve or angle cutting, especially in internal profiles cutting of thick-section materials. Beijing University of Technology developed the close-piercing lapping cutting technique which provides a feasible solution to achieve high quality crack-free cutting of thick-section ceramics (-10 mm thick) in arbitrary curve and angular paths. A novel method for rapid laser cutting of low-density carbon fiber sandwich panel cores was presented by the cooperation between Harbin Institute of Technology, China and Northeastern University, USA. All these aspects demonstrate the unique advantages of laser high-quality cutting of the advanced materials.

In the laser surface modification area, the modification technology has made some progress on the special materials. One is the nano Al_2O_3/mesoporous WC and carbon nanotube functional material developed by Zhejiang University of Technology. The other is NiCrSiB and $Ni_{25}B$ nickel-based alloy developed by Tsinghua University. Meanwhile, the laser surface modification id developing from single technologies to a variety of techniques combined. Among them, laser composite solid solution strengthening technology has applied directly into the ultra-supercritical 1000 MW unit blade manufacturing. The composite reinforcement based on the interaction of laser and electrochemical and the laser cladding technology are used for the large drawing die mould, injection mould, hot-forging mould and die casting mould, respectively. The research result of "Key technology and its application on the laser composite strengthening and the refabrication" finished by Zhejiang University of Technology won the national prize of progress in science and technology in 2012.

In the laser etching area, researches on laser etching mechanism, process technology, equipments and systems, application developments, and so on have been developed with a steady pace. In the aspect of laser etching mechanism, Lanzhou Institute of Physics has discovered the solid surface stripping mechanism that originated from a sudden change on the thermal parameter caused by the decomposition file: //localhost/app/addword/decompositionat the laser irradiated interface of metal and composite material, thus dominantly controlled by the vapourized pressure. The technique has been developed into the integral patterning of flexible 3-dimensional curved surface of metal film based on short pulsed laser etching. In the aspect of the mechanism of ultrafast laser acting on the metal materials, Beijing University of Technology found that when the pulse width of laser beam increased, the main etching process would changed from the nonequilibrium charge field etching to heat equilibrium etching. Dalian University using the technique of laser multiple-beam interference etching successfully realized the structuring of the Ni_3Al film in one or two-dimensional for the first time worldwide. In the aspect of etching process study, Beijing University of Technology combined the excimer laser etching with electroforming technique, successfully realized highly effective manufacture of microfluidic chips. Zhejiang University of Technology and Jiangsu University made good progress on the aspect of laser processing micro-hole surface structure theory and its processing technique. In the aspect of application study, Shanghai Institute Of Space Power-Sources using the technique of pulsed YAG laser etching on flexible thin-film solar cells, acquired excellent etching result on the composite back reflecting layer Ag/ZnO of PI substrate. Soochow University studied and developed an ultraviolet laser (with the wave length 355 nm) ITO film etching system, and made break through at the preparation of transparent electric conductive oxide ITO membrane electrode used in display screen. In the aspect of developing laser etching equipments, Huazhong University of Science and Technology developed a fine etching system based on 355 nm solid-state ultraviolet lasers. Beijing University of Technology developed laser micro machining system based on 248 nm excimer laser. More and more enterprises are focusing on developing the equipments of laser etching to fit the application requirements of their own field.

Compared with the discipline developments of laser manufacturing overseas, our research closely follows the international developments and makes the considerable progress. But compared with the international advanced level, the following three aspects are the main gap. Firstly, research on engineering application is weak. Secondly, research on the mechanism of laser manufacturing is relatively weak. Thirdly, research of high-end manufacturing equipment lags seriously and depends on foreign imports for a long time.

With the breakthrough of high brightness solid state laser technology, as well as the high-end equipment towards large, green and high-performance will help to promote the rapid development of laser manufacturing. The future development of laser manufacturing will towards the following aspects. Firstly, the mechanism of laser-matter interaction will be studied in deep, especially, with the development of high-brightness fiber laser, ultrashort pulse laser (picosecond, femtosecond, attosecond) and deep-UV laser, laser manufacturing technology and its applications should be expanded. Secondly, the laser manufacturing technologies promoted constantly. Thirdly, constraint of materials and processing should make breakthrough, and makes cross-scale laser manufacturing possible. Fourthly, various new hybrid manufacturing methods, processing, technologies will come true, and applied in engineering.

Written by Xiao Rongshi, Gong Shuili,
Yao Jianhua, Ji Lingfei, Chen Tao, Wu Shikai

Review on the Recent Developments of Additive Manufacturing (3D Printing) Technologies

Recently, Chinese researchers are carrying out investigations focusing on the technical requirements and frontier directions in aeronautics and astronautics areas and have made great progresses. The biggest direct laser fabrication equipment(reaches 4000mm × 3000mm × 2000mm) in the world has been invented, which can be used in the fabrication of large metallic structure parts with highly active and difficult-to-cut properties (such as titanium alloy). The standards for the processes optimization have been established for three dimensional forming and repairing by using lasers. Finally, precise free forming and repairing of titanium alloy and nickel-base super alloy parts have been achieved with better comprehensive mechanical properties than forging. Selective laser sintering (SLS) equipment with large working area was developed. The accuracy and efficiency were improved according to systematical researches. Novel SL processes have been developed to obtain components with ceramics and composite materials. Selective laser melting (SLM) processes and equipment were developed by Huazhong University of science and technology and South China University of technology. The metallurgical mechanism for the metal powder with the interaction of moving laser beam was investigated in order to optimize the scanning process, improve the performance of the fabricated parts, and finally extend the application field. In bio-fabrication area, 3D printing based on controllable cell self-assembly technology and bone/cartilage scaffold manufacturing technology have been developed.

Chinese additive manufacture technologies and industrial scale is in the front rank all over the world. Currently, America occupies 38% of the world's equipment. Following Japan and Germany, China takes the forth position with 9% world's equipment. America ranks first with 71% in the world's equipment production. Europe ranks second and Israel ranks third, with 12% and 10% respectively, while China accounts only for 4%. China has advantages over the developed countries in the R&D aspects and technological applications in aerospace and medical areas. Great progresses have been made, especially in the metal laser deposition technology. However, there is still a huge gap to catch up for Chinese researchers in the aspects of technical standards and extensive applications.

The development trend of additive manufacturing technology is mainly reflected in the following aspects. Firstly, Additive manufacturing (3D printing) machine with high accuracy and low cost will be used as a peripheral to the computer in order to produce consumer goods by using high-performance materials. Secondly, additive manufacturing will be used to produce functional parts. Normally, a laser or electron beam is utilized to melt metal powder directly. Accuracy and performance of the fabricated components will be improved in the future and new additive manufacturing processes should be developed to produce parts with ceramic or composite materials. Thirdly, additive manufacturing equipment will become "smarter" by improving the intelligent and automated levels. Lastly, texture and structure of a part will be controllably fabricated, and finally integration of structure design, material preparation, and manufacturing will be achieved. Newly developed additive manufacturing technologies will support the fabrication of complex components with biological tissue or composite materials. Moreover, additive manufacturing will bring a revolutionary development to the manufacturing technology.

In the recent 5 years, additive manufacturing technology has rapidly developed in United States. There are five main leading factors which pushed the development of additive manufacturing: the socialized applications of low-cost additive manufacturing technologies, the industrial applications of directly fabricated metal parts, the fabrication technologies for biological materials and structures based on the additive manufacturing approach, and the artwork design and creation using additive manufacturing technology. Direct manufacturing technology of metal parts in China has been researched up to the international leading level, also for the applications. For example, large scale metal parts have been fabricated by Beihang University, Northwest Polytechnical University, and the Research Institute of Aviation Manufacturing in Beijing, which were applied in the developing stage of new aircrafts and significantly reduced the developing cycle. The related research and application results have been awarded the first prize of national technological invention in 2012.In 2011, Huazhong University of Science and Technology was awarded the second prize of national technological invention for the research and application of the large scale laser selective sintering equipment. China has also carried out a lot of frontier research works in bio-fabrication, especially in tissue engineering, permanent implant medical devices in vivo and rehabilitation medical device.

In China, partial technologies in additive manufacturing equipment are comparable with international advanced technologies. But our technologies still have a long road behind the aboard advanced ones in other closely related aspects, such as key parts, materials, intelligent control, and range of application. Most applications of additive manufacturing technology used in China are making models. There are still many needs to dramatically extend the direct applications of high-performance end-parts directly fabricated by additive manufacturing technologies. Fundamental and micro-forming mechanisms of additive manufacturing processes have been researched in China. However, most of these researches were focused on some local topics instead of the systematical and thorough researches in foreign countries. Process control for the additive manufacturing technologies is based on experience from trial and error instead of basic theories used in foreign countries. This leads to the great gap between China and foreign countries in the key technologies of Additive Manufacturing processes. Basic research on the materials, material preparation, and industrialization are far behind the foreign advanced technologies. Some additive manufacturing equipment has been developed in China, which, however, are relatively low intelligent if compared with foreign advanced ones. Many key elements in AM equipment, such as lasers are still relying on import. Therefore, more research forces should be put in the systems technologies, materials, key elements, and engineering applications to provide scientific supports for Chinese AM technologies to approach the advanced international levels.

After 30-year development, AM technology is now in the transition stage. On the one hand, it needs novel technological breakthroughs to extend the limitations of material, accuracy, and efficiency; On the other hand, extending application field and style for the AM technology still needs further development based on the current technologies.

New additive manufacturing technologies characterized with high-efficiency, concurrent system, multi-axis, and integration will be the solution for the first problem. AM technologies can be potentially used in the domains of biology, medical treatment, aerospace technology, automobile, construction, sculpture, education, and even the detail life. With transferring to the newly developed application field, AM technology will also be transferred from the general equipment to the specific ones, such as 3D printing technologies and equipment for cells and tissue engineering scaffolds.

Written by Li Dichen, Shi Yusheng, Lin Feng, Wang Huaming, Huang Weidong, Yang Yongqiang, Gong Shuili, Tian Xiaoyong

Research on the Development of Micro & Nano Design Technologies

In 1959, Nobel laureate Richard Feynman delivered a famous speech of "There is plenty of room at the bottom" . Since then, micro&nano technologies have gained a rapid development, and have come into our daily life. Micro&nano design technologies are researches focused on modeling, simulation, and optimization of micro&nano devices and systems. MEMS design technologies, which were started in 1980s, have got an extensive research. And there are already some commercial MEMS design tools in the market. Compared with MEMS design technologies, NEMS design technologies, which are mainly about the applications of simulation methods, are still at the early stage of development.

In recent years, researchers have made a great progress in micro&nano design technologies. The achievements are mainly as following: ① Co-simulation of MEMS structures and interface circuits: Typically, the two parts that should be designed under the same circumstance are devised separately. Emerging MEMS design tools began to support co-simulation of MEMS structures and interface circuits, such as MEMS+; ② 3D design of MEMS: At beginning, MEMS was designed using 2D design tools from EDA. But 3D design methods are more suitable for MEMS because of its inherent 3D structures. Now, MEMS can be designed in 3D way under system level, device level and process level; ③ Macro modeling technologies of irregular or complex micro structures: Macro models are useful supplement for parameterized component libraries of MEMS in system level design. Macro modeling technologies have gained several achievements such as angle parameterization and multi-factor modeling in the reduced order process; ④ Design technologies of microfluidics: Microfluidics is one of the most rapidly developing areas in MEMS. For the needs of low cost, short design circle, et al, bottom-up design method based on numerical simulation is replaced by top-down method, which starts design from system level. Many researchers have been committed to study top-down design method and system level simulation of microfluidics. In their work, comprehensive microfluidics design frameworks were presented, and specialized microfluidics design tools were emerged; ⑤Pan-structured MEMS integrated design method: Traditional MEMS integrated design tools are based on structured design method, which is severely relied on component libraries. In order to address the issue, researchers from Northwestern Polytechnical University proposed a new MEMS integrated design method, i.e. pan-structured design method featured by creative design support and flexible design flow; ⑥NEMS design technologies: NEMS design technologies are mainly based on molecular simulation, numerical simulation, et al. Recently, methods such as model order reduction and matrix structural analysis are used for NEMS design.

Although an integrated MEMS design tool is established in China, there are still some works to do, especially in collecting IP libraries. And more attention should be paid to NEMS design technologies. Through the development of micro&nano design technologies in recent years, we can predict the main development trends in micro&nano design area: ①3D design will become the mainstream of micro&nano design; ② Network and customized design will become one of the important trends in micro&nano design. Customized, service-oriented network MEMS design tools can make good use of existing technologies and mature design cases. This will help reduce design costs and shorten design cycle.

This report can be taken as a reference for researchers or policymakers to set up research projects and to make science and technology policy. The aim of this report is to show the development status and disparities to relevant people, and especially make suggestions for promoting the R&D level, and enhancing the innovation ability and competitiveness in the field of micro&nano design technologies.

Written by Yuan Weizheng, Chang Honglong, Jiao Wenlong

Research on the Development of Micro & Nano Fabrication

Micro&Nano fabrication is the process of making functional structures having minimum dimensions defined from several dozen micrometer to several nanometer. In two decades, the expectations surrounding micro&nano fabrication technology continually increase. Governments and companies around the world are spending billions of dollars on research related to this area. Methods used to generate micro&nano scale structures are commonly characterized as "top-down" and "bottom-up". The top-down approach uses various methods based on lithography to pattern micro&nano scale structures The bottom-up approach uses interactions between molecules or atoms to assemble discrete micro&nano structures in two and three dimensions. Recently micro&nano fabrication technologies have been significantly improved to lower the cost, increase the performance of devices, and enhance the product efficiency. In this paper, we briefly review the basic concepts and focus on and recent work related to micro&nano fabrication in china. The motivation, the trend, and the application of micro&nano fabrication is discussed. In particular, we describe some great development and achievements in micro&nano patterning technique, the replication technique of micro&nano devices by molding, multi-scale integrated fabrication, etching based on high energy beams in detail. Finally the comparison to the level of other advanced countries and future prospects are provided.

Written by Liu Chong, Xu Zheng, Liu Junshan, Li Jingmin

Research on the Development of MEMS & NEMS Packaging Technology

MEMS, with the capability to sense, analyze, compute and control, all within a single chip, provide wide and powerful applications in both civil and military fields. MEMS packaging serves to integrate MEMS chips or components in a boxed housing and protect them from mechanical damage and hostile environments. It offers the input/output interface via electrical connections to form a functional unit or module. While much success has been achieved at the chip level, the basic and essential packaging technology has lagged behind. The greatest challenges not only are the diversity and complexity of MEMS devices involving in many fields such as mechanics, electronics, medicine, biology and so on, the package must accommodate a variety of requirements, but also it must enable the devices communicate with the outside world by modes beyond just electrical connections. Therefore, MEMS packaging technology is of great significance for improving the system performance, reducing cost and speeding up the industry development. Associated with the nano molecular and MEMS self-assembly science, NEMS packaging technology becomes a rapid emerging research area. The exploration on nano-particles based packaging, including nano-tubes and nano-wires, are aimed at improving the packaging quality and hence satisfying the specific requirements of the package and interconnection.

The oversea researches have attached great importance to wafer-level packaging (WLP), including multi-layer 3D WLP, surface mount technology (SMT) and vacuum packaging technology (VPT), which are considered to be the most potential approaches for achieving small size, low cost and mass production. The domestic research on MEMS/NEMS packaging is relatively late, and most adopt the traditional chip-level packaging (CLP). The preliminary study on wafer-level vacuum packaging (WLVP) are conducted by some research institutes, including the CETC13, HIT, Soochow

University, NUST, Peking University, SIMIT and so on. CETC13 has successively implemented the advanced packaging technology to the fabrication of gyroscopes and RF MEMS switches. The rest institutes have done a lot of attempts on wafer-to-wafer bonding, through-silicon-via (TSV) electrode lead, wafer-level hermetic packaging, WLVP, and NEMS packaging. However, comparing with the abroad research, there is a large space for the domestic research to catch up. It mainly shows in three aspects, which are the necessity of the systematic study of fundamental theory, the lack of fabrication and testing equipments, and the short of technological innovation and transformation. At present, due to the low yield rate, and poor stability and repeatability, the packaging technology is still at the research stage and has not been successfully industrialized.

In view of the trend of MEMS/NEMS packaging, the future research will mainly focus on the aerodynamics, thermaldynamics, inertial stress, material and mechanism of the hermetic package. The innovative technologies will emerged on WLP of high quality and low cost, vacuum packaging and maintenance, TSV, multi-layer 3D WLP, NEMS packaging and so on. In order to enforce industrialization, it is necessary to develop the system packaging equipments, improve the characterization techniques and standardize the packaging processes to increase the yield rate, stability and repeatability. Therefore, during the twelfth five-year, China will develop the packaging infrastructure and carry out the systematic study of fundamental theory on MEMS/NEMS packaging, especially on the aerodynamics, thermal and inertial stress of package. To speed up the research on MEMS/NEMS packaging, it is suggested to disperse these research works to more research institutes. The key technology and the technical bottleneck should be broken through and a completed packaging process should be built up and applied to some typical MEMS devices of small-batch. There is a priority to conduct the WLVP and TSV researches. It is recommended to speed up the technical breakthrough by increasing and concentrating the investment on those research institutes with stronger technical strength and research foundation. In the aspect of industrialization, some typical products can be selected to make the preliminary attempts and breakthrough. Eventually, standard packaging platform and manufacturing base should be established to realize the final goal of industrialization.

Written by Sun Lining

Research on the Development of Micro & Nano Metrology

This report describes new challenges facing micro & nano metrology and pathway for research and development of micro & nano metrology with the goal of extending micro & nano manufacture. The metrology topics covered in this report are microscopy, critical dimension and lithography metrology, materials and contamination characterization, metrology for emerging research materials and devices, reference materials and reference measurement system.

Micro & nano metrology requirements continue to be driven by advanced lithography processes, new materials, structures and devices. Existing critical dimension metrology is approaching its limits and requires significant advances to keep pace with the meeds of patterning. Another key challenge to critical dimension metrology is tool matching. 3D device structures place significantly more difficult requirements on dimensional metrology. Due to the changing aspect ratios of micro & nano features, besides the traditional lateral feature size full 3D shape measurements are gaining importance and should be available inline. Shrinking feature sizes, tighter control of devices electrical parameters and 3D device structures will provide the main challenges for physical metrology methods. To achieve desired device scaling, metrology tools must be capable of measurement of properties on atomic distances.

Microscopy is used in most of the core micro & nano processes where two dimensional distributions, that is digital images of the shape and appearance of micro & nano device features, reveal important information. Usually, imaging is the first but many times the only step in the "being able to see it, measure it, and control it" chain. Microscopy typically employ light, electron beam, or scanned probe methods. Beyond imaging, online microscopy applications include critical dimension and film measurement along with detection, review and automatic classification of defects and particles. For all types of microscopy and for the metrology based on them it is becoming increasingly important to develop and provide reliable and easy-to-use methods that monitor the performance of the instruments. Due to the small sizes of the micro & nano structures these instruments must work at their peak performance, which is not easy to attain and sustain. Currently only rudimentary methods are available to ensure adequate performance.

Lithography metrology continues to be challenged by rapid advancement of patterning technology. New materials in all process areas add to the challenges faced by lithography metrology. Larger values for mask error factor might require a tighter process control at mask level, hence, a more accurate and precise metrology has to be developed. Mask metrology includes measurements that determine the phase of the light correctly prints. Both on-wafer measurement of critical dimension and overlay are also becoming more challenging. Monitors of effective dose and focus for lithography process control have also been developed for conventional optical metrology systems, such as used in overlay metrology. Capable and efficient direct process monitor-based lithography process control has the potential to overcome technology limitations of conventional critical dimension metrology.

The rapid introduction of new materials, reduced feature size, new device structures, and low-temperature processing continues to challenge materials characterization and contamination analysis required for micro & nano process development and quality control. Correlation of appropriate offline characterization methods, with each other, and with inline physical and electrical methods, is often necessary to allow accurate measurement of metrics critical to manufactured device performance and reliability. Characterization accuracy requirements continue towards tighter error tolerances for information such as layer thickness or elemental concentration. Characterization methods must continue to be developed to whole wafer measurement capability and clean room compatibility. The declining thickness of films, moving into the sub-nanometer range, creates additional difficulties to currently available technologies. Shorter wavelengths of light even into the X-ray range are currently investigated to overcome the challenge of inline film thickness and composition detection. Complimentary techniques are often required for a complete understanding of process control. Often offline methods provide information that inline methods cannot. Continued development of TEM and STEM imaging capability is required. TEM & STEM methods require sample preparation methods that can result in metrology artifacts if care is not taken.

The emerging research materials and devices lists the cross-cutting metrology needs. A great number of researchers are working in the area of graphene materials, device and metrology development. Micro & nano metrology has been a key enabler for determination of graphene properties. As the geometrical complexity of devices continues to increase, there is a growing need to extend the 3D capability of tomography techniques to sub-nm resolution. Both electron and X-ray tomography can potentially be extended to sub-nm resolution. As with any tomography technique, such imaging requires multiple images at many different angles. Scanning probe microscope SPM is a platform upon which a variety of local structure/property tools have been developed with spatial resolution spanning 50nm to 0.1nm. Recent developments in SPM involving frequency dependent signals on the sample and tip, and simultaneous perturbation with more than one frequency and & or probe expend the range and resolution of measurements.

Reference materials are a critical part of metrology since they establish a "yard stick" for comparison of data taken by different methods, by similar instruments at different locations, or between the model and experiment. Reference materials are also extremely useful in testing and benchmarking instrumentation. There are tow basic kinds of reference material in micro & nano metrology. A reference material can be a well-calibrated artifact that gives a reference point for the metrology under test. Another equally important reference material tests how accurately the tool under test measures a key process control parameter. A reference measurement system is an instrument, or a set of several instruments, that complement each other in their ability to excel in various aspects of dimensional metrology. Due to the performance and reliability expected from this instrument, the reference measure system requires a significantly higher degree of care, security, and testing than other fab instruments. Through its measurements this instrument can help production and reduce costs. However, this is an instrument that by the nature of the micro & nano process, often needs to reside within the clean environment so that wafers measured within this instrument can be allowed back into the process stream.

In the past the challenge has been to develop metrology ahead of target process technology. Today we face major uncertainty from unresolved choices of fundamentally new materials and radically different device designs. The relationship between metrology and process technology development needs fundamental restructuring. Development of new metrology methods that use and take the full advantage of advanced digital image processing and analysis techniques, telepresence, and networked measurement tools will be needed to meet the requirements of near future micro & nano manufacture. The expected tread involves the combined use of modeling with measurement of features at the wafer surface. Understanding the interaction between metrology data and information and optimum feed-back, feed forward, and real-time process control are key to restructuring the relationship between metrology and process technology.

Written by You Zheng, Dong Ying, Wang Xiaohao

索　引